5G 新技术丛书

5G 移动通信空口新技术

杨　昉　刘思聪　高　镇　编著

电子工业出版社

Publishing House of Electronics Industry

北京·BEIJING

内 容 简 介

本书主要介绍以 5G 移动通信为代表的未来移动通信中的新型空口技术，阐述覆盖增强技术、频效提升技术、频谱扩展技术、能效提升技术。本书内容包括新型编码调制、新波形、新型多址、全时双工、大规模天线、高频段通信、频谱共享、超密集组网、终端通信等，并结合高可靠低时延（uRLLC）和大规模机器类型通信（mMTC）等典型应用场景讲授基础理论、典型应用、模型构建和仿真评估。

本书在对 5G 新型空口技术进行全面梳理和总结的基础上，从多维度阐述相关技术，帮助读者快速了解 5G 移动通信技术需求、基础理论、关键技术以及应用场景，加深对通信技术理解，辅助科研工作。

本书可帮助通信信号处理、无线通信等领域的本科生、研究生及相关工程人员熟悉相关知识、了解学术界和工业界最新进展，为进一步开展相关科研工作提供一定理论基础和技术储备。

图书在版编目（CIP）数据

5G 移动通信空口新技术 / 杨昉，刘思聪，高镇编著. —北京：电子工业出版社，2020.7
（5G 新技术丛书）
ISBN 978-7-121-39193-4

Ⅰ. ①5… Ⅱ. ①杨… ②刘… ③高… Ⅲ. ①无线电通信－移动通信－通信技术－高等学校－教材 Ⅳ.①TN929.5

中国版本图书馆 CIP 数据核字（2020）第 114532 号

责任编辑：曲　昕
印　　刷：北京七彩京通数码快印有限公司
装　　订：北京七彩京通数码快印有限公司
出版发行：电子工业出版社
　　　　　北京市海淀区万寿路 173 信箱　邮编：100036
开　　本：720×1 000　1/16　印张：21　字数：377 千字
版　　次：2020 年 7 月第 1 版
印　　次：2023 年 12 月第 4 次印刷
定　　价：98.00 元

凡所购买电子工业出版社图书有缺损问题，请向购买书店调换。若书店售缺，请与本社发行部联系，联系及邮购电话：（010）88254888，88258888。

质量投诉请发邮件至 zlts@phei.com.cn，盗版侵权举报请发邮件至 dbqq@phei.com.cn。

本书咨询联系方式：（010）88254468，quxin@phei.com.cn。

前　言

未来移动通信提出了高速率、高可靠、低时延、广连接的要求，可有效支撑智能制造、无人驾驶、物联网等行业发展。为了满足新的技术需求，以 5G 为代表的未来移动通信技术提出了很多新要求，在空口方面涌现了很多新技术、新方法。

空口技术指的是移动终端到基站之间的连接协议，是移动通信的一个至关重要的标准。在这一背景下，本书梳理了近年来的最新研究成果，主要介绍以 5G 移动通信为代表的未来移动通信中的新型空口技术，阐述覆盖增强技术、频效提升技术、频谱扩展技术、能效提升技术。本书主要内容包括新型编码调制、新波形、新型多址、全时双工、大规模天线、高频段通信、频谱共享、超密集组网、终端通信等，并结合高可靠低时延（uRLLC）和大规模机器类型通信（mMTC）等典型应用场景讲授基础理论和典型应用。帮助读者快速了解 5G 移动通信技术需求、基础理论、关键技术以及应用场景，学习和掌握以 5G 为代表的未来移动通信空口新技术，以及模型构建和仿真评估，深入了解新型空口关键技术的研究进程与产业化应用。

本书对 5G 移动通信新型空口技术进行了全面梳理和总结，并结合业务需求、应用场景、仿真验证等，从多维度阐述相关技术，希望为该领域科研工作者的进一步研究提供一定理论基础和技术储备，可帮助通信信号处理、无线通信等领域本科生、研究生及相关工程人员熟悉相关知识、了解学术界和工业界最新进展，进一步开展相关科研工作。

本书由杨昉、刘思聪、高镇共同编著。本书是作者多年研究工作的凝练和总结，同时参考了大量参考文献，在此向文献资料的著作者表示感谢。鉴于水平所限，书中的疏漏、不妥甚至错误在所难免，恳请读者批评指正。

编著者

目　录

第1章

移动通信概述

1.1 移动通信系统概况

随着社会的发展与文明的进步，通信已经逐步成为人类的基本需求之一。从现代通信的角度来看，所有通信系统大体上可以分为信源、信道和信宿三部分，而通信的过程就是信息通过信道，从信源传递到信宿的过程。移动通信源于人类需求的增长和科技的发展，同时反过来也对社会的进步起到了非常重要的支持和促进作用。经过近 40 年的发展，移动通信得到了极大范围的普及，已经成为现代社会发展不可或缺的基础之一。

移动通信以一言蔽之足矣：在一个通信系统中，将信息以电磁波的形式和一定的速率，从发送端通过一个存在各种干扰的无线信道传递给可能处于各种环境中的移动终端，以实现多种业务。这句话基本概括了移动通信的如下主要特征：

（1）通信系统。移动通信必然是需要硬件支持的，除了发射机和接收机，还可能需要控制中心、中继节点等构成通信网络。这些硬件设备中存在复杂的模拟和数字元器件，以实现信号发送与接收、数据处理、对抗干扰、补偿衰落等功能。

（2）电磁波。电磁波是移动通信中信息的载体，那么它在物理空间中的传输特性自然是我们关注的重点。电磁波本质上是一种波，可以通过频率、振幅、相位、偏振方向等参数来刻画；电磁波有三种基本传播机制，在传输中存在衰落现象，在移动场景中还存在多普勒效应。它的种种特性可能会被利用起来，引导通信系统的设计；也可能是不利因素，需要专门的信号处理技术进行弥补乃至消除。当然，发射和接收电磁波是需要能量的，所以功率也是实际的移动通信系统必须考虑的问题。

（3）速率。通信资源是有限的，可想而知单位时间内能够传递的信息量也是有限的。香农公式告诉我们，通信速率的上限（或者称之为信道容量）和可用频率有关，实际上频率是移动通信最重要的资源，需要尽可能地提高频率的利用率。

（4）无线信道。移动通信的无线信道在物理空间中是开放的，信道中存在多种多样的干扰，而且由于环境复杂甚至可能是强干扰。另外，信道模型和参数在不同场景下各不相同，而且往往是动态时变的，对信道的建模、测量和估计是非常重要的问题。

（5）移动终端。移动通信之所以被称为移动通信，就是因为其最基本的特征就是通信终端的移动性。接收终端以其移动性必然会对电磁波的传输造成影响，逐步引入的高速场景更是需要在技术上有本质性的突破；各种恶劣环境中的通信需求也在与日俱增，移动通信不能仅满足于理想环境中的优越性能，而要适应更多的复杂环境。

（6）多种业务。移动通信最初能够支持的业务只有语音服务，现在已经逐渐发展到了数据服务和网络服务。未来的移动通信不仅要满足不同系统、不同行业的需求，更要满足每个用户个性化的需求；另外还要突破人与人之间的通信，推广到人与设备之间的通信，甚至是设备之间的自主通信，真正实现万物互联。

从移动通信的主要特征中，也可以看到移动通信的研究面临的各种挑战：频率资源的有限性使得我们必须考虑频率分配策略、复用策略以及共享策略；信道的复杂性和时变性需要我们开发出相关技术以实现对信道的测量、估计和实时跟踪；用于通信的能量也是有限的，如何利用有限的能量实现有效通信是我们必须解决的问题；还有许多问题，诸如通信终端的随机移动、数据传输的突发性激活、通信网络中的协调控制、业务需求的多种多样等。

1.2 移动通信发展史

1.2.1 移动通信的早期历史

为了进行信息传递和思想交流，人类很早就开始采用各种各样的移动通信方式，包括信鸽、驿差、鼓号、旗语等。这样的移动通信手段非常原始，存在诸多不足之处，包括传输距离短、时效性差、信息量小、随机性高、易受干扰、安全性差等。

随着科学技术的发展，以电磁波为传输媒介的现代移动通信系统已经得到了越来越广泛的应用，并且有各种各样适用于不同环境和不同条件的移动通信系统，包括集群移动通信系统、无绳电话系统、无线寻呼系统、卫星移动通信系统、无线局域网系统、蜂窝移动通信系统等。

现代移动通信的早期历史可以从 19 世纪通信技术的发展开始算起，并且几乎与物理理论的发展同步，二者在发展历史中的标志性事件和重大技术突破在图 1.1 中进行了列举。

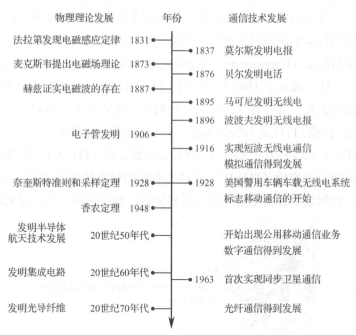

图 1.1　物理理论和通信技术的发展历史

1.2.2　移动通信的标准化

随着移动通信的发展，各种技术、各种系统和各种制式层出不穷，在这样繁荣发展的表象之下，实际上却存在着对移动通信发展的阻碍。移动通信不仅在不同的应用场景中有着不同的技术和系统去满足不同的需求，在相同环境下也会有不同的技术应用和系统部署方案；不同网络之间缺乏互联性和兼容性，不同制式下的设备无法进行互通，系统中的设备也无法在其他系统中应用；系统和制式的多样性造成了设备的多样性，而如此多样的设备无法全都进行大规模生产，设备的成本和价格也会十分高昂。

通信本质上就是在两个实体之间进行信息交互，需要有连接点实现两个实体的互联，并且双方的连接点都要满足相同的通信规则。在现代移动通信系统中，这样的实体就是通信设备，连接点称为接口，通信规则称为标准。要实现两个设备之间的通信，就需要接口符合相同的标准。上文中提到的不同系统和制式下的设备无法进行相互通信，就是因为不同设备的接口标准不一致。由此可见，移动通信的标准化是势在必行的，而移动通信的标准化工作实际上很早就开始了，主要包括技术体制标准化、网络设备标准化、测试方法标准化等。

制定通信标准的组织就是通信标准化组织，其中在全球范围内影响力最大的是国际电信联盟（International Telecommunication Union，ITU），图 1.2 就是 ITU 的标志。ITU 成立于 1865 年 5 月 17 日，以法、德、俄、意、奥等 20 个欧洲国家的代表在巴黎签订《国际电报公约》为成立标志。1947 年 10 月 15 日，经联合国同意，ITU 成为联合国的一个专门机构，总部设立在日内瓦。1993 年 3 月，ITU 组织调整为三大部门，包括无线通信组（ITU-R）、电信标准化组（ITU-T）和电信开发组（ITU-D）。ITU-T 制定的标准被称为"建议书"，是非强制性的，但保证了各国电信网的互联和运转，被全世界各国广泛采用。

图 1.2　ITU 标志

1.2.3　移动通信系统发展历程

在移动通信标准化的基础上，现代移动通信系统已经经过了几个阶段的发展，包括第一代、第二代、第三代、第四代移动通信系统，即 1G、2G、3G、4G，以及新兴的第五代移动通信（5G）系统。移动通信系统的发展历程如图 1.3 所示。

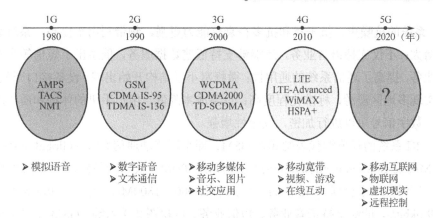

图 1.3　移动通信系统的发展历程

1. 第一代移动通信（1G）系统

第一代移动通信（1G）系统出现于 20 世纪 80 年代初，是以模拟技术为基础的蜂窝无线电话系统，其核心技术是频分多址接入（Frequency Division Multiple Access，FDMA）技术。这是移动通信落实到应用中的第一次尝试，也是之后所有移动通信系统发展的基础。其不再拘泥于传统的无线电广播大区覆盖的方式，而突破性地采用了蜂窝结构的组网形式，并以此为基础使用频率复用技术，实现了移动通信最基本的通话功能。比较有代表性的系统有北美高级移动电话系统（Advanced Mobile Phone System，AMPS）、英国全接入通信系统（Total Access Communication System，TACS）等。1G 系统存在的问题是系统容量很小，传输速率约为 2.4kbit/s，频谱效率较低；支持的服务仅限于区域性语音业务，基本能保持通话的连续性，但质量不高，保密性差；标准多样但不统一，各系统没有公共接口，各种制式不兼容；模拟通信系统的元器件和设备的体积和功率较大，成本较高。

2. 第二代移动通信（2G）系统

第二代移动通信（2G）系统出现于 20 世纪 90 年代，是以数字通信为基础的窄带数字蜂窝系统，采用时分多址接入（Time Division Multiple Access，TDMA）技术，并开始尝试码分多址接入（Code Division Multiple Access，CDMA）技术。2G 系统的标志性突破是语音信号数字化，并且发展出了高斯最小频移键控（Gaussian Filtered Minimum Shift Keying，GMSK）、四相调制（Quadrature Phase Shift Keying，QPSK）等新型调制方式。与 1G 系统相比，

2G 系统的抗噪声、抗干扰和抗多径衰落能力更强，频带利用率提高，系统容量增大；不仅支持语音业务，还能够支持低速数据服务，催生出了短信等多种新业务，提高了通信系统的通用性；微蜂窝小区结构开始出现，设备接口开放，可实现多地区漫游，标准化程度高；设备成本降低，用户手机的体积和质量减小；数字信号可以进行加密，安全性增强。

2G 系统的最典型代表制式是 GSM，即全球移动通信系统（Global System for Mobile Communication）。GSM 以 FDMA/TDMA 技术为基础，起源于欧洲，现已广泛应用于全球。GSM 的工作频率在 900～1800MHz 范围，传输速率可达 9.6kbit/s，能够支持语音业务、短信业务、可视图文接入等。GSM 是当前应用最为广泛的移动通信标准，超过 10 亿的受众广泛分布于 200 多个国家和地区，GSM 产品占据当前全球蜂窝移动通信设备市场的 80%以上，普及极广并影响至今。用户可以在高质量数字语音和低费用短信服务之间自主选择，运营商也可以根据客户需求设置不同的设备配置。

2G 系统还包括其他制式，比如 CDMA IS-95、TDMA IS-136、PDC 等。CDMA IS-95 是美国开发的最简单的 CDMA 系统，以 CDMA 技术为基础，用于美洲、亚洲等地，具有隐蔽性强、抗干扰能力强、安全性高、通话质量高等优点。TDMA IS-136 和 PDC 都基于 TDMA 技术，分别用于美国和日本。2G 系统相比 1G 有了显著进步，但其系统容量增长有限，能够支持的业务也很少，还不足以满足对大容量、高速率和多业务的需求。

在下一代移动通信系统发展成熟之前，2G 系统还有几种进阶的过渡性系统。基于 GSM 的通用无线分组交换技术（General Packet Radio Service，GPRS）又称 2.5G，能够以分组的方式提供端到端的广域无线 IP 连接，根据用户需求以统计复用的方式对网络容量进行灵活分配，传输速率可达 150kbit/s，是 GSM 的 15 倍。增强型数据速率 GSM 演进技术（Enhanced Data Rate for GSM Evolution，EDGE）又称 2.75G，以 GSM 系统为基础引入了新的 8PSK（Phase Shift Keying）调制技术和多时隙操作技术，传输速率进一步提高，可达 384kbit/s。

3．第三代移动通信（3G）系统

第三代移动通信（3G）系统出现于 20 世纪 90 年代中后期，是支持高速数据传输的蜂窝移动通信系统，其标志性技术是 CDMA 技术，代表性系统是国际移动电话系统（International Mobile Telecom System，IMT-2000）。3G 系统的最大特点是在数据传输中使用分组交换取代了电路交换，语音业务质量高、容量大，业务主体从语音业务转变到了数据业务，开始从媒体（Media）逐步转变为多媒体（Multi-media）。至此，移动通信进入了一个新的时代。

IMT-2000 最早于 1985 年由 ITU 提出，当时称为未来公众陆地移动通信系统（Future Public Land Mobile Telecommunication System，FPLMTS），1996 年更名为 IMT-2000，意为该系统工作在 2000MHz 频段、最高业务速率可达 2000kbit/s、预期在 2000 年左右得到商用。ITU 的最初目标是开发一种可以全球通用的无线通信系统，但最终结果是出现了多种不同的制式。在 2000 年的全球无线电大会（WRC-2000）上，ITU 批准了 IMT-2000 的无线接口技术规范建议，提出了 5 种标准，其中 3 种是 CDMA 技术：WCDMA（Wideband CDMA），CDMA2000，TD-SCDMA（Time Division-Synchronous CDMA），受到两个国际化标准组织 3GPP 和 3GPP2 的支持。

WCDMA 以 GSM 系统为基础，加入 GPRS，也就是 2.5G 系统的分组交换技术，兼容 GSM 所有业务，具有扩频增益高、发展空间大、漫游能力强的优势，是当前世界上应用最广泛、终端种类最丰富的一种 3G 标准。CDMA2000 由窄带 CDMA 系统发展而来，采用多载波（Multi Carrier，MC）CDMA 的多址接入技术，可沿用 2G 系统中原有的各种 CDMA 接口，也可使用新的接口标准，升级成本低，但占用频率较多。TD-SCDMA 引入了空分复用接入（Space Division Multiple Access，SDMA），集 CDMA、TDMA、FDMA、SDMA 等于一体，采用了更加新型的技术，具有频谱利用率高、系统容量大、成本低等优点，适用于人口密度大的地区，适合开展数据业务。

在中国，这 3 种标准分别由中国移动、中国电信、中国联通三大运营商进行建设和运用。值得一提的是，TD-SCDMA 标准是我国第一次向国际上完整提出并得到采纳的电信技术标准建议。2007 年，IEEE 基于正交频分复用（Orthogonal Frequency Division Multiplexing，OFDM）技术提出了另一个第 3 代移动通信标准 WiMAX，这一标准在部分新兴运营商中得到了一定的部署和应用。

3G 系统因为扩频技术的使用而实现了更大的信号带宽，并且支持更高速的移动接收和更加多样化的业务功能。但 3G 系统不同用户间干扰较强，进行多用户检测的复杂度较高，在采用多天线设计时信号处理复杂度较高、功耗较大，而且对系统容量和业务种类的需求进一步提高，移动通信技术还需要进一步的发展。

和 2G 系统类似，3G 系统也有几种进阶的过渡性系统。HSDPA（High Speed

Downlink Packet Access）又称 3.5G，属于 WCDMA 技术的拓展延伸，在不改变已经建设的 WCDMA 系统网络结构的基础上，在无线接口上作出了大量变化，可以在 WCDMA 下行链路中提供分组数据业务，带宽为 5MHz 的单个载波上传输速率可达 8～10Mbit/s。而在上行方面有更进一步的 3.75G 系统，即 HSUPA（High Speed Uplink Packet Access），采用了物理层混合重传、基于 Node B 的快速调度、2ms TTI 短帧传输等主要技术，大大增强了 WCDMA 上行链路数据业务的承载能力和频谱利用率，上传速率可达 5.76Mbit/s。

4．第四代移动通信（4G）系统

在第四代移动通信（4G）系统出现之前，2005 年 3 月，3GPP 正式启动了空口技术的长期演进（Long Term Evolution，LTE）项目，又称准 4G，并且逐步发布了 R8、R9、R10、R11、R12 等多个规范，并将持续进行后续演进。严格来说，LTE 的 R10 之后的版本（LTE-Advanced）就是 4G 系统，下行和上行的峰值速率分别可达 1Gbit/s 和 500Mbit/s。2010 年 9 月，全球 4G 标准制定完成，包括 TD-LTE-Advanced、LTE-Advanced FDD、OFDMA-WMAN-Advanced、WiMAX 等，其中 TD-LTE-Advanced 是我国主导的又一个移动通信国际标准。

LTE 是 3G 基于 OFDMA（OFDM Access）技术的演进，是由 3GPP 组织制定的全球通用标准，采用 OFDM 和 MIMO（Multiple-Input Multiple-Output）技术作为其无线网络演进的唯一标准。LTE 基于原有的 GSM/EDGE 和 UMTS/HSPA 网络技术，使用调度技术提升网络容量和速度，增强了 3G 的空口接入能力。从 3G 系统开始，分组交换就逐步取代了电路交换，而在 4G 系统中直接采用了全 IP 基础网络结构，不再支持电路交换技术。4G 系统的双工模式包括频分双工（Frequency Division Duplexing，FDD）和时分双工（Time Division Duplexing，TDD）两种，其中 FDD-LTE 可以由 WCDMA 的升级版 HSPA+演化而来，是应用范围最广泛、终端种类最丰富的 4G 标准，商用情况远优于 TDD-LTE。

4G 系统结合高阶调制、链路自适应、扁平化网络架构等技术，实现了更高传输速率、更大载波带宽、更低传输时延、更大覆盖范围、更低运营成本、更优网络结构等系统优化，但依然存在一些问题，包括制式多且不兼容、网络架构复杂、建设难度大等问题。在市场方面，3G 标准还没有完全被市场消化和接收，而 5G 标准也已经到来，这些因素都对 4G 的推广造成了一定的阻碍。

1.3　无线信道建模

1.3.1　电磁波的传播机制

电磁波有 3 种基本传播机制：反射、绕射、散射，如图 1.4 所示。直射情况无需赘言。

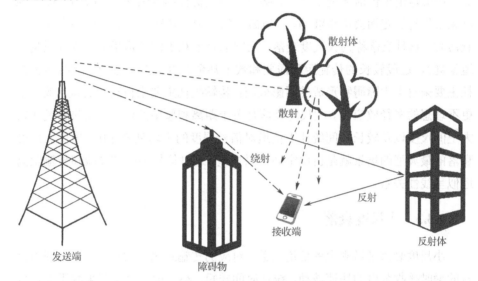

图 1.4　电磁波的基本传播机制

反射又称为镜面反射，是电磁波投射到光滑介质表面后改变传播方向的现象，遵循反射定律。至于反射之后的能量变化，有一部分能量会穿透介质表面，在介质内部传播并损耗掉，称为透射损耗，而反射波和入射波的能量之比用反射系数来衡量。

绕射是电磁波在遇到尺度和波长相当的障碍物时，仍能继续传播但传播方向改变的现象。这种现象可以用惠更斯–菲涅耳原理来解释，即波前的所有点都可以作为次级波的波源，表现为电磁波能够"绕过"障碍物。绕射过程较难进行定量计算，需要根据实际情况建立相应的绕射模型。

散射是电磁波投射到粗糙介质表面后，其辐射波的传播方向各不相同而出现的扩散现象，其传播方向满足一定的分布规律。可想而知，电磁波散射后必然有一部分辐射波不能被接收端接收，这部分能量损失用散射损耗系数来衡量；但从另一方面来看，这也保证了在有丰富散射体的物理环境中能够实现通信，因为完全没有散射波到达接收端的概率很低。

1.3.2　大尺度衰落

在移动通信系统中，电磁场以波的形式在物理空间中传播会出现衰落现象，也就是由于传播环境不理想、接收终端随机移动等因素，接收的电磁波强度无法保持恒定而会出现波动。当电磁波信号由于传输了较长一段距离而产生衰落时，这种衰落称为大尺度衰落，反映的是宏观上的信道增益（或者说是信道损耗）。这段较长的传输距离需要和数十甚至上百个波长相当，这时传输损耗主要来自于大障碍物形成的阴影效应；传输损耗主要来自路径衰减，或者是更不理想的多径效应等。大尺度衰落是关于距离和频率的函数，反映的是在较大空间尺度以及较长时间统计下信道对信号强度的平均衰减作用。出现大尺度衰落的最典型的场景就是自由空间传播模型，这时信号强度的衰减和传输距离近似呈线性关系。

1.3.3　小尺度衰落

小尺度衰落是微观上的信道增益，对应的传输距离在波长量级，表现为信号的瞬时接收强度的快速波动，统计时间较短。小尺度衰落主要来源于多径效应，多路信号经过不同路径在接收机处叠加，不同的时延扩展造成信号强度剧烈变化并且变化规律复杂，其核心参数是相干带宽。多普勒效应同样会造成明显的小尺度衰落，载波频率是接收机接收并解调信号的关键，多普勒频移扩展直接影响了载波频率的精度，从而使信道增益降低，其核心参数为相干时间。

多径信道有多种建模方式，有两种最典型的多径模型：瑞利信道模型和莱斯信道模型。在瑞利信道模型中，物理空间有较多障碍物，不存在从发射机到接收机的直达径，但存在大量的反射波，并且这些反射波的方向角服从一定的随机分布规律，同时反射波的幅度和相位满足统计独立性。莱斯信道模型相比瑞利信道模型就是增加了直达径，所以一般来说莱斯信道的容量会大于瑞利信道的容量，但当直达径的功率和多径的功率相当时，莱斯信道模型也就退化成了瑞利信道模型。

根据多径时延扩展和多普勒频移扩展的大小不同，可以将信道大概分为四类。当符号周期大于多径时延扩展时，来自各个多径的符号不会影响之后的符号，使信号在不同频点的衰落大致相当，称为平衰落信道，否则称为频率选择性衰落信道；当信号带宽大于多普勒频移扩展时，符号周期小于相干时间，所以信号在不同时间产生大致相当的衰落，称为慢衰落信道，否则称为时间选择性衰落信道；同时满足平衰落和慢衰落的信道是最理想的信道，处理起来也最简单；而二者都不满足的信道称为双衰落信道，是最糟糕的信道，比如在复杂城市环境中以较快速度行驶的汽车，由于其通信环境中存在较多障碍物而存在多径干扰，而且汽车移动速度较快而造成多普勒效应明显。实际应用中的许多信道都是双衰落信道，所以小尺度衰落是普遍的，有必要专门进行处理。

1.3.4 中继信道

在传统的通信系统中，用户与基站之间往往都是直接进行通信，不同用户的通信过程也都是独立的。这一点在无线电广播大区覆盖模式中表现得尤为明显，广播塔是唯一的信源和发送端，并直接服务于所有接收终端。但是在这样的系统中基站发射机的复杂度很高，功耗也很大，提高覆盖范围的方式主要是提高发射功率，而这样的方式往往事倍功半。为了实现更大的网络覆盖、更大的系统容量和更低的运营成本，中继技术应运而生，并被引入第 4 代移动通信标准中。关于中继信道的设计和实现方式，综合大量的相关研究成果，大体上可以分为两类：再生中继信道和透明中继信道。两种中继信道的实现方式不同，信道特征也有明显不同。

在再生中继信道中，中继节点在接收到信号之后，会对信息和波形进行调整，相当于重新生成了新信号，然后进行发送。这样的中继节点需要较强的数字信号处理能力，同时也可以对传输衰减进行补偿，扩大了通信网络的覆盖范围。再生中继信道可以分为两部分，一部分是从基站到中继节点的信道，这部分信道特征和传统无线信道是一致的，这里的中继节点就可以看作是传统信道中的接收终端，所以这部分的信道模型也可以采用传统的信道模型。另一部分是从中继节点到移动终端的信道，这部分信道与传统无线信道就有了较为明显的区别，因为作为发送端的中继节点位置较低，所处的环境与移动终端的环境是相似的，周围存在较多障碍物，而不是基站所处的那种又高又空旷的环境，所以信道的统计特征参数发生了变化,需要使用不同的信道模型。但幸运的是,由于中继节点发送信号的再生性,两段信道是互相独立的,所以它们的信道模型和增益可以分别讨论。

在透明中继信道中,中继节点不修改接收信号的信息,而只是进行波形的调整,包括幅度放大、相位旋转等。所有的处理在模拟域就可以完成,虽然接收频段和发送频段不一定相同,但还是相当于透明传输,同时又补充了能量,同样能够扩大通信网络的覆盖范围。透明中继信道也分为两部分,同样是从基站到中继节点的一部分和从中继节点到移动终端的另一部分,与传统无线信道的区别也和再生中继信道同理。但最大的不同就是透明中继信道的两段信道是耦合的,所以信道模型和路径衰落需要综合考虑两段信道,分析起来比较复杂,但优势在于信号处理复杂度低。

在中继节点处信道发生了转换,信道的时延扩展发生了变化,如果频率分集策略不变的话,分集增益会有所降低;但另外,中继的存在相当于将发射机拉近,路径损耗减小,也可以看作是获得了增益。除发射端周围的障碍物增多外,中继信道相比传统无线信道最大的区别在于发射端和接收端可能同时处于随机移动状态,这一点对多普勒效应的影响较明显,究竟是削弱还是增强也要视移动状态而定。

1.3.5　常见信道模型

最常见也是最普适的信道模型就是自由空间传播模型。设发射天线功率为 P_T ,发射天线增益为 G_T ,接收机到发射机的距离为 d ,则主波束方向的单位面积功率为

$$S = G_T P_T / 4\pi d^2 \tag{1-1}$$

考虑接收机使用抛物面天线,则有效面积一般为

$$A = G_R \lambda^2 / 4\pi \tag{1-2}$$

其中, G_R 为接收天线增益, λ 为电磁波波长,则用接收功率表示的自由空间传播模型为

$$P_R = \frac{P_T G_T G_R \lambda^2}{(4\pi)^2 d^2} \tag{1-3}$$

假设存在近区参考距离 d_0 ,则接收功率可以用参考值 P_R^0 表示

$$\frac{P_R}{P_R^0} = \frac{d_0^2}{d^2} \tag{1-4}$$

定义路径损耗如下

$$L(\text{dB}) = 10\log(P_T/P_R) \tag{1-5}$$

则可得自由空间的对数距离路径损耗模型

$$L(\text{dB}) = L^0(\text{dB}) + 20\log(d_0/d) \tag{1-6}$$

其中，$L^0(\text{dB})$ 为近区参考距离对应的参考路径损耗。将该模型进行推广，可以得到一般移动通信环境下的对数距离路径损耗模型

$$L(\text{dB}) = L^0(\text{dB}) + 10n\log(d_0/d) + X_\sigma \tag{1-7}$$

其中，近区参考距离 d_0 在不同移动通信环境中有不同取值，一般随小区范围的缩小而减小；n 为路径损耗指数，与信号传播环境有关，用于描述路径损耗随传播距离增长的速率；X_σ 表示一个随机变量，在对数尺度下服从方差为 σ^2 的零均值正态分布，表示的是随机阴影效应，即传播环境中大量散射体分布的随机性和差异性。

对于更具体的室内或室外传播模型，比如 Okumura 模型、Hata 系列模型、Ericsson 多重断点模型等信道模型，已有大量研究工作和测量结果，并已经形成了一系列标准，其具体建模方式及参数可参阅相关资料和工具书。对于未来移动通信系统发展的新需求，在高频段的信道建模方式还需要进一步研究，这需要根据高频段信道特征重新分析信号传播特性，提出新的模型并辅以大量的实际测量工作。

1.3.6　基本传输场景

1．室内热点

室内场景最大的特点就是低移动性和高密度，基站不需要太大的覆盖范围但需要能够支持较高的数据率和足够大的设备接入数量，同时复杂的空间环境造成了非视距传输的必然存在。

2．室外小区

对于室外的场景，一般假定基站和用户天线高于周围建筑物高度，这样除了过往车辆的遮挡，街道上任何位置和基站之间都存在视距传输路径。小区内部地形复杂，存在大量非视距路径，另外，室外到室内基本都是非视距传输。

场景中的用户同样密度较高，移动性不可忽略但一般速度较低。

3. 高速移动

高速移动场景不仅要求基站能够支持其覆盖范围内的高速移动通信，还要求多小区之间覆盖范围连续并且可以迅速切换。为了得到较大覆盖面积，基站天线一般较高，并且高速环境周围的建筑物密度一般较低，所以大部分都是直达径传输，当然从外界到交通工具内部还存在穿透损耗。另外，高速移动造成的多普勒效应已经非常明显，必须用相关技术解决多普勒频移扩展问题。

第5代移动通信系统的需求和一系列新技术的开发和应用，都对信道模型提出了新的要求和挑战，需要更复杂的网络拓扑结构，需要充分利用较高频段，需要更精确的空间几何建模以提高空间分辨率，需要信道对空间变化不敏感以适应移动场景，同时信道模型的建立还可能需要与收/发信机的天线设计相结合等。

1.4　移动通信相关技术

1.4.1　蜂窝组网技术

移动通信系统必然是建立在网络结构上的，也就是移动通信网，因为通信的有效性必须得到保证。如果是最理想的情况，那么无论接收终端移动到什么位置，都能处于移动通信系统的覆盖之下，都能实现通信。当然现在还不可能做到上述完全理想的最大覆盖，但移动通信网仍需要进行合理的设计，以实现足够大的覆盖范围，并且在覆盖范围下能够实现高质量的通信，在此基础上，再去追求更大的系统容量、不同位置通信质量更加公平等更好的效果。

设计移动通信网的技术就是组网技术，这是移动通信系统的基本技术之一，其中包括网络结构、网络接口、网络调度、网络安全等多个方面。正如上文所述，组网设计的目标是构建一个实用网络，以实现覆盖范围内的高效通信，而这个有效覆盖范围就是所谓的服务区；同时还要保证足够大的系统容量，要支持足够多的接入终端，要支持多种多样的业务和用户的个性化需求，要保证网络管理的高效性以及网络的安全性等。

最传统的移动通信系统采用的是大区制移动通信系统，即单独一个基站覆盖整个服务区，并支持所在服务区内所有的业务。为了使基站的覆盖范围足够大，必须保证基站有足够高的发射功率，一般要达到 50～200W，以覆盖半径为 30～50km 的范围；天线也要架设在较高的位置，高度一般要超过 30m，以保证基站周围的散射体和障碍物较少。但这只保证了下行链路的有效性，在大区覆盖方式中，上行链路的实现比较复杂。一方面，由于信道的互异性，移动终端需要较高的发射功率才能使基站端有效接收上行信号，但移动终端的功率一般较小；另一方面，服务区内只有一个服务基站，所以所有上行信号都需要这一个基站接收并处理，如此大量的信号处理使得基站接收机的复杂度极高，并且需要相当高的功率，同时在接收多路信号时还会存在相互干扰等问题。大区制移动通信系统的局限性在于信号传输损耗较大，通信距离有限；服务用户容量有限，服务性能较差；网络结构简单，频道数目少，频谱利用率低。

为了解决大区覆盖上行链路的问题，可以在基站端架设定向接收天线，这样移动终端在较小功率下发射的信号也能够被基站成功接收，但这样做不仅使基站的硬件结构更加复杂化，同时接收天线的方向选择也存在一定的算法复杂度。还有的做法是在服务区内设置多个分集接收点，这些分集接收点作为上行链路的接收端有着更短的传输距离和更少的终端接入数量，对上行信号的接收自然更加高效；同时这些分集接收点与基站直接相连（甚至可以采用有线方式实现），所以整体上提高了从移动终端到基站的上行链路的通信质量。这种做法可以称为"小区制"，其实已经具备了目前得到广泛应用的蜂窝网络结构的雏形。1974 年，贝尔实验室提出了"蜂窝网络"的概念，蜂窝网络结构如图 1.5 所示。

蜂窝网络是将整个服务大区划分成多个小区，小区半径视用户分布密度而定，一般为 1～10km。每个小区内有一个基站，负责支持这个小区内的所有业务。至于小区的划分方式，显然移动通信网络结构需要具有平移不变性，即小区的结构和形状应该是相同的或者近似相同的，这样才能保证网络部署的简洁高效。而可以无缝铺满整个平面的图形只有正三角形、正方形和正六边形，考虑到电磁波全向辐射的球体模型，显然正六边形更逼近于基站在平面内的圆形覆盖，同时也可以使用更少的小区数实现服务区的完整覆盖；而实际上，正六边形的方案也能保证相邻小区的干扰更小，同时不同小区之间的切换更加有效。由于正六边形的网络形似蜂窝，所以这样的移动通信网络结构称为蜂窝网络。

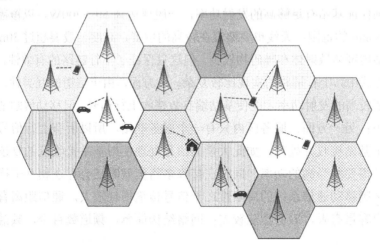

图 1.5 蜂窝网络结构

蜂窝网络最大的突破在于对频谱的利用更加充分，使系统容量有了明显提高。每一个小区内只使用一种频率或一段频带，但不同小区也不一定必须使用不同的频率。为了使相邻小区之间不产生干扰，自然相邻小区需要使用不同的频率；而根据蜂窝网络的特殊结构，平面内的每个点都处于最多 3 个小区的交界处，所以最少使用 3 种频率就能区分所有小区；而空间中实际的地形结构不可能是理想的正六边形结构，根据四色定理，4 种频率即可保证任意两个相邻小区使用不同的频率资源；如果考虑更实际的情况，使用相同频率的小区如果距离太近还可能存在同频干扰，所以就需要考虑更复杂的频率划分方式，比如使用 7 种频率，即每个小区及其周围六个相邻小区的频率各不相同。

蜂窝网络对频率的复用实际上就是对整个系统可用信道的分割，使用多个小基站来代替单个的大功率基站，每个基站只占用可用信道的一小部分并只覆盖服务区的一小部分，在同频干扰的程度尚可接受的条件下，不同基站对频率尽可能地实现复用。随着小区数量和基站数量的增加，系统容量也随之增加，但所需频带没有增加，这样的频率复用方式也是系统容量提高的根本原因。

蜂窝网络设计只是系统结构上的优化，频率复用针对的也只是基站频率的选择问题，而其他技术和硬件结构没有大幅度改动，完全可以沿用下来，这极大降低了蜂窝网络技术的落实成本。另外，所有移动终端的接收机完全可以通过调整频率适用于蜂窝网络中复用的每一种信道，所以所有接收设备在蜂窝网络覆盖范围内的任何位置都可以使用。

蜂窝网络可以根据其小区半径的大小进行分类，包括宏蜂窝（Macro-cell，半径为 1～25km）网，微蜂窝（Micro-cell，半径为 30～300m）网，皮蜂窝（Pico-cell，半径为 10～30m）网，毫微微蜂窝（Femto-cell，半径只有几米，多用于家庭基站）网，以及多种不同大小的蜂窝混合构成的异构蜂窝网（Heterogeneous Network，Hetnet）。

蜂窝网络结构的优势在于用户容量大、服务性能较好、频谱利用率较高、用户终端小巧、电池使用时间长、电磁辐射小等；但也存在诸多问题有待解决，包括复杂网络设计、越区切换和漫游、位置登记及更新管理、系统鉴权、网络频率规划等。

1.4.2 多址接入

在通信系统中，用于通信的资源是有限的，而想要支持多用户的服务，就需要对通信资源进行合理的分配。在蜂窝网移动通信系统中，分配通信资源也就是分配信道，并且需要保证不同信道之间能够区分开来，避免相互干扰。也就是说，需要为不同信道上的信号赋予不同的可以分辨的物理特征，而这样的技术就称为多址技术。从本质上来说，多址技术研究的就是如何将通信资源进行划分，以及如何将划分后的资源分配给不同的用户，目的是提高系统容量，同时要尽可能降低不同用户之间的干扰和系统的复杂度。其中对资源的切割和分配也就是对多维无线信号空间的划分，在不同维度上进行不同的划分也就对应着不同的技术。目前移动通信系统中应用最多的多址接入方式有频分多址接入、时分多址接入、码分多址接入，以及它们的混合方式等。

1. 频分多址接入（FDMA）

FDMA 系统在频域上对信号空间进行划分，不同信道的标志性物理特征是传输信号的载波频率。对于每一个用户，分配到的是一对信道，即从基站到移动终端的下行信道和从移动终端到基站的上行信道，而一对信道也就对应着一对频谱。这样的移动通信系统需要基站端能够同时发射和接收在不同频段上的信号，所以有多少信道就需要多少部收/发机，同时需要天线共用器，这样的基站一般都复杂庞大，容易产生干扰。而移动终端就必须使用带通滤波器，虽然保证了对本频段的有效接收和对其他频段的抑制,但切换比较复杂困难;另外,不同用户之间由于可用频段不同而无法直接进行通信,必须经过基站的中转。对频带进行分割时,需要在不同频段之间保留保护间隔,防止系统存在频率偏移而造成不同频段之间的重叠和干扰;为了在有限的频谱内增加信道数量,每个信道的相对带宽就变窄了,更适用于窄带系统。FDMA 系统的优势在于符号时间一般都远大于时延扩展,符号间干扰较低,不需要自适应均衡。

理论上,处于不同频段的信道是正交的,不存在相互干扰,但实际系统中仍存在非理想因素导致的干扰,主要包括互调干扰、邻道干扰、同频干扰等。互调干扰是由非线性元器件造成的,硬件由于具有非线性可能产生各种组合频率成分,而这些组合频率就可能落在当前信道的频段内成为噪声,所以系统除了需要尽可能选用线性元器件和线性结构,在选取可用频段时还需要尽量选取不会产生互调干扰的频段。邻道干扰是由上文提到的系统频率偏移以及相邻频段信号存在的寄生辐射造成的,主要的解决办法是提高接收机的频率选择性和频段分割的隔离度。同频干扰是针对蜂窝组网结构而言的,同一个蜂窝网络小区内的信道都是不同的,但不同蜂窝网络小区可能会使用相同的信道,这样做的目的是提高复用增益,依据是不同蜂窝基站的覆盖范围基本上是不重叠的,而问题也就出在了重叠覆盖的情况,所以蜂窝网络结构的设计和频率划分的方式需要慎重选择。

2. 时分多址接入(TDMA)

TDMA 系统在时域上对信号空间进行划分,不同信道的标志性物理特征是传输信号的存在时间。TDMA 系统将连续时间分为周期性的时间段,称为帧,每帧内又划分为多个时隙,每个时隙对应一个无线通信信道。系统根据一定的分配规则将不同时隙分配给不同用户,每个用户只能在规定的时隙内向基站发送信号,基站在各个时隙中依次接收到各个用户的信号;反之同理,基站将发给各个用户的信号按照时隙顺序依次传输,移动终端只需在对应时隙内接收信号即可。由此观之,TDMA 的干扰主要取决于时域划分的区分度,一方面需要保证划分出的帧和时隙互不重叠,甚至还可能要考虑引入保护间隔;另一方面还需要提高接收机同步的精确性。

TDMA 系统的频谱资源是共享的,所以可以使用宽带载波,适用于宽带系统,同时基站的复杂度大大降低,也降低了互调干扰。对频谱的完整利用也不再需要保护间隔，频谱利用率高，系统容量大。切换时隙远比切换频带简单，所以接收机的越区切换更加灵活方便。TDMA 系统的问题在于每个时隙都需要进行同步，同步开销较高，信号的突发传输速率高；同时数据率会随着信道数量的增加而提高，容易出现码间串扰问题。

3．码分多址接入（CDMA）

CDMA 系统在码域上对信号空间进行划分，不同信道的标志性物理特征是传输信号的用户地址码型。CDMA 为每个用户分配了各自特定的地址码，而时域资源、频域资源乃至空域资源都是共享的，这样就实现了系统容量的明显提高。地址码是一段伪随机序列，具有良好的相关性和准正交性，即自相关有非常明显的相关峰，而互相关非常小。利用地址码的准正交性，接收端使用完全相同的本地地址码对接收到的空间中的混合信号进行分辨和检测。码域的性质不再是时域、频域那样的实际的物理性质，而是附加的物理性质，所以信道数量完全是可控的，并且是可以灵活变化的，接入用户数的提高可能会造成通信质量的些许下降，但不会出现完全阻塞的糟糕情况。地址码实际上具有扩频性质，可以将原信号的带宽展宽到原有带宽的百倍以上，所以接收端使用本地地址码进行相关的操作可以明显降低噪声的功率谱密度，具有较强的抗窄带干扰能力。

CDMA 系统的核心就是地址码的设计和选取，而作为地址码的扩频序列实际上不是严格正交的，一方面可能是设计时就没有达到完全正交，另一方面可能是因为接收端对信号的接收不够完整，接收到的扩频序列长度变短。所以在多用户检测中，干扰消除是一个非常重要的问题，方法有自适应滤波、串行干扰消除等。CDMA 还有一个不容忽视的问题就是远近效应，主要出现在上行情况中，功率强的信号对功率弱的信号存在明显的抑制作用，这样就对弱信号的接收造成困难。所以在蜂窝网系统中，基站需要指示移动终端对发射信号的功率进行控制，以保证基站接收到的来自不同移动终端的信号的功率大体相当。

1.4.3　调制技术

基带信号所占频带一般是低频甚至是直流的，在传输距离不太远的有线信道中还有可能直接传输，而在无线信道中基本是无法直接以电磁波的形式在物理空间中的收、发两端之间实现有效通信的，比较直观的原因有频率较低、功率较低等。从信号空间的角度来理解，将无线信道进行数学建模，可以构成一个信道矩阵，而这样的基带信号就是落在了这个信道矩阵的零空间中。只有在信道矩阵列空间中的信号才能在无线信道中实现传输，而这些信号如果表示为信号空间中的向量，则都可以表示为这个列空间的一组正交基的线性组合。所以应该将信息加载在列空间的正交基上，经过线性组合之后就形成了可以在无线信道中传输的信号，这就是调制的本质。

加载在正交基上的信息可以表示为符号，而加载信息并线性组合的过程可以视为映射过程，所以调制就是把需要传输的携带信息的符号映射为可以实际传输的波形，该波形就是正交基函数的线性组合，线性组合参数和调制的符号有关。根据正交基函数的选择不同，调制方式有幅度键控（Amplitude Shift Keying，ASK）、频移键控（Frequency Shift Keying，FSK）、相移键控（PSK）、正交频分复用（OFDM），以及高阶调制等。

2ASK 几乎可以算是最简单的调制方式了，每个符号只占 1bit，所以只有 0 和 1 两种符号，基带信号波形就是 0、1 码流，称为双极性 NRZ 码，所以用最简单的开关就可以实现，又称通断键控（On-Off Keying，OOK）。高阶的 ASK 调制与 2ASK 的原理完全一致，只是载波幅度从两种取值变为多种取值，但每个码元间隔内可以传输更多的比特信息，频率效率更高，系统容量更大。

对于频移键控（FSK），最简单的 2FSK 使用开关切换法就可以实现，但在码元转换的时刻信号相位不连续，所以优化的 2FSK 信号采用调频法保证了相位连续。为了使信号带宽最小，优化调制频差而发展出了最小频移键控（Minimum Shift Keying，MSK），这种调制方式能够得到相位连续、频差最小的恒包络信号；而如果在 MSK 调制之前先通过高斯低通滤波器，可以使信号的相位变化曲线更加光滑、占有带宽更小，称为高斯最小频移键控（GMSK）。

在二进制相位调制（如 BPSK）中，信号在码元转换时刻相位跳变，所占频带较宽，旁瓣较大，频谱效率较低。在进一步的四相调制（如 QPSK）中，比特流中每两个相邻比特分为一组构成四进制码元，可以与相位形成映射关系并生成符号。本质上就是两路 BPSK 信号叠加，每路的码元速率减半，但功率谱和带宽不变，总体上的频谱效率翻倍。这样的信号相位还是跳变的，而且旁瓣依然很大，这时可以采用升余弦滚降滤波器，在理想情况下能够将信号功率限制在带宽之内。将 QPSK 中的两路正交信号从同步改为相差一个码元间隔，可以消除 QPSK 中依然可能存在的 180°相移，称为偏移 QPSK（Offset-QPSK，OQPSK），这也是一种恒包络调制方式。

高阶调制包括 M 进制幅度键控（MASK）、M 进制频移键控（MFSK）、M 进制相移键控（MPSK）、正交幅度调制（Quadrature Amplitude Modulation，QAM）等。QAM 调制联合控制载波的幅度和相位，能够充分利用二维矢量空间的平面，在不减小欧氏距离的情况下增加星座的点数就可以增加频谱利用率，而星座图的设计则有多种多样的方式，可以有不同的星座点数量和不同的形状。

OFDM 是一种多载波调制方式，将可用频段划分为许多带宽很小的子载波，每个子载波对应的信道可以近似为平衰落信道，这样就克服了宽带系统的频率选择性问题。OFDM 突破了传统的频分复用的子载波频带不重叠限制，使用频带间有重叠的子载波，利用子载波的正交性保证其可区分性，实现了更高的频谱效率。OFDM 将串行的高速数据流转化为多个并行的低速子数据流，调制到正交的子载波上，将子载波合成后一起并行传输。相比串行的符号时延，OFDM 的每个子载波的符号时延成倍扩大，扩大倍数等于子载波的数量，这样明显降低了码间串扰。在 OFDM 调制中，选用的正交基正是无线信道矩阵的特征向量，也就是简谐函数，所以调制和解调可以以 IFFT 和 FFT 的方式极其廉价地实现。OFDM 存在的问题主要有峰均比较高、对频偏敏感等。

1.4.4 抗衰落技术

无线信道中存在太多的干扰因素，使得电磁波信号在传播过程中遭到了各种各样的削弱和衰落，这也是实现无线通信需要解决的最重要的问题之一。前文提到的互调干扰、邻道干扰、同频干扰等都是常见的干扰，这些都是频率的不理想而造成的干扰；阴影效应是对无线信号的直接遮挡，会对信号的强度造成严重削弱，影响信号的接收效果；复杂散射体环境中的多径效应，以及由于接收机或发射机的移动性造成的多普勒效应，都会使接收信号遭到严重的衰落；而信道中存在的更普遍的噪声，会使接收信号失真甚至造成误判而误码。种种非理想因素使得抗干扰技术的研究势在必行，必须采用一些信号处理技术改善信号的质量或改变信号的接收和判决方式，以保证通信的质量。常见的抗干扰技术包括分集技术、信道编码技术、均衡技术等，并要根据移动通信系统的实际情况对抗干扰技术进行灵活选择以及联合使用。

1．分集技术

分集技术的基本思想就是在多个自由度上传输相同的信息。一方面，即使在某些维度上，或者说在某些自由度上可能存在深衰落干扰，但在所有自由度上都存在深衰落干扰的概率很小，否则无论如何通信都是不可能的，所以总有至少一路信号能够实现传输，这就保证了通信的可靠性；另一方面，多个通过独立衰落信道的信号在接收端可以综合进行处理，充分利用这些信号能量来改善信号质量，也就是用更多的资源传输等量的信息，等价于提高了接收端的信噪比，而不需提高发射信号的能量。在分集技术中，接收端对各路信号的合并也有不同的方式，包括选择合并（只保留信噪比最大的一路）、等增益合并（全部保留）、最大比合并（各路信号调整为同相后加权相加，权重与信道增益成正比，与噪声功率成反比）等，需要根据实际情况和硬件复杂度进行选择。

常见的分集技术包括时间分集、频率分集等，在数学意义上这两种方式是等价的，都是基于并行信道的分集技术，分集增益等于信息重复传输的次数。但如果按照最基本的全等分集方式（称为重复编码），将原信号完全不变而只是重复发送，这样会使数据率成倍缩小，所以之后发展出了旋转编码、置换编码等信号处理技术，使每个并行信道的等效数据率保持不变，同时还能获得分集增益。

比较常见的还有空间分集技术，在发送端和接收端都不再只使用单根天线，而是使用天线阵列，根据收、发两端的天线数量不同，分为 SIMO（Single-Input Multiple-Output）、MISO（Multiple-Input Single-Output）、MIMO 等方式。以 MISO 为例，每一个发射天线与唯一的接收天线之间可以构成一条独立信道，多个发射天线重复发送相同的信息就可以实现分集，在理想情况下分集增益就等于接收天线数量。由于只有一根接收天线，即使发射天线发送不同的信号，接收端也只能接收一路信号，所以发射天线的增加没有使数据率同步增加，等价于平均数据率减小了；但多天线结构可以实现空时编码，即不再采用简单的重复编码，而是将不同发射天线上的符号进行变换，在接收端进行简单的矩阵变换就可以实现译码，其优势在于发送端对符号的变换不依赖于信道信息，可以直接实现等价的波束成形效果。

2．信道编码技术

信道编码的目的是减小噪声和干扰对接收信号的影响，基本思想是增加冗余比特，使信息码元和冗余码元之间存在相关性，在接收端就可以利用冗余比特对接收的信息码元进行判错甚至纠错。信道编码和分集技术是类似的，都是增加了信息冗余，将原有信息以某种方式重复发送；其区别在于分集技术对抗的是非遍历的随机性干扰，原理是某种深衰落干扰不可能覆盖所有自由度，而信道编码技术对抗的是遍历的随机性干扰，对于普遍存在的干扰进行抑制和消除。

信道编码又称差错控制编码，根据不同的标准有不同的分类方式。按照编码的不同功能，可以分为检错码、纠错码等，检错码只能发现误码，这时可能就需要发送端重传，而纠错码可以纠正误码，不需要发送端重传，更好的纠错码还可以发现误码位的位置。按照监督码元（即冗余码元）的生成方式和检验关系，可以分为线性码和非线性码，线性码的监督码元和信息码元之间满足某个线性方程组，具有线性关系，否则就是非线性码。按照监督码元对信息码元的约束关系，可以分为分组码和卷积码，分组码的码元序列可以分为成段的码组，码组中的监督码元仅与本组内的信息码元有关，与其他码组无关；卷积码的监督码元不仅与本组内的信息码元有关，也与前面的码组有关。按照编码后信息码元的形式，可以分为系统码和非系统码，系统码的信息码元编码后保持不变，而非系统码的信息码元编码后改变了原有的形式。还有其他多种分类方式，不再逐一列举。

信道编码技术往往还可以与调制技术联合起来，提高全局最优性。对于比较简单的系统，选择一种信道编码方式足矣；而如果系统比较复杂，面临的信道情况也比较复杂，或者希望系统更加智能化，则还可以采用自适应调制编码（Adaptive Modulation and Coding，AMC）方式。AMC 实际上就是各种调制方式和信道编码方式的汇总，可根据实际情况自主选择最合适的调制编码方式。这就需要移动通信系统中有专门的控制系统，能够检测无线信道质量、用户瞬时数量、目前可用资源等信息，综合控制系统中的调制编码方式，使系统容量和数据吞吐率尽可能提高。

3．均衡技术

当传输的信号带宽大于无线信道的相关带宽时，信道就产生了频率选择性衰落性质，接收信号在时域表现为符号间干扰（码间串扰），而这种失真是不能通过增加发射信号功率来弥补的，这时就需要均衡技术。均衡就是削弱符号间干扰的信号处理过程，是对系统传输函数的校正和补偿，目的是抑制多径衰落。信道均衡是宽带系统区别于窄带系统的明显特征之一。

均衡可以在时域进行，也可以在频域进行，本质上就是构造一个无线信道的逆系统，使发送的信号经过信道后，再经过这个用于均衡的逆系统能够尽可能恢复原样。根据不同的均衡原则，可以设计出不同的均衡算法。如果希望码间串扰为零，可以得到迫零算法，本质上就是对信道矩阵求逆，但绝对保证正交性的代价是噪声变大；如果希望噪声最小，得到的就是最大比合并算法，但最优化信噪比的代价是没有处理码间串扰；二者的折中是最小均方误差（Minimum Mean Squared Error，MMSE）均衡，使得二范数意义下的均方失真最小化，本质上就是求得混有噪声和码间串扰的接收信号在信道矩阵列空间中的投影，也就是最小二乘逼近。

想要设计信道逆系统，就需要获知信道信息，也就是预先进行信道估计。用于信道估计的有力工具就是训练序列，即收、发两端均已知的信号，这样在接收端就可以同时了解信号的原有形式和经过信道作用后的形式，从而得到信道的数学形式，这就是数据辅助的均衡方式。没有训练序列的信道估计称为盲估计，还有混合的半盲估计方式。

根据均衡过程和判决过程的关系，可以将均衡技术分为线性均衡和非线性均衡。上述均衡技术都是线性均衡，本质上就是矩阵运算，问题在于补偿深衰落频点时也会放大该频点的噪声。非线性均衡采用了其他的均衡原则和方式，比如判决反馈均衡（利用之前的判决结果对当前接收信号进行干扰消除）、最大似然符号检测（利用先验概率和后验概率）等，这样可以得到更好的均衡效果，但复杂度一般也更高。

均衡技术还可以分为固定方式和自适应方式。固定方式就是在得到较好的均衡滤波器，即信道逆系统之后，该均衡滤波器系数就不再变化，在之后的信号接收中一直使用这个均衡滤波器。这种做法的复杂度自然很低，但一旦信道发生变化，信号接收就会出现较大失真，因为均衡滤波器不再与信道匹配。自适应方式能够自动调整均衡滤波器系数，一定程度上实现了对慢变信道的跟踪。自适应均衡可以使用训练序列，即每隔一段时间就发送训练序列，用于对均衡滤波器的修正；也可以不使用训练序列，比较典型的做法是利用均衡结果和判决结果的偏差修正均衡滤波器系数。

1.5　第五代移动通信（5G）系统

1.5.1　5G 总体愿景

在信息社会，移动通信已经逐渐成为人们的基本需求，而信息本身的价值也随之水涨船高，移动通信系统也将成为支撑社会正常运转和不断发展的大动脉。人们对移动通信的依赖性一直在增强，社交媒体的日益火爆就是一个非常典型的例子，这不仅促进了科学技术的发展，而且形成了生活和商业的利益体系。移动通信技术的发展和网络基础设施的更新换代正不断推动着商业和社会的进步，移动互联网的接入几乎成为了所有行业开展业务的根本需求。移动网络与设备正是以其高效、灵活的优势获得了如此广泛和深入的应用，甚至为各个行业的发展提供了突破的契机，以移动通信为基础的新发展模式能够跨越从前制约行业发展的壁垒，甚至还可能促进行业之间的交流与融合。而备受瞩目的第五代移动通信（5G）系统，将进一步满足人们对移动通信的梦想与需求。

经过多年的发展，移动通信系统几乎成为了一个虚拟的社会，有其一套生态系统。用户永远是移动通信系统最重要的因素，未来的移动通信系统也必然要以用户为中心，构建更加全面的生态系统。5G 系统要为用户提供更好的用户体验，让信息突破时空限制，实现实时实地的交互，即覆盖无处不在、通信可靠有效、永远或随时在线，并可以与任何人共享信息和数据。不仅如此，还需要提高移动通信系统的个性化能力，提供给用户的服务能够"私人定制"，系统的网络架构向智能云架构转化，实现网络、服务和数据更加深度的融合，使用户感受到"触手可得"与"称心如意"。

信息的重要性导致了人们对于信息量总会有着更高的需求与渴望，未来的移动通信系统也必须在数据流量和速率上有明显的提高。5G 系统将实现超千倍的爆炸性流量增长，单位面积的吞吐率也将显著提升。数据率不仅要达到 10Mbit/s 的可获得速率，还要达到 10Gbit/s 的峰值速率，更要在各种复杂困难的通信环境下都能保证这样的速率。

除了面向用户的移动互联网，物联网也是未来移动通信发展的主要驱动力。移动通信系统以其使用的广泛性和接入的便利性，将不再局限于人与人之间的沟通，而会进一步扩展到人与物之间的通信，甚至是物与物之间的智能互联。随着移动通信技术的发展，以人为中心的网络和以机器为中心的网络必将发展及融合，未来的移动通信系统也将继续改变人们交互信息和获取数据的方式，甚至对移动通信进行重新定义。未来物联网将得到极大发展，最明显的标志就是接入网络的全球物联网设备连接数将会有超百倍的海量增长，达到移动终端的近 10 倍，未来全球移动通信网络连接的设备总量将达到千亿规模。通信时延也是移动通信系统的重要性质之一，5G 系统将通过无缝融合的方式，便捷地实现人与万物的零距离连接，达到光纤通信的接入速率和毫秒级时延。

随着需求的增长，各类新业务和应用场景将不断涌现，业务类型丰富多样，业务特征也差异巨大。增强现实、虚拟现实、超高清视频、移动云、车联网、智能家居、移动医疗、工业控制、环境监测等将成为未来 5G 系统的典型业务。在用户的切换、设备的切换、服务的切换方面，未来的移动通信系统还必须保证其可靠性、安全性和流畅性，并且要有足够好的容错性、兼容性和可扩展性。

对于运营商而言，未来的移动通信系统需要有更多样的业务能力和更高效的运营方式，但能耗和成本也非常重要，一切性能的提高都必须以可承受的成本实现，以使运营商能够维持和提高其营利能力。完全弃用现有的移动通信系统是不现实的，所以 5G 系统需要能够兼容现有网络以保护已有投资，这就需要对移动网络建设和扩展的方法进行重新思考、重组和重新设计。

简而言之，对更高性能移动通信的追求促进了未来移动通信系统的发展，未来的移动通信系统也要能够满足超高流量密度、超高连接数密度和超高移动性等需求。对于未来的 5G 系统，不能再用某项业务能力或者某个典型技术特征来定义，而必然是更多业务、更多技术的融合，是面向业务应用和用户体验的智能系统。

1.5.2 需求与挑战

1. 频谱

超高的数据率和吞吐率需求意味着需要更多的频谱资源和更高的频谱效率，如果没有足够的频谱，系统容量受限于带宽而无法实现未来的性能需求。为了满足不断增长的容量和覆盖需求，更多的无线频谱对于移动网络是至关重要的。5G 系统将需要更多的频谱和更大的带宽，需要通过采用新的频带和更有效地使用可用频谱来扩大可用频谱的范围，以支持预期的业务量增加和更高的数据速率。现有系统的频率范围和更高的频率范围都需要更多的频谱，前者需要调整频谱使用规则，改善带宽内的频谱效率，而后者可以提供更大的带宽，从而能够针对更多的场景和需求提供定制化服务并实现较高性能。

新型多址技术和高级波形技术的突破以及编码调制算法的进步对实现频谱效率的提高至关重要，尤其要适应大规模接入或下行的系统伸缩性。先进的射频处理技术也可以促进频谱的高效和灵活使用，比如单频全双工无线技术是提高频谱效率的有效方式之一。全频谱接入则是更多的技术发展方向之一，具有广泛的发展前景，需要在诸如空中接口、无线电接入网（Radio Access Network，RAN）、射频收/发器设计等基础无线技术方面取得突破，在商业网络构建方面也需要进一步研究新的无线上行接入技术和固定网络的光纤接入技术等。

2. 容量与接入

对移动网络的应用将日益成为人与人、人与机器连接的主要网络接入手段，而移动网络需要在有效性、可靠性和安全性方面与固定网络的性能相匹配。为了做到这一点，未来移动通信系统需要支持现有系统数据流量的千倍以上，需要能够提供类似于光纤通信的 10Gbit/s 的峰值速率，以实现超高清晰度的视觉通信和沉浸式多媒体交互。在特殊情况下，如办公空间或室外密集环境，未来移动通信系统需要能够提供不低于 100Mbit/s 的数据率，以支持诸如云存储、网络硬盘、超高分辨率视频同步等的应用，以及虚拟现实与增强现实。在设备接入方面，未来这种以人为中心的接入设备预计将超过现有设备数量的 10 倍甚至 100 倍，包括监控摄像机、智能城市、智能家居和智能电网设备，以及连接的传感器。高达 500 亿个甚至 5000 亿个设备的接入需求将为未来移动通信系统带来巨大的挑战。

面对超高容量和海量接入的需求，需要在基带处理和射频架构方面实现技术突破，以实现超密集的新空中接口的自适应调度。为了支持这些新的空中接口，数量空前的射频天线元器件需要提高集成度；而为了满足大规模 MIMO 等先进技术的复杂要求，系统需要更强大的基带信号处理能力。在协调接入节点和上行链路设计方面，系统需要能够智能调整可用频谱的部署，真正做到即插即用，这是实现高频频谱接入的关键。移动设备的性能也需要进一步提升，并且要适应更多不同的通信环境和应用场景，所以要有更低的功耗、更强的移动性和更长的电池寿命。多天线小型化对于以较少的频谱和更低的功耗实现超高接入速度至关重要；另外，移动设备需要具备一定的基站功能，以实现设备之间的直接通信。

3. 智能化与多业务

物联网的发展将伴随着大量新型业务的出现，而这些业务将具有不同于以人为中心的业务的特征和需求，并且不同业务之间也有着显著差异。一些业务对时间延迟的要求非常宽松，比如远程抄表计费等；而另一些业务会对低延迟的要求非常严格，比如工业控制、智能交通等，在 5G 系统中对于这样的业务需要支持几毫秒以下的时延。对于电网控制、城市管理、智能医疗等一些重要基础设施或社会功能的控制管理，需要非常高的网络可靠性，远高于当今网络安全性的平均水平；而对于智能家居中温度控制、湿度控制等便民业务，可靠性的要求则低得多。某些业务，例如远程视频监控，需要传输的信息量很大；而一些其他业务，例如文本信息传递或物流货物跟踪，则只需要传输很少的数据。对于极限环境的传感器远程检测业务，设备的低功耗和使用寿命至关重要，而有的业务对设备的要求并不高。

移动通信系统促进了智能城市的诞生与发展，未来 5G 系统将为建设智能城市提供基础设施支持，这将对移动网络的性能有更高的要求。日益多样和广泛的移动服务将具有不同的性能要求：从几毫秒到几秒的时延容忍、从几百到几百万的持续在线用户数、从几毫秒到几天的占空比、从小于 1%到几乎 100%的信号负载等。

4. 网络

建立 5G 无线网络的基本要求有：支持超大容量和海量接入的能力、支持日益多样化的业务应用和用户需求、灵活有效地使用所有可用的非连续频谱以适应完全不同的网络部署场景等，所以需要改进现有无线接入技术并构建新的 5G 无线接入技术来获得尽可能好的网络性能。

为了应对在特定场景中实现极高系统容量和极高数据率的挑战，引入超密集网络部署是可行方案之一。超密集网络将由低功率接入节点组成，这些接入节点的部署密度要比现在的网络高得多。为了可靠地支持 10Gbit/s 数据率，超密集网络应该支持不低于 100MHz 的最小传输带宽，并且有可能扩展到超过 1GHz 的带宽。超密集网络将主要在 10～100GHz 范围内工作，频率更高的频带更容易提供可靠地支持 Gbit/s 数量级数据速率所需的非常宽的传输带宽。超密集网络需要史先进的网络调度方案，应当与现有的蜂窝网络很好地融合，在设备进出超密集网络覆盖范围时提供无缝切换的用户体验。

支持海量接入的其他方面还有超快速接入或切换，要实现移动设备与网络以极低的时延实现连接，以至于连接的人或连接的设备与网络之间的"距离"几乎感受不到，这就需要对多种协议的兼容和适应，以及性能强大的认证与控制机制。更大容量的接入能力和更灵活的接入机制将使机器之间的智能通信和交互得到更广泛的应用，超越现有通信能力。

在未来的移动通信网络中，虚拟化体系结构将得到逐步的引入与发展。在硬件方面，基于云架构技术的无线接入基础设施将根据需要灵活调整资源处理、数据存储和容量分配方式；在软件方面，软件定义的空中接口技术将无缝集成到 5G 无线接入网络体系结构中。核心网络的演进将围绕如何为创建新业务和新应用提供更大的灵活性展开，其中云计算将成为核心网络的基础，并将提高网络的开放程度，便于扩展与创新。

5．用户体验

这里所说的用户体验可以算是把前文提到的对于未来移动通信系统的各种性能需求综合起来在用户端的体验和感受，可以概括为高速度、广接入、低时延。超高速率为用户提供的是沉浸式体验，1Gbit/s 或更高的数据率才能真正支持超高清视频和虚拟现实应用。海量接入与永久在线的系统性能保障了网络覆盖的无处不在，移动网络系统需要能够支持数十亿用户、数十亿的应用程序和数千亿台机器，个性化应用和设备也可以随时随地交互、访问与同步。系统响应时间和切换时间将降至毫秒量级，以支持实时移动控制与无缝切换接入。业务应用将更加智能化与个性化，越来越多的个人需求和企业需求将得到满足。移动宽带技术还将扩展到新的部署场景和新的应用对象，例如超密集网络部署、不同类型的设备智能通信等。

可靠性在用户体验方面则显得更加具体更加重要。超低时延将是 5G 通信系统的关键，而且无线通信将越来越多地用于分布式控制，而不仅仅是广播类型的数据分发。对于工业通信和社会服务等重要应用,对于低时延和高可靠性的要求再严格也不为过,这在很大程度上取决于如何设计网络部署,以及能否提供足够的资源来处理流量高峰。移动通信系统需要在容量、覆盖和数据速率的设计方面进行权衡,控制信道设计、信道编码、链路自适应和无线资源管理等技术需要综合应用以优化网络并确保低时延,而更高的低时延要求,比如 1ms 甚至更低,则需要传输时间更短的新技术。但在另一方面,为了实现高效接入,移动通信系统还需要能够区分业务类型并优先考虑关键业务,这就需要在超低时延和极端可靠性之间取得一个全局最优或近似最优的折中。

6. 成本与能耗

未来移动通信系统对于性能的较高要求需要实际部署的网络硬件性能有明显的提升,网络密度也将进一步增加,这一切都对成本提出了更高的挑战。部署、运营和维护网络的成本,以及设备的成本,还应该在能够以可接受的价格为普遍用户提供服务的水平,同时也要有与之匹配的营利能力以保持对网络运营商的吸引力。对于网络运营商来说,还需要尝试并开发新的盈利模式、运营模式和权限管控方式,以进一步降低成本。

除此之外,能源效率也是实现和保持低运营成本的重要因素之一。在 3GPP 中(主要是 LTE),已经对现有蜂窝网络技术进行扩展,以支持大量低功耗通信设备。然而,要满足某些具有极端需求的应用是很困难的,因此还需要替代技术以应对挑战性的特殊需求,并将这些技术无缝地集成到蜂窝网络技术中,以便提供无处不在的连接。缩短超密集网络中的链路距离、实现节点休眠的智能功能,以及将用于网络检测和同步的信令最小化等技术和方法,也将显著降低未来网络的能耗。能源效率在未来将更加重要,并且应当成为所有 5G 无线接入解决方案的主要设计目标之一。

7. 可持续发展

这里需要重点说明的是,5G 不是要替换现有技术,而是要发展现有技术,并用针对特定场景和需求的新的无线接入技术(Radio Access Technology, RAT)来对其进行补充。移动通信技术的进步会将信息系统逐步发展为全连接网络社会,一切能够受益于网络接入的用户、设备和业务都将能够联网,但适用于全情景的技术已经不是最优选择。特殊场景的需求已经难以利用现有技术的演进版本来满足，所以需要新的技术，并与现有技术无缝衔接，以保留原有用户、吸引大量新用户并催生大量新服务。与 2G、3G 和 4G 不同，5G 不会是单一的 RAT，而将是各种 RAT 的组合，不仅是现有 RAT，包括 LTE 和 HSPA 的演进版本，还有一个或多个针对特定部署、场景和需求优化的专用 RAT；不仅应用于现有的可用频带，还可用于未来的潜在可开发频带。LTE 的演变将是这个未来的基础，HSPA 和 Wi-Fi 的演变也是如此，甚至 GSM 也将发挥重要作用。无线网络的创新突破也将以全新的方式推动经济和社会增长。

系统的可持续发展不局限于现有系统到 5G 系统的发展，还关系到 5G 系统到未来更加先进的系统的发展。在系统发展的过程中，必然会面临种种问题，包括流量和设备爆炸性增长、智能化程度难以提高、频谱跨度大和碎片化等。频谱利用、能耗和成本是移动通信系统可持续发展的三个关键因素，频谱效率须提高 5～15 倍，能源效率和成本效率均要有百倍以上的提升。为了提升系统能力，可以从网络部署、运营维护等方面实现可持续发展。在网络建设方面，需要能够灵活高效地利用各类频谱，采用灵活可扩展的网络架构，以实现更高的系统容量和更好的覆盖效果，并降低网络部署复杂度和成本；在运营维护方面，需要改善网络能量效率，降低多层次多功能网络的复杂度和比特运营维护成本，提高智能感知与智能优化性能，并提供多样化的网络安全解决方案。

1.5.3　5G 关键性能指标（KPI）

5G 的关键性能指标（Key Performance Indicator，KPI）是衡量 5G 系统性能的一系列量化标准，对指标参数的选择需要重点考虑如何直观反映对用户体验质量的提高。用户的体验通常会受到多个 KPI 的共同影响，因此必须将多个 KPI 与特定应用场景和业务综合考虑。IMT-2020（5G）推进组给出了一个花瓣形状的示意图，称为"5G 之花"，如图 1.6 所示。5G 的 KPI 包含六大性能需求和三大效率指标，其中六大性能需求体现了 5G 未来的多样化业务与场景需求的能力，三大效率指标是 5G 可持续发展的保障。二者共同定义了 5G 的关键能力，其具体定义和定量指标分别表示在表 1.1 和表 1.2 中。

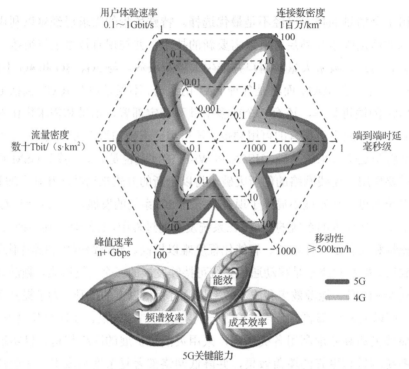

图 1.6　5G 之花

表 1.1　5G 的六大性能需求

KPI	5G 系统的 KPI 指标	定　义
峰值速率	≥10Gbit/s	用户能达到的最高数据速率
用户体验速率	≥100Mbit/s	用户获得的最低体验速率
流量密度	数十 Tbit/（s·km²）	单位面积内所有用户的 数据流量
连接数密度	$10^6/km^2$	单位面积内连接的设备数目
端到端时延	毫秒级	数据包从源节点发出到被 目的节点成功接收的时间
移动性	500km/h	收、发双方之间的 相对移动速度

表 1.2　5G 的三大效率指标

效率需求（单位）	与 4G 相比的性能	定　义
频谱效率 ［bit/（s·Hz·cell）或 bit/（s·Hz·km²）］	5～15 倍	每个小区或单位面积内单位频谱所提 供的所有用户吞吐量的和

效率需求（单位）	与4G相比的性能	定　义
能效（能量效率）（bit/J）	≥100倍	每焦耳网络能量所能传输的比特数
成本效率（bit/¥）	≥100倍	单位面积内所有用户的数据流量

其中用户体验速率、连接数密度和端到端时延可以算是 5G 最基本的三个性能指标。另外在连接方面，新的无线接入技术必须支持终端与接入点之间的无线接入，以及接入点通过有线或无线方式连接到互联网云端。5G 需要显著提高网络部署和运营的效率，对于超密集网络部署，设备和设备之间的直接连接对于在连接成本和性能之间取得平衡非常重要。对于新的无线接入设计，更重要的问题是在已知一些业务密度和用户数据速率等的经验性信息的情况下，考虑单位面积的总部署成本。同时，物联网将极大地增加接入设备的数量，但越来越多的接入将是异构的，需要在高层协议和体系结构方面进行新的开发和融合；而且这样的接入必须是完全自动配置和自动优化的，网络或实体之间的任何层次或关系都必须完全自建立，以保证每个节点的接入成本足够低，无论是经济成本还是资源成本。

1.6　未来移动通信

在移动通信的发展历程中，人们越来越意识到频谱的珍贵性和重要性。目前在整个频带内，现有技术所适用的频段已经所剩无几，所以在未来移动通信的需求和发展中，频率更高的频段受到了越来越多的关注，其中具有代表性的就是太赫兹频段。太赫兹频段是指 100GHz～10THz 的频段，远高于 5G 系统中将要使用的频段，在这个频段的电磁波属于亚毫米波的范围。目前的通信系统对如此高频的频段利用较少，所以可用带宽范围相对较大，也就可以带来更大的信道容量。但太赫兹频段因其本身的性质会对移动通信造成更大的困难：一方面，频率超过 10GHz 的电磁波信号在非视距传播的情况下，主要的传播机制已经不再是衍射，而是反射和散射；另一方面，亚毫米波的频率已经接近分子转动能级的光谱了，容易被空气中的水分子吸收掉，所以在大气中的传播损耗非常大，传输距离较短，信号覆盖范围较小。这些问题对移动通信系统的组网设计、传输技术等都会带来巨大的挑战。

未来移动通信的网络架构必然更加致密，不仅因为亚毫米波的传输距离限制，还因为用户数量的提高和业务的多样化。小区的半径将进一步缩小，物理空间中基站的分布将更加密集，基站的尺寸和功率也会进一步减小。网络密度在数量级上的提高会对网络的管理、维护和调度带来更大的压力，也需要更灵活、更快速、更加智能化的网络控制技术和协议。未来移动通信系统的设备接入数量与 5G 相比也会有千倍以上的增长，基站将同时接入数百个甚至上千个终端设备，所以空间复用技术将变得更加重要。空间复用技术可以提高频谱利用率，而对于频率更高的频段，现有的 Massive MIMO、波束赋形等技术需要更进一步的发展，而且还可能需要全新的技术以支持超越 5G 系统的海量设备接入。

为了进一步挖掘频谱的潜能，不仅需要开发新的更高频率的可用频谱，还需要对各个频段进行更加合理的分配和使用。对于目前可用频谱的分配方式，国际上有两种主流的选择：一种是将规划好的某一频段对外进行公开拍卖，最高应价者获得其使用权，这种方式常见于欧洲和美国；另一种是对可用频谱进行统一规划、统一分配和统一管理，中国采用的就是这种方式。但这两种方式都是预先分配的方式，一旦确定就不再更改，所以有需求的业务可能无法获得可用频谱，而占用频谱的业务可能没有对频谱实现高效充分利用。效率更高的方法是具有自适应能力的动态频谱共享方式，目前已有美国 FCC 于 2015 年在 3.5GHz 频段上推出的公众无线宽带服务（Citizens Broadband Radio Services，CBRS），通过集中式的频谱访问数据库统一管理频段分配。而在更远的未来，以区块链为代表的去中心化技术可能会得到更广泛的应用，而去中心化的分布式动态频谱共享技术将会带来成本更低的优势，以及接入设备分级、接入数量提高的更优性能。

5G 系统的三大代表性特征，即高速度、广接入、低时延，在未来依然会是衡量移动通信系统性能的重要因素。未来移动通信系统的性能相比 5G 而言也必将会成百上千倍地提高，传输速率可能达到 1Tbit/s 以上，传输能力和接入能力可能会提高百倍，网络时延也可能从毫秒级降到微秒级。未来的移动通信系统将更深入、更彻底地实现万物互联，让现有的卫星网络、地面网络、室内网络等移动通信系统都联动起来，打通不同通信设备之间的连接障碍，并且开发平流层通信、可见光通信等新技术，消除高空、水下、偏远山区等信号覆盖死角，让任何人、任何设备在任何时间和任何位置都能实现高速、高效、高质量的通信，真正做到海陆空无远弗届、天地人无所不通。

第2章
新型编码调制

信道编码与多址接入、多输入多输出技术共同构成了 5G 空中接口的重要部分。5G 的三个应用场景[1]是：增强移动宽带（Enhanced Mobile Broadband，eMBB）、大规模机器类型通信（Massive Machine Type Communications，mMTC）、高可靠低时延通信（Ultra-Reliable and Low Latency Communications，uRLLC），其关键性能指标包括峰值速率、频谱效率、时延、移动性、用户体验速率、流量密度、网络能量效率、连接数密度等[1]。这些性能指标与信道编码有着密切的联系，例如，下行峰值速率指标为 20Gbit/s，上行峰值速率指标是 10Gbit/s；下行峰值频谱效率指标为 30bit/（s·Hz），上行峰值频谱效率指标为 15bit/（s·Hz）；针对高可靠低时延，上行和下行用户面时延指标为 0.5ms；针对无线宽带，上行时延指标为 4ms。有效的信道编码和译码算法可以实现较高的传输速率，可以在短时间内完成大数据块的译码，支持接近于 1 的码率和高调制等级，降低用户面时延，对 5G 系统的各项性能指标起着直接和间接的作用。3GPP 在 2016 年 4 月的釜山会议 RAN1#84bis 上启动了新空口的讨论[3]，信道编码作为一项基本功能被讨论，是物理层关键技术之一。

本章的信道编码指狭义的信道编码，即纠错编码，其发展源自 20 世纪 40 年代两个相互独立的工程性研究工作。自 1948 年香农发表论文开始，在编码方法方面，研究者先后提出了 Hamming 码、Muller 码、Bose-Chaudhuri Hocquenghem（BCH）码、Reed-Solomon（RS）码等线性分组码和卷积码等经典信道编码。经典信道编码的编译码多数使用代数方法，以 Hamming 距离作为性能度量，设计目标是最大化码字之间的 Hamming 距离。Hamming 码由 Hamming 在 1950 年提出，只能纠正一个错，后来许多人构造了可以纠正多个错误的码。卷积码是 Elias 最早在 1955 年提出的，与分组码不同，卷积码编码器有记忆。卷积码的译码算法有多种，其中重要的进展是在 1967 年提出的

Viterbi 译码算法。这些信道编码方法码长较短，性能离香农限有较大距离。Elias 提出的乘积码是第一个由短码构造长码的方法；Forney 提出串行级联码，将内码和外码进行串行级联，获得了较大的性能提升。

现代编码开始于 1993 年提出的 Turbo 码，该码对于信道编码研究领域具有革命性的意义[4]。不久后，剑桥大学的 MacKay 和 MIT 的 Spielman 等人几乎同时发现，Gallager 在 1962 年提出的 LDPC 码在迭代译码算法下能逼近信道容量。在之后的研究中，又提出了多种逼近信道容量的码，如多元 LDPC 码、空间耦合 LDPC 码、Polar 码等。在 4G 中，Turbo 码得到了广泛的应用。与 Turbo 码相比，LDPC 译码是基于一种稀疏矩阵的并行迭代算法，并且由于结构并行的特点，在硬件实现上比较容易，所以在大容量通信应用中，LDPC 码更具有优势，符合 5G 的发展趋势。而 Polar 码可以由简单的编码器与译码器来实现，编译码复杂度低，再考虑到其优良的性能，Polar 码相比于 Turbo 码优势明显。2016 年 10 月的里斯本会议 RAN1#86bis 上通过了在 eMBB 场景中采用 LDPC 码作为数据信道的长码，11 月的里诺会议上确定了 Polar 码作为控制信道的编码方案。本章将对这两种信道编码方案进行介绍。

2.1　熵与信道容量

2.1.1　熵

信息量[5]用来度量信息的不确定性，直观上消息出现的可能性越小，其携带的信息越多，设某个事件 x_i 发生的概率为 $P(x_i)$，则其所含的自信息为

$$I(x_i) = \log \frac{1}{P(x_i)} = -\log P(x_i) \tag{2-1}$$

对数以 2 为底时，单位为比特（bit），以 e 为底时，单位为奈特（nit）。

类似地，对联合随机变量 XY，X 取 x_i，Y 取 y_j 的联合概率为 $P(x_i y_j)$，则联合自信息为

$$I(x_i y_j) = -\log P(x_i y_j) \tag{2-2}$$

在 Y 取 y_j 的条件下 X 取 x_i 的条件概率为 $P(x_i | y_j)$，条件自信息为

$$I(x_i | y_j) = -\log P(x_i | y_j) \tag{2-3}$$

定义后验概率 $P(x_i | y_j)$ 和先验概率 $P(x_i)$ 之比的对数为 y_j 对 x_i 的互信

息，即

$$I(x_i, y_j) = \log \frac{P(x_i|y_j)}{P(x_i)} \qquad (2\text{-}4)$$

信息熵是信源的平均自信息，对于有 N 个符号的离散信源，信息熵表达式为

$$H(X) = -\sum_{i=1}^{N} P(x_i) \log P(x_i) \qquad (2\text{-}5)$$

信息熵 $H(X)$ 反映了变量 X 的随机性。

条件熵是条件自信息的数学期望，已知 Y 的条件下，X 的条件熵为

$$H(X|Y) = -\sum_{j=1}^{M} \sum_{i=1}^{N} P(x_i y_j) \log P(x_i|y_j) \qquad (2\text{-}6)$$

条件熵反映的是已知一个随机变量条件下，另一个随机变量的不确定性，表示信宿收到 Y 后，信源 X 仍然存在的不确定度，这是由传输过程的失真造成的。

平均互信息是互信息量的统计平均，即

$$I(X;Y) = \sum_{i=1}^{N} \sum_{j=1}^{M} P(x_i y_j) \log \frac{P(x_i y_j)}{P(x_i) P(y_j)} \qquad (2\text{-}7)$$

平均互信息表示平均每个接收符号获得的关于信源的信息量。

容易得到，互信息和熵之间的关系为

$$I(X;Y) = H(X) - H(X|Y) = H(Y) - H(Y|X) \qquad (2\text{-}8)$$

可以通过图 2.1 理解互信息和熵之间的关系。

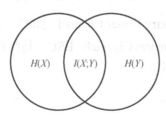

图 2.1　互信息和熵之间的关系

上述信息量是针对离散信道的，连续信道下相应的信息量定义与之类似，可以通过积分求出。

2.1.2　信道容量

$I(X;Y)$ 是输入变量 X 的概率分布 $P(x)$ 的上凸函数，对于一个特定的信

道，存在概率分布使得 $I(X;Y)$ 取最大值，即传输每个符号获得的平均信息量最大，将 $I(X;Y)$ 的最大值定义为信道容量，即

$$C = \max_{P(x)} I(X;Y) \tag{2-9}$$

此时的输入概率分布为最佳输入分布。一般来说，信道容量的计算比较复杂，对于一些特殊性质的信道，可以有较为简单的结果。

无记忆离散信道的转移概率可以用矩阵表示为

$$\boldsymbol{P}(y_j|x_i) = \begin{bmatrix} P(y_1|x_1) & P(y_2|x_1) & \cdots & P(y_M|x_1) \\ P(y_1|x_2) & P(y_2|x_2) & \cdots & P(y_M|x_2) \\ \vdots & \vdots & \vdots & \vdots \\ P(y_1|x_N) & P(y_2|x_N) & \cdots & P(y_M|x_N) \end{bmatrix} \tag{2-10}$$

若矩阵的各行是某个转移概率集合 $\{p_1, p_2, \cdots, p_M\}$ 的不同排列，各列也是某个转移概率集合 $\{q_1, q_2, \cdots, q_N\}$ 的不同排列，则将该信道称为对称离散信道。可以证明，当输入信源为等概率分布时，互信息可以达到最大值，即达到信道容量，可以通过计算得到信道容量表达式为

$$C = \log M - H\{p_1, p_2, \cdots, p_M\} = \log M + \sum_{i=1}^{M} p_i \log p_i \tag{2-11}$$

若信道矩阵的每行是某一概率集合的不同排列，每列并不都是统一概率集合的排列，但可以按列划分成几个互不相交的子集，每个子矩阵满足对称信道的性质，这样的信道为准对称信道。对于准对称信道，当输入为等概率分布时，达到信道容量。

二进制删除信道（Binary Eraser Channel，BEC）又称二元删除信道，和二元对称信道（Binary Symmetric Channel，BSC）是两种简单的二元输入无记忆信道，如图 2.2 和图 2.3 所示。

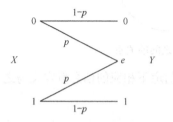
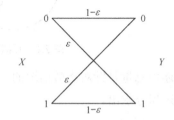

图 2.2　二元删除信道（BEC）　　　图 2.3　二元对称信道（BSC）

在 BEC 中，p 是删除概率，删除用 e 表示；在 BSC 中，ε 是错误概率。当输入等概率分布时，BEC 和 BSC 达到信道容量，可以得到

$$C_{\text{BEC}} = 1 - p \tag{2-12}$$

$$C_{\text{BSC}} = 1 - H(\varepsilon) = 1 - \varepsilon \log \varepsilon - (1 - \varepsilon) \log(1 - \varepsilon) \tag{2-13}$$

考虑连续信道，接收到的信号 y 包括发射信号 x 和信道噪声 n，即

$$y = x + n \tag{2-14}$$

假设 $n \sim \mathcal{N}(0, \sigma^2)$，与信号独立，则此时信道为加性高斯白噪声（Additive White Gaussian Noise，AWGN）信道，此时的条件概率密度 $p(y|x)$ 等于 n 的概率密度函数 $f(n)$。通过计算可以得到条件熵

$$H(Y|X) = -\int_{-\infty}^{+\infty} p(x)\mathrm{d}x \int_{-\infty}^{+\infty} p(y|x) \log p(y|x)\mathrm{d}y$$

$$= -\int_{-\infty}^{+\infty} p(x)\mathrm{d}x \int_{-\infty}^{+\infty} f(n) \log f(n)\mathrm{d}n = H(N) \tag{2-15}$$

由此可以看出，条件熵是噪声源的熵，则平均互信息为

$$I(X;Y) = H(Y) - H(Y|X) = H(Y) - H(N) \tag{2-16}$$

对频带受限的连续信号，带宽为 W，可利用采样定理得到离散信号，理想情况下最低采样频率为 $2W$，则信道容量为

$$C = \max[H(Y) - H(Y|X)] \cdot 2W \tag{2-17}$$

其中，噪声满足高斯分布，易得

$$H(Y|X) = H(N) = \mathrm{lb}\sqrt{2\pi e \sigma^2} \tag{2-18}$$

若发射信号功率受限，信号功率为 P，则 X 为高斯分布时达到最大熵。此时，信道容量可以计算得到

$$C = W \mathrm{lb}\left(1 + \frac{P}{\sigma^2}\right) \tag{2-19}$$

该公式为经典的香农公式。

2.1.3　信道编码

信道编码可以改善通信系统的传输质量，基本思路是根据一定的规律在待发送的信息码元中加入冗余的码元，从而保证传输的可靠性。

香农信道编码定理[6]：设离散无记忆信道的信道容量为 C，信息传输率为 R，ε 为任意小正数，只要信息传输率 R 低于 C，则一定存在码长为 n、码组的码字数 $M = 2^{nR}$ 的编码和相应的译码规则，使得译码的平均差错概率任意小

$(p_e < \varepsilon)$。若信息传输率 R 高于 C，则无论码长 n 多大，都找不到一种编码使译码平均差错概率任意小。

该定理说明了信息传输率可以无限逼近信道容量。只要信息传输率不超过信道容量，则存在最佳编码，使传输达到任意高的可靠性，这一定理为信道编码提供了指导。

2.1.4　线性分组码

分组码是将数据流分成若干长度为 k 比特的组，再将每个 k 比特组编码成为 n 比特的组 $(n > k)$，码率为 $R = k/n$。一个 (n,k) 分组码，若码的数域为 GF(m)，则可发出信息传输率 R 低于 m^k 种不同的消息，通常 $m = 2$。线性分组码中所有码字构成一个线性空间，满足封闭性和最小码距等于非零码字的最小码重两个性质。在线性分组码中，运算和均指模 2 和。

二进制 (n,k) 线性分组码是 GF(2) 上所有 n 维向量组成的向量空间的一个 k 维子空间，存在 k 个线性独立的码字作为基。线性分组码可以用生成矩阵来表示，设输入编码器的信息为 $u = [u_1, u_2, \cdots, u_k]$，则编码器输出的码字可以表示为

$$x = uG \tag{2-20}$$

其中 G 为该线性分组码的生成矩阵，为 $k \times n$ 维。生成矩阵的各行构成了这个子空间的基，基的选择不是唯一的，因此生成矩阵也不是唯一的，不同的生成矩阵对应的输出码字是不同的，但是其纠错检错能力是相同的。

对于生成矩阵构造的 n 维向量的 k 维子空间，存在一个 $(n-k)$ 维的零空间，用该零空间中的 $(n-k)$ 个基底向量 $\{h_1, h_2, \cdots, h_{n-k}\}$ 构造一个 $(n-k) \times n$ 维矩阵

$$H = \begin{bmatrix} h_1 \\ h_2 \\ \vdots \\ h_{n-k} \end{bmatrix} \tag{2-21}$$

使得对于每个输出码字 x，有 $Hx^T = 0^T$，将 H 称为该线性分组码的校验矩阵。由于生成矩阵的每一行也是一个码字，因此有 $HG^T = 0^T$ 或 $GH^T = 0$。

2.2　信道编码：LDPC 码

LDPC 码最早由 Robert Gallager 在其博士论文中提出[7]，由于当时的技术条件有限并且缺乏可行的译码算法，在此后的 35 年内几乎被忽略。1996 年，Mackay 构造了接近香农限的 LDPC 码[8]，引起了强烈关注和极大的研究兴趣。经过研究和发展，LDPC 码在多个领域得到了应用。

2.2.1　LDPC 码定义

LDPC 码是一种特殊的线性分组码[9]，为了方便，一般用校验矩阵 $\boldsymbol{H}$ 来表达，其特殊性在于其校验矩阵 $\boldsymbol{H}$ 是一个稀疏矩阵，只含有少量的 "1"，而 "0" 元素占大部分。若 $\boldsymbol{H}$ 有固定的行重 ρ 和列重 γ，则该码为规则 LDPC 码，记作 (n, γ, ρ) LDPC 码。除了用稀疏校验矩阵来表示 LDPC 码，还可以利用 Tanner 图来表示。Tanner 图是一个二分图，图的顶点可以分为两个子集，一个子集中的点称为变量节点，与每一列相对应；另一个子集中的点称为校验节点，与每一行相对应；图中每条边连接两个子集中的点。根据 $\boldsymbol{H}\boldsymbol{x}^{\mathrm{T}} = \boldsymbol{0}^{\mathrm{T}}$ 可知，每个校验节点所连接的变量节点之和应为 0。考虑一个 (9,2,3)LDPC 码，其校验矩阵为

$$\boldsymbol{H} = \begin{bmatrix} 1 & 0 & 0 & 1 & 0 & 0 & 1 & 0 & 0 \\ 0 & 1 & 0 & 0 & 1 & 0 & 0 & 1 & 0 \\ 0 & 0 & 1 & 0 & 0 & 1 & 0 & 0 & 1 \\ 1 & 0 & 0 & 0 & 0 & 1 & 0 & 1 & 0 \\ 0 & 1 & 0 & 1 & 0 & 0 & 0 & 0 & 1 \\ 0 & 0 & 1 & 0 & 1 & 0 & 1 & 0 & 0 \end{bmatrix} \tag{2-22}$$

该 LDPC 码对应的 Tanner 图如图 2.4 所示，方形表示校验节点，圆形表示变量节点。第一个校验节点与 1,4,7 变量节点相连，则对应码字 x，应当有 $x_1 + x_4 + x_7 = 0$，同理，第二个校验节点与 2,5,8 变量节点相连，有 $x_2 + x_5 + x_8 = 0$，其他与校验节点对应的关系可以类似得到。

在 Tanner 图中，一条路径的起点和终点重合则形成环，环中边的数目为环的长度，一个有环图的围长为最短环的长度。考虑下面的一个校验矩阵

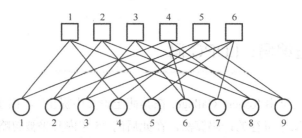

图 2.4 LDPC 码的 Tanner 图

$$H = \begin{bmatrix} 1 & 1 & 0 & 1 & 0 & 0 \\ 1 & 1 & 0 & 0 & 1 & 0 \\ 0 & 0 & 1 & 0 & 1 & 1 \\ 0 & 0 & 1 & 1 & 0 & 1 \end{bmatrix}$$　　　　（2-23）

该校验矩阵用 Tanner 图表示如图 2.5 所示，可以看出校验节点 1,2 和变量节点 1,2 之间构成了一个长度为 4 的环，在图中加粗显示。

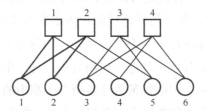

图 2.5 具有长度为 4 的环的 LDPC 码的 Tanner 图

2.2.2 校验矩阵构造

1. Gallager 随机方法

构造 (n, γ, ρ) LDPC 码的校验矩阵，将校验矩阵划分为几个部分，写作

$$H = \begin{bmatrix} H_1 \\ H_2 \\ \vdots \\ H_\gamma \end{bmatrix}$$　　　　（2-24）

其中 H_1 有 n/γ 行和 n 列，且对第 i 行，从第 $(i-1)\gamma+1$ 行到第 $i\gamma$ 列的元素都为 1。H_2 到 H_γ 可以通过随机置换 H_1 的列得到。例如，Gallager 构造的一个 (20,3,4) LDPC 码如下[7]

$$H = \begin{bmatrix}
1 & 1 & 1 & 1 & 0 & 0 & 0 & 0 & 0 & 0 & 0 & 0 & 0 & 0 & 0 & 0 & 0 & 0 & 0 & 0 & 0 & 0 & 0 & 0 \\
0 & 0 & 0 & 0 & 1 & 1 & 1 & 1 & 0 & 0 & 0 & 0 & 0 & 0 & 0 & 0 & 0 & 0 & 0 & 0 & 0 & 0 & 0 & 0 \\
0 & 0 & 0 & 0 & 0 & 0 & 0 & 0 & 1 & 1 & 1 & 1 & 0 & 0 & 0 & 0 & 0 & 0 & 0 & 0 & 0 & 0 & 0 & 0 \\
0 & 0 & 0 & 0 & 0 & 0 & 0 & 0 & 0 & 0 & 0 & 0 & 1 & 1 & 1 & 1 & 0 & 0 & 0 & 0 & 0 & 0 & 0 & 0 \\
0 & 0 & 0 & 0 & 0 & 0 & 0 & 0 & 0 & 0 & 0 & 0 & 0 & 0 & 0 & 0 & 0 & 0 & 0 & 0 & 1 & 1 & 1 & 1 \\
1 & 0 & 0 & 0 & 1 & 0 & 0 & 0 & 1 & 0 & 0 & 0 & 1 & 0 & 0 & 0 & 0 & 0 & 0 & 0 & 0 & 0 & 0 & 0 \\
0 & 1 & 0 & 0 & 0 & 1 & 0 & 0 & 0 & 0 & 0 & 0 & 0 & 0 & 0 & 0 & 0 & 1 & 0 & 0 & 0 & 0 & 0 & 0 \\
0 & 0 & 1 & 0 & 0 & 0 & 1 & 0 & 0 & 0 & 0 & 0 & 0 & 1 & 0 & 0 & 0 & 1 & 0 & 0 & 0 & 1 & 0 & 0 \\
0 & 0 & 0 & 1 & 0 & 0 & 0 & 0 & 0 & 0 & 1 & 0 & 0 & 0 & 1 & 0 & 0 & 0 & 1 & 0 & 0 & 0 & 1 & 0 \\
0 & 0 & 0 & 0 & 0 & 0 & 1 & 0 & 0 & 0 & 0 & 1 & 0 & 0 & 1 & 0 & 0 & 0 & 1 & 0 & 0 & 0 & 0 & 1 \\
1 & 0 & 0 & 0 & 0 & 1 & 0 & 0 & 0 & 0 & 0 & 1 & 0 & 0 & 0 & 0 & 0 & 0 & 1 & 0 & 0 & 1 & 0 & 0 \\
0 & 1 & 0 & 0 & 0 & 0 & 1 & 0 & 0 & 0 & 0 & 0 & 0 & 0 & 0 & 1 & 0 & 0 & 0 & 0 & 1 & 0 & 0 & 0 \\
0 & 0 & 1 & 0 & 0 & 0 & 0 & 1 & 0 & 0 & 0 & 0 & 1 & 0 & 0 & 0 & 0 & 0 & 0 & 0 & 0 & 0 & 1 & 0 \\
0 & 0 & 0 & 1 & 0 & 0 & 0 & 0 & 1 & 0 & 0 & 0 & 0 & 1 & 0 & 0 & 1 & 0 & 0 & 1 & 0 & 0 & 0 & 0 \\
0 & 0 & 0 & 0 & 1 & 0 & 0 & 0 & 0 & 1 & 0 & 0 & 0 & 0 & 0 & 1 & 0 & 0 & 0 & 1 & 0 & 0 & 0 & 1
\end{bmatrix} \tag{2-25}$$

2. PEG

一般来说，采用置信传播或者和积算法译码时，无环的 Tanner 图对应的 LDPC 码可以实现最优译码，因此需要尽可能减小环的影响，使图的围长尽量大。循序边增长（Progressive Edge Growth，PEG）是一种应用广泛的有效的校验矩阵构造方法[10]。给定 n 个变量节点、m 个校验节点，以及 n 个变量节点的度的序列、m 个校验节点的度的序列，使新增加的边对已经构造的图的围长影响最小。

设变量节点的集合为 $V_s = \{v_1, v_2, \cdots, v_n\}$ ，校验节点的集合为 $V_c = \{c_1, c_2, \cdots, c_m\}$ ，边集合为 $E = V_c \times V_s$ ，当校验矩阵元素 $h_{i,j} \neq 0$ 时，有 $(c_i, v_j) \in E$ 。将变量节点的度的序列记为 $D_s = \{d_{v_1}, d_{v_2}, \cdots, d_{v_n}\}$ ，校验节点的度的序列记为 $D_c = \{d_{c_1}, d_{c_2}, \cdots, d_{c_m}\}$ ，两个序列都是非递减的。记 E_{v_j} 为与 v_j 相连的边的集合，记 $E_{v_j}^k$ 为与 v_j 相连的第 k 条边（$1 \leqslant k \leqslant d_{v_j}$）。给定一个变量节点 v_j，可以以它为根节点建立一棵深度为 l 的树，用 $N_{v_j}^l$ 表示该树中所有校验节点的集合，记 $\overline{N}_{v_j}^l$ 为其补集，即其他不在该树中的校验节点的集合。PEG 算法详见算法 2.1。

算法 2.1 PEG 算法

```
for  i = 1  to  n  do
begin
      for  k = 1  to  d_{v_j}  do
      begin
            if  k = 1
            添加 v_j 的第一条边 E_{v_j}^0 ← (c_i, v_j)，其中 c_i 是当前边集合 E_{v_1} ∪ E_{v_2} ∪ ··· ∪ E_{v_{j-1}} 中包含的度数最小的
            校验节点。
            else
            由 v_j 展开成一个深度为 l 的树，则可能出现两种情况，N_{v_j}^k 的大小停止增长但小于 m，或者
            \overline{N}_{v_j}^l ≠ ∅ 而 \overline{N}_{v_j}^{(l+1)} = ∅。在这两种情况下，选择 c_i 为 \overline{N}_{v_j}^l 中度数最小的校验节点，添加边 E_{v_j}^k ← (c_i, v_j)。
      end
end
```

2.2.3 LDPC 码编码

传统的编码方式是在构造好校验矩阵 H 后，考虑分组码的编码方式，若 H 的各行线性无关，则可以通过矩阵的初等变换获得生成矩阵 G，再根据 $x = uG$ 即可得到编码后的信息[9]。生成矩阵 G 也可以通过预处理的方法得到。考虑码字 x 可以被分为两个部分，写为

$$x = [b \vdots m] \tag{2-26}$$

其中 m 为 k 维消息向量，b 为 $n-k$ 维校验向量，相对应的校验矩阵可以划分为

$$H^{\mathrm{T}} = \begin{bmatrix} H_1 \\ \cdots \\ H_2 \end{bmatrix} \tag{2-27}$$

其中 H_1 为 $(n-k) \times (n-k)$ 维矩阵，H_2 为 $k \times (n-k)$ 维矩阵，符号 ⋮ 或 ··· 是为了显示清楚将两个矩阵分隔开，根据 $Hx^{\mathrm{T}} = 0^{\mathrm{T}}$，可以得到

$$bH_1 + mH_2 = 0^{\mathrm{T}} \tag{2-28}$$

向量 b 和 m 之间可以通过矩阵 P 联系，有

$$b = mP \tag{2-29}$$

对于非零消息向量 m，可以得到

$$PH_1 + H_2 = 0 \tag{2-30}$$

解上述方程可以得到

$$P = H_2 H_1^{-1} \tag{2-31}$$

其中 H_1^{-1} 是模 2 意义下 H_1 的逆矩阵。于是，生成矩阵 G 可以定义为

$$G = [P \vdots I_k] = [H_2 H_1^{-1} \vdots I_k] \tag{2-32}$$

通过校验矩阵得到生成矩阵的方法复杂度为 $O(n^2)$，可以通过快速编码的方式进行编码，减小复杂度。首先，通过行列置换，非奇异校验矩阵 H 可以化为下面的形式

$$H_t = \begin{bmatrix} A & B & T \\ C & D & E \end{bmatrix} \tag{2-33}$$

其中 A 为 $(m-g) \times (n-m)$ 维矩阵，B 为 $(m-g) \times g$ 维矩阵，T 为 $(m-g) \times (m-g)$ 维矩阵，C 为 $g \times (n-m)$ 维矩阵，D 为 $g \times g$ 维矩阵，E 为 $g \times (m-g)$ 维矩阵，间隔 g 应尽可能小，每个子矩阵都是稀疏矩阵且 T 为对角线元素为 1 的下三角阵。构造矩阵 $\begin{bmatrix} I_{m-g} & 0 \\ -ET^{-1} & I_g \end{bmatrix}$ 与 H_t 相乘，可以得到

$$\begin{bmatrix} I_{m-g} & 0 \\ -ET^{-1} & I_g \end{bmatrix} \begin{bmatrix} A & B & T \\ C & D & E \end{bmatrix} = \begin{bmatrix} A & B & T \\ -ET^{-1}A+C & -ET^{-1}B+D & 0 \end{bmatrix} \tag{2-34}$$

设 $-ET^{-1}B + D$ 非奇异，记为 φ，设 s 为消息向量，即编码器的输入，将编码后的码字分为三个部分，写作

$$x = [s \quad p_1 \quad p_2] \tag{2-35}$$

式(2-34)与 x^T 相乘为 0^T，则有 $As^T + Bp_1^T + Tp_2^T = 0$，$\varphi s^T + (-ET^{-1}B + D)p_1^T = 0$，于是有

$$p_1^T = -\varphi^{-1}(-ET^{-1}A + C)s^T \tag{2-36}$$

$$p_2^T = -T^{-1}(As^T + Bp_1^T) \tag{2-37}$$

实际应用中，p_1^T 和 p_2^T 的计算可以分为若干步进行，尽可能多地进行稀疏矩阵和向量的乘法，从而使计算复杂度大大减少，通过表 2.1 和表 2.2 的分解步骤[11]，可以得到计算 p_1^T 的总的复杂度为 $O(n + g^2)$，计算 p_2^T 的总的复杂度为 $O(n)$。

表 2.1 计算 p_1^T 分解步骤

序号	操　作	复　杂　度	注　释
1	Cs^T	$O(n)$	稀疏矩阵与向量乘
2	As^T	$O(n)$	稀疏矩阵与向量乘
3	$T^{-1}As^T$	$O(n)$	$T^{-1}As^T = y^T \Leftrightarrow As^T = Ty^T$
4	$-E[T^{-1}As^T]$	$O(n)$	稀疏矩阵与向量乘
5	$-E[T^{-1}As^T] + Cs^T$	$O(n)$	向量加
6	$-\varphi^{-1}\{-E[T^{-1}As^T] + Cs^T\}$	$O(g^2)$	非稀疏 $g \times g$ 矩阵与向量乘

表 2.2　计算 p_2^T 分解步骤

序号	操　作	复 杂 度	注　释
1	As^T	$O(n)$	稀疏矩阵与向量乘
2	Bp_1^T	$O(n)$	稀疏矩阵与向量乘
3	$As^T + Bp_1^T$	$O(n)$	向量加
4	$-T^{-1}[As^T + Bp_1^T]$	$O(n)$	$-T^{-1}[As^T + Bp_1^T] = y^T \Leftrightarrow As^T + Bp_1^T = -Ty^T$

2.2.4　LDPC 码译码

1. 消息传递译码（Message Passing，MP）

MP 算法的基本想法是，在校验节点和变量节点之间传递消息，即消息沿着 Tanner 图中的边在节点之间相互传递。变量节点 v_j 与校验节点 c_i 之间传递的信息均为外部信息，具体来说，v_j 传递给 c_i 的外部信息是 $E_{j,i}$，它是 v_j 根据收到的来自信道接收信号 y_j 和除 c_i 外与 v_j 相邻的校验节点传递的外部信息得到的；c_i 传递给 v_j 的外部信息是 $E_{i,j}$，它是 c_i 根据收到的除 v_j 外与 c_i 相邻的变量节点传递的外部信息得到的。外部信息在校验节点和变量节点之间传递，重复这个过程直到达到最大重复次数或者满足停止准则，得到最终的译码结果。这种方法称为 MP 算法[11]。

很多 LDPC 的译码算法都蕴含了 MP 的思想，为了直观地体现消息传递的思想，以二元删除信道（BEC）为例，介绍一种简单的 MP 算法。接收矢量为 y，用 B_i 表示与第 i 个校验节点相邻的变量节点序号的集合，用 A_j 表示第 j 个变量节点相邻的校验节点序号的集合。考虑下面的校验矩阵

$$H = \begin{bmatrix} 1 & 1 & 1 & 0 & 0 & 0 \\ 1 & 0 & 0 & 1 & 1 & 0 \\ 0 & 1 & 0 & 1 & 0 & 1 \\ 0 & 0 & 1 & 0 & 1 & 1 \end{bmatrix} \tag{2-38}$$

则有 $B_1 = \{1,2,3\}$，$B_2 = \{1,4,5\}$，$B_3 = \{2,4,6\}$，$B_4 = \{3,5,6\}$；$A_1 = \{1,2\}$，$A_2 = \{1,3\}$，$A_3 = \{1,4\}$，$A_4 = \{2,3\}$，$A_5 = \{2,4\}$，$A_6 = \{3,4\}$。这里介绍的译码算法较为简单，令 v_j 传递给 c_i 的外部信息用 M_j 表示，即变量节点传递给不同的校验节点的信息是相同的，同时 M_j 也是迭代过程中更新的译码结果，具体可以通过算法 2.2 进行 BEC 下 MP 算法译码：

算法 2.2　BEC 下 MP 算法

（1）令 $M = y$

（2）迭代次数=1

（3）如果除 M_j 外第 i 个校验方程所涉及的消息都是已知的，计算 c_i 传递给 v_j 的外部信息 $E_{i,j} = \sum_{j' \in B_i, j' \neq j} (M_{j'} \bmod 2)$，否则 $E_{i,j} = e$

（4）如果 $M_j = e$ 且有 $i \in A_j$，$E_{i,j} \neq e$，则令 $M_j = E_{i,j}$

（5）若所有的 M_i 已知或迭代次数达到最大迭代次数，则停止，否则转到（6）

（6）迭代次数增加 1，转到（3）

以上面的校验矩阵为例，设码字为 $x = [101101]$，经过 BEC 后接收到的信号为 $y = [10\,e\,e\,1]$。利用上述算法，第一次迭代：执行步骤（3）后有 $E_{1,3} = 1$，$E_{3,4} = 1$，执行步骤（4）后有 $M_3 = 1$，$M_4 = 1$；第二次迭代：执行步骤（3）后有 $E_{2,5} = 0$，$E_{4,5} = 0$，执行步骤（4）后有 $M_5 = 0$。上述 BEC 信道下 MP 算法译码示意图如图 2.6 所示，由图可以更加直观地看出消息传递的过程，其中粗实线表示传递 1，细实线表示传递 0，虚线表示传递 e。

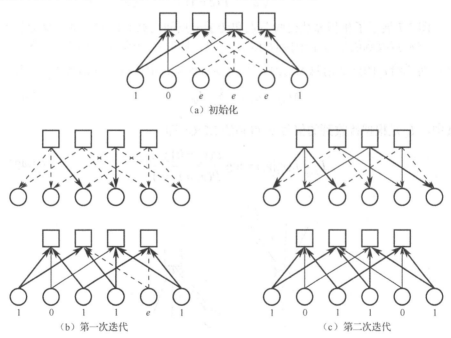

（a）初始化

（b）第一次迭代　　　　　　　　　　（c）第二次迭代

图 2.6　BEC 信道下 MP 算法译码示意图

2. 和积算法

和积算法[12]是一种软判决的 MP 算法，输入是每个接收比特的概率，这个概率在 LDPC 码译码前是已知的，即先验概率。在译码过程中，节点间传递的外部信息也是概率。

和积算法蕴含了基于符号的最大后验概率（Maximum A Posteriori，MAP）准则，所关注的是传输码字中某个比特等于 1 的后验概率 $P(v_j=1|\mathbf{y})$。对于二元变量，常用对数似然比（Log Likelihood Ratio，LLR）作为信息进行传递，其表达式为

$$L(z)=\log\frac{P(z=0)}{P(z=1)} \tag{2-39}$$

可以证明，LLR 有下面的性质

$$1-2P(z=1)=\tanh\left(\frac{1}{2}\log\frac{P(z=0)}{P(z=1)}\right)=\tanh\left(\frac{1}{2}L(z)\right) \tag{2-40}$$

图 2.7 展示了和积算法校验节点和变量节点间消息的传递。对于变量节点 v_j，它从接收到的信号 $\mathbf{y}$ 中接收 LLR 信息，同时从校验节点中接收信息，计算 v_j 传递给 c_i 的外部消息 $M_{j,i}$ 时，不需要考虑从 c_i 中接收到的消息 $E_{i,j}$，即

$$M_{j,i}=L_j+\sum_{i'\in A_j, i'\neq i}E_{i',j} \tag{2-41}$$

其中，L_j 是根据接收到的信号 y_j 得到的 LLR，即

$$L_j=L(v_j|y_j)=\log\frac{P(v_j=0|y_j)}{P(v_j=1|y_j)} \tag{2-42}$$

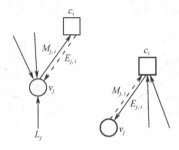

图 2.7　和积算法校验节点和变量节点间消息的传递

可以证明，第 i 个校验方程涉及的比特中除第 j 个变量节点外有奇数个 1 的概率，即在满足校验方程约束（要求参与方程的比特共有偶数个 1）和接收

信号的条件下，v_j 取 1 的概率为

$$P(v_j = 1 \mid \boldsymbol{y}) = \frac{1}{2} - \frac{1}{2} \prod_{j' \in B_i, j' \neq j} (1 - 2P(v_{j'} = 1 \mid y_{j'})) \tag{2-43}$$

由上式可以得到

$$1 - 2P(v_j - 1 \mid \boldsymbol{y}) - \prod_{j' \in B_i, j' \neq j} (1 - 2P(v_{j'} - 1 \mid y_{j'})) \tag{2-44}$$

根据 LLR 的性质可以得到

$$\tanh\left(\frac{1}{2} L(v_j \mid \boldsymbol{y})\right) = \prod_{j' \in B_i, j' \neq j} \tanh\left(\frac{1}{2} L(v_{j'} \mid y_{j'})\right) \tag{2-45}$$

对应此前描述的消息传递过程，校验节点传递给变量节点的消息为

$$E_{i,j} = 2\tanh^{-1} \prod_{j' \in B_i, j' \neq j} \tanh\left(\frac{1}{2} L(v_{j'} \mid y_{j'})\right)$$

$$= 2\tanh^{-1} \prod_{j' \in B_i, j' \neq j} \tanh\left(\frac{1}{2} M_{j',i}\right) \tag{2-46}$$

根据上述推导，可以得到和积算法，具体步骤如算法 2.3 表示。

算法 2.3　和积算法

---

(1) 初始化：$L_j = L(v_j \mid y_j) = \log \dfrac{P(v_j = 0 \mid y_j)}{P(v_j = 1 \mid y_j)}$，对校验矩阵中 $h_{ij} = 1$ 的 i, j，令 $M_{j,i} = L_j$

(2) 更新校验节点：对每个校验节点，计算 $E_{i,j} = 2\tanh^{-1} \prod\limits_{j' \in B_i, j' \neq j} \tanh\left(\dfrac{1}{2} M_{j',i}\right)$，传递给变量节点

(3) 更新变量节点：对每个变量节点，计算 $M_{j,i} = L_j + \sum\limits_{i' \in A_j, i' \neq i} E_{i',j}$，传递给校验节点

(4) 计算 LLR 总和：对所有 j，计算 $L_j^{\text{total}} = L_j + \sum\limits_{i \in A_j} E_{i,j}$

(5) 停止准则：对每个变量比特进行判决

$$\hat{v}_j = \begin{cases} 1, & \text{当 } L_j^{\text{total}} < 0 \\ 0, & \text{其他} \end{cases}$$

若 $\boldsymbol{H}\hat{\boldsymbol{v}}^{\text{T}} = \boldsymbol{0}^{\text{T}}$ 或迭代次数达到最大限制则停止，否则转到 (2)

下面给出不同信道下 $L(v_j \mid y_j)$ 的表达式

BEC：y_j 取值为 $\{0, 1, e\}$，可以得到条件概率为

$$P(v_j = b \mid y_j) = \begin{cases} 1, & y_j = b \\ 0, & y_j = b^c \\ \dfrac{1}{2}, & y_j = e \end{cases} \tag{2-47}$$

因此可以得到

$$L(v_j|y_j) = \begin{cases} +\infty, & y_j = 0 \\ -\infty, & y_j = 1 \\ 0, & y_j = e \end{cases} \tag{2-48}$$

BSC：y_j 取值为 $\{0,1\}$，可以得到条件概率为

$$P(v_j = b|y_j) = \begin{cases} 1-\varepsilon, & y_j = b \\ \varepsilon, & y_j = b^c \end{cases} \tag{2-49}$$

因此可以得到

$$L(v_j|y_j) = (-1)^{y_j} \log\left(\frac{1-\varepsilon}{\varepsilon}\right) \tag{2-50}$$

二元输入 AWGN 信道：第 j 个传输值为 $x_j = (-1)^{v_j}$，噪声 $n_j \sim \mathcal{N}(0,\sigma^2)$，则

$$P(x_j = x|y_j) = [1 + e^{-2y_j x/\sigma^2}]^{-1}$$

因此可以得到

$$L(v_j|y_j) = 2y_j/\sigma^2 \tag{2-51}$$

步骤（2）中 $E_{i,j}$ 的计算可以进行一定的改善，设 $\alpha_{j,i}$ 为 $M_{j,i}$ 的符号，$\beta_{j,i}$ 为 $M_{j,i}$ 的绝对值，则有

$$\begin{aligned} E_{i,j} &= \prod_{j' \in B_i, j' \neq j} \alpha_{j',i} \cdot 2\tanh^{-1} \sum_{j' \in B_i, j' \neq j} \tanh\left(\frac{1}{2}\beta_{j',i}\right) \\ &= \prod_{j' \in B_i, j' \neq j} \alpha_{j',i} \cdot 2\tanh^{-1} \sum_{j' \in B_i, j' \neq j} \log^{-1}\left(\tanh\left(\frac{1}{2}\beta_{j',i}\right)\right) \end{aligned} \tag{2-52}$$

为了方便，定义

$$\phi(x) = -\log\left(\tanh\left(\frac{1}{2}x\right)\right) = \log\left(\frac{e^x + 1}{e^x - 1}\right) \tag{2-53}$$

对于 $x > 0$，有 $\phi^{-1}(x) = \phi(x)$，于是有

$$E_{i,j} = \prod_{j' \in B_i, j' \neq j} \alpha_{j',i} \cdot \phi\left(\sum_{j' \in B_i, j' \neq j} \phi(\beta_{j',i})\right) \tag{2-54}$$

3．和积算法仿真

为了更好地理解和积算法的过程，以码字 $x = [011110]$ 为例，给定校验矩阵如式（2-38），在 AWGN 信道下的译码过程用 MATLAB 仿真代码[9]如算法 2.4 所示。

算法 2.4　AWGN 信道下和积算法 MATLAB 代码

```
x=[0 1 1 1 1 0];%码字
H=[1 1 1 0 0 0;1 0 0 1 1 0;0 1 0 1 0 1;0 0 1 0 1 1];%校验矩阵
[N1 N2]=size(H);
EbN0=input('Please enter Eb/N0 in dB:');%输入 Eb/N0
N0=1/(exp(EbN0*log(10)/10));%噪声功率
bpskMod=2*x-1;%BPSK 调制
y=bpskMod+sqrt(N0)*randn(size(bpskMod));%接收信号
Lj=-4*y./N0;%步骤(1)初始化
iter=input('Enter the number of iterations=');%最大迭代次数
[Mji xHat]=logsumproduct(Lj,H,N1,N2,iter);
fprintf('%d%d%d%d%d%d\n',xHat);
function [Mji cHat]=logsumproduct(Lj,H,N1,N2,iter);
Eij=zeros(N1,N2);
Pibetaji=zeros(N1,N2);
Mji=H.*repmat(Lj,N1,1);
[row,col]=find(H);
for n=1:iter
    %步骤(2)更新校验比特
    alphaji=sign(Mji);
    betaji=abs(Mji);
    for l=1:length(row)
        Pibetaji(row(l),col(l))=log((exp(betaji(row(l),col(l)))+1)...
                /(exp(betaji(row(l),col(l)))-1));
    end
    for i=1:N1
        c1=find(H(i,:));
        for k=1:length(c1)
            Pibetaji_sum=0;
            alphaji_prod=1;
            Pibetaji_sum=sum(Pibetaji(i,c1))-Pibetaji(i,c1(k));
            %防止分母为 0 或很小的数
            if Pibetaji_sum<1e-20
                Pibetaji_sum=1e-10;
            end
            Pi_Pibetaji_sum=log((exp(Pibetaji_sum)+1)/(exp(Pibetaji_sum)-1));
            alphaji_prod=prod(alphaji(i,c1))*alphaji(i,c1(k));
            Eij(i,c1(k))=alphaji_prod*Pi_Pibetaji_sum;
        end
    end
end
```

```
        %步骤(3)更新节点比特
        for j=1:N2
            r1=find(H(:,j));
            for k=1:length(r1)
                Mji(r1(k),j)=Lj(j)+sum(Eij(r1,j))-Eij(r1(k),j);
            end
            %步骤(4)计算 LLR 总和
            Ljtotal=Lj(j)+sum(Eij(r1,j));
            %步骤(5)停止准则
            if Ljtotal<0
                cHat(j)=1;
            else
                cHat(j)=0;
            end
        end
        flag=mod(cHat*H',2);
        if sum(flag)==0
            break;
        end
    end
end
```

通过上述程序代码可以进行译码得到 $x = [011110]$。

图 2.8 展示了不同码长不同码率的 LDPC 码利用和积算法译码的 BLER 曲线，可以看出在相同码率和相同 E_b/N_0 下，码长越长的 BLER 越低；在相同码长和相同 E_b/N_0 下，码率越小的 BLER 越低。

4. 比特翻转算法

比特翻转算法[9]先将接收到的信号进行硬判决得到二元接收向量 y。在每次迭代中，计算所有校验节点处的校验和，对接收向量中每个比特，计算其所涉及的校验方程不满足条件的数量，将不满足校验方程数量最多的比特进行翻转，重复这个过程直到所有的校验和满足条件或者达到迭代最大次数。

例如，对于式（2-38）中的校验矩阵，设码字为 $x = [101101]$，经过 BEC 后接收到的信号为 $y = [001101]$。利用上述算法，可以计算 $E_{1,1} = M_2 \oplus M_3 = 1$，$E_{1,2} = M_1 \oplus M_3 = 1$，$E_{1,3} = M_1 \oplus M_2 = 0$，$E_{2,1} = M_4 \oplus M_5 = 1$，$E_{2,4} = M_1 \oplus M_5 = 0$，$E_{2,5} = M_1 \oplus M_4 = 1$，$E_{3,2} = M_4 \oplus M_6 = 0$，$E_{3,4} = M_2 \oplus M_6 = 1$，$E_{3,6} = M_2 \oplus M_4 = 1$，$E_{4,3} = M_5 \oplus M_6 = 1$，$E_{4,5} = M_3 \oplus M_6 = 0$，$E_{4,6} = M_3 \oplus M_5 = 1$。对于第一个比特，

根据第一、第二个校验方程得到的值均为 1，接收到的信号为 0；对于第二个比特，根据第一、第三个校验方程得到的值分别为 1 和 0，接收到的信号为 0；对于第三个比特，根据第一、第四个校验方程得到的值分别为 0 和 1，接收到的信号为 1；对于第四个比特，根据第二、第三个校验方程得到的值分别为 0 和 1，接收到的信号为 1；对于第五个比特，根据第二、第四个校验方程得到的值分别为 1 和 0，接收到的信号为 0；对于第六个比特，根据第三、第四个校验方程得到的值均为 1，接收到的信号为 1。不满足校验方程数量最多的是第一个比特，因此将第一个比特进行翻转，得到 $M = [101101]$，计算 $MH^{\mathrm{T}} = \mathbf{0}^{\mathrm{T}}$，满足条件，迭代停止，最终译码结果为[101101]。

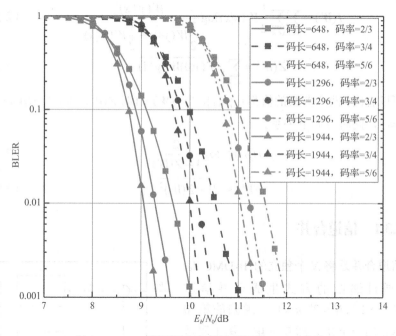

图 2.8　LDPC 码利用和积算法译码的 BLER 曲线

2.3　信道编码：Polar 码

Polar 码是 Erdal Arikan 教授提出的，2008 年，他在 International Symposium on Information Theory 会议上提出了信道极化的概念并引入了 Polar 码[13]，随后于 2009 年在 IEEE Transactions on Information Theory 期刊上进行了详细的论

述[14]。Polar 码是目前已知的唯一一种可以被证明在二进制删除信道（Binary Eraser Channel，BEC）和二进制离散无记忆信道（Binary Discrete Memoryless Channel，B-DMC）下能够达到信道容量的信道编码方法。

考虑 B-DMC 信道，设输入符号集为 X，输出符号集为 Y，信道用信道转移概率 $W(y|x), x \in X, y \in Y$ 来表示。用 $W^N : X^N \to Y^N$ 表示 W 的 N 次使用，则 $W^N(y_1^N|x_1^N) = \prod_{i=1}^{N} W(y_i | x_i)$。给定一个信道，有两个重要的信道参量，即对称信道容量 $I(W)$ 和巴氏参数（Bhattacharyya Parameter）$Z(W)$。$I(W)$ 是等概率输入条件下最大的信息传输速率，$Z(W)$ 是利用最大似然判决时错误概率的上界。

$$I(W) = \sum_{y \in Y}\sum_{x \in X} \frac{1}{2} W(y|x) \log \frac{W(y \mid x)}{\frac{1}{2}W(y|0) + \frac{1}{2}W(y|1)} \qquad (2\text{-}55)$$

$$Z(W) = \sum_{y \in Y} \sqrt{W(y|0)W(y|1)} \qquad (2\text{-}56)$$

可以看出，两个参数的值都在[0,1]，当 $I(W) \approx 1$ 时 $Z(W) \approx 0$，当 $I(W) \approx 0$ 时 $Z(W) \approx 1$，同时有如下关系。

$$I(W) \geqslant \log \frac{2}{1 + Z(W)} \qquad (2\text{-}57)$$

$$I(W) \leqslant \sqrt{1 - Z(W)^2} \qquad (2\text{-}58)$$

2.3.1 信道合并

信道合并是将 N 个独立的 B-DMC 信道 W 通过递归的方式生成合并信道 $W_N : X^N \to Y^N, N = 2^n, n \geqslant 0$。递归的第 0 层是单独的一个 W，即 $W_1 = W$，第 1 层是将两个信道合并为一个信道 $W_2 : X^2 \to Y^2$。基于 W 的信道 W_2 如图 2.9 所示，信道转移概率为

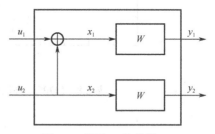

图 2.9　基于 W 的信道 W_2

$$W_2(y_1, y_2|u_1, u_2) = W(y_1|u_1 \oplus u_2)W(y_2 | u_2) \qquad (2\text{-}59)$$

如图 2.10 所示，下一层递归为基于 W_2 的信道 W_4，两个 W_2 合并为 W_4，信道转移概率为

$$W_4(y_1^4|u_1^4) = W_2(y_1^2|u_1 \oplus u_2, u_3 \oplus u_4)W_2(y_3^4 | u_2, u_4) \qquad (2\text{-}60)$$

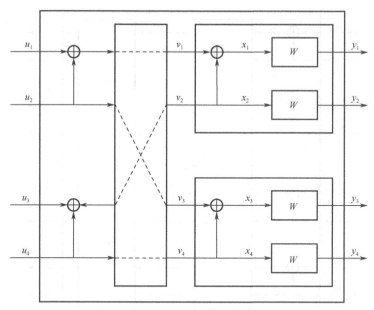

图 2.10　基于 W_2 的信道 W_4

递归的一般形式如图 2.11 所示，u_1^N 先通过模二运算下的线性变换转变为 s_1^N，其中 $s_{2i-1} = u_{2i-1} \oplus u_{2i}, s_{2i} = u_{2i}, 1 \leqslant i \leqslant N/2$，接着 u_1^N 通过置换操作转变为 v_1^N，$v_1^{N/2}$ 和 $v_{N/2+1}^N$ 进行 $W_{N/2}$ 的操作。最终我们可以得到 $W_N(y_1^N|u_1^N) = W^N(y_1^N|u_1^N G_N)$，$G_N$ 为生成矩阵，可以通过 $G_N = B_N F^{\otimes n}$ 得到，其中 B_N 为比特置换矩阵，它实现的功能是将每行与将其行号用比特表示再比特反转后对应的十进制行号的行进行交换，$F = \begin{bmatrix} 1 & 0 \\ 1 & 1 \end{bmatrix}$，$F^{\otimes 2} = \begin{bmatrix} F & 0 \\ F & F \end{bmatrix}$，$F^{\otimes n} = \begin{bmatrix} F^{\otimes(n-1)} & 0 \\ F^{\otimes(n-1)} & F^{\otimes(n-1)} \end{bmatrix}$。对于

$N = 4$，$G_4 = \begin{bmatrix} 1 & 0 & 0 & 0 \\ 1 & 0 & 1 & 0 \\ 1 & 1 & 0 & 0 \\ 1 & 1 & 1 & 1 \end{bmatrix}$，与图 2.10 所示的结构对应。

以两个 BEC 信道合并为例，设删除概率 $p = 1/2$，则 W 的信道容量为 $1 - p = 1/2$，通过图 2.9 所示的合成信道后，可以计算 u_1 通过的子信道的信道容量为 $1/4$，u_2 通过的子信道的信道容量为 $3/4$，信道合并保持总的信道容量不变，但两个子信道中一个比原始信道 W 信道容量低，另一个比原始信道 W 信道容量高。

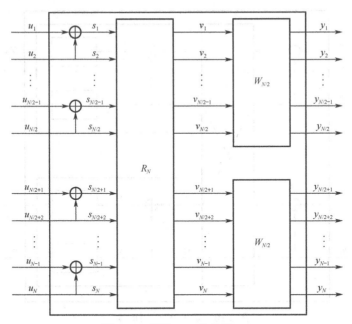

图 2.11　基于 $W_{N/2}$ 的信道 W_N

2.3.2　信道分离

信道分离是将合并信道 W_N 分裂出 N 个相互联系的信道 $W_N^{(i)}$：$X \to Y^N \times X^{i-1}, 1 \leqslant i \leqslant N$，转移概率为

$$W_N^{(i)}(\boldsymbol{y}_1^N, \boldsymbol{u}_1^{i-1}|u_i) = \sum_{\boldsymbol{u}_{i+1}^N \in X^{N-i}} \frac{1}{2^{N-1}} W_N(\boldsymbol{y}_1^N | \boldsymbol{u}_1^N) \qquad (2\text{-}61)$$

考虑使用串行消去（Successive Cancellation，SC）译码器，估计第 i 个元素是通过观察 $\boldsymbol{y}_1^N$ 和此前估计的信道输入 $\boldsymbol{u}_1^{i-1}$ 进行的。例如，对于 $N=2$，先从 (y_1, y_2) 中分裂出第一个子信道 u_1，再从 (u_1, y_1, y_2) 中分裂出第二个子信道 u_2。$W_N^{(i)}$ 可以理解为第 i 个元素经过的有效信道。在信道分离过程中总的信道容量同样是保持不变的。

2.3.3　信道极化

从两个 BEC 信道合并的例子中可以看出，两个子信道的信道容量其中一个比原始信道的高，另一个比原始信道的低。随着子信道数量的增大，信道将向两个极端发展，一个是信道容量趋近于 1 的完美信道，另一个是容量趋近于

0 的全噪信道。信道极化的思想是想让完美信道传输信息比特，而全噪信道传输冻结比特。图 2.12、图 2.13 和图 2.14 展示了不同码长情况下信道极化的情况，可以看出，码长越长，子信道更加趋向于两个极端。根据信道的极化现象，我们可以让好的信道传输数据，其他的信道传输冻结比特。

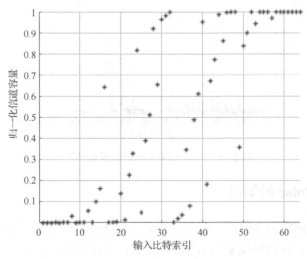

图 2.12　$N = 64$ 下的信道极化情况

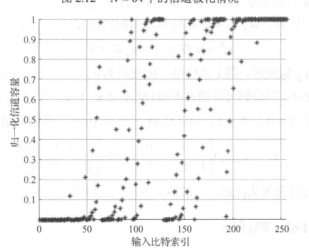

图 2.13　$N = 256$ 下的信道极化情况

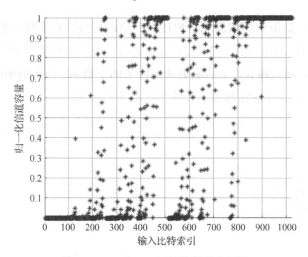

图 2.14 $N = 1024$ 下的信道极化情况

2.3.4 Polar 码编码

考虑码长限定为 2 的幂，即 $N = 2^n, n \geq 0$ 。Polar 码也是一种线性分组码，对于给定的 N ，可以写成 $\boldsymbol{x}_1^N = \boldsymbol{u}_1^N \boldsymbol{G}_N$ 的形式，令 A 为 $\{1, \cdots, N\}$ 的一个子集，其元素个数为 K ，用来表示 $\boldsymbol{G}_N$ 中传输信息的行的标号，A^c 为 A 的补集，$\boldsymbol{u}_A$ 表示传输的信息比特，$\boldsymbol{u}_{A^c}$ 表示冻结比特，则编码过程可以改写为

$$\boldsymbol{x}_1^N = \boldsymbol{u}_A \boldsymbol{G}_N(A) \oplus \boldsymbol{u}_{A^c} \boldsymbol{G}_N(A^c) \qquad (2\text{-}62)$$

当 A 和 $\boldsymbol{u}_{A^c}$ 固定时，则上式中唯一的变量为 $\boldsymbol{u}_A$ ，信息比特与编码可以进行映射。上述 Polar 码编码可以通过参数 $(N, K, A, \boldsymbol{u}_{A^c})$ 来定义，K/N 为码率。

例如，若 $N = 4$ ，$K = 2$ ，$A = \{2, 4\}$ ，$\boldsymbol{u}_{A^c} = (1, 0)$ ，则编码结果为

$$\boldsymbol{x}_1^4 = (u_2, u_4) \begin{bmatrix} 1 & 0 & 1 & 0 \\ 1 & 1 & 1 & 1 \end{bmatrix} + (1, 0) \begin{bmatrix} 1 & 0 & 0 & 0 \\ 1 & 1 & 0 & 0 \end{bmatrix}$$

例子中冻结比特设置为 $(1, 0)$ ，一般情况下冻结比特常设置为零向量。

2.3.5 Polar 码译码

Polar 码译码可以采用 SC 译码器。假设 $\boldsymbol{u}_1^N$ 通过 $(N, K, A, \boldsymbol{u}_{A^c})$ 编码为 $\boldsymbol{x}_1^N$ ，通过信道 W^N 后输出为 $\boldsymbol{y}_1^N$ ，译码器的功能是根据 A 、$\boldsymbol{u}_{A^c}$ 、$\boldsymbol{y}_1^N$ 得到 $\hat{\boldsymbol{u}}_1^N$ ，作为 $\boldsymbol{u}_1^N$ 的估计。由于冻结比特的信息已知，因此译码时可以避免这部分的错误，译码的主要目标是得到 $\hat{\boldsymbol{u}}_A^N$ 来估计 $\boldsymbol{u}_A^N$ 。$\hat{\boldsymbol{u}}_1^N$ 可以通过下式得到

$$\hat{u}_i = \begin{cases} u_i, & i \in A^c \\ h_i(y_1^N, \hat{u}_1^{i-1}), & i \in A \end{cases} \tag{2-63}$$

译码顺序从 1 到 N，$h_i(y_1^N, \hat{u}_1^{i-1})$ 的定义为

$$h_i(y_1^N, \hat{u}_1^{i-1}) = \begin{cases} 0, & \dfrac{W_N^{(i)}(y_1^N, \hat{u}_1^{i-1}|0)}{W_N^{(i)}(y_1^N, \hat{u}_1^{i-1}|1)} \geq 1 \\ 1, & \text{otherwise} \end{cases} \tag{2-64}$$

该定义与最大似然法很相似，不同之处在于它们对冻结比特的处理方式不同，最大似然法将冻结比特当作随机变量处理，而 SC 译码器则将其当作已知比特。对于码长为 512、码率为 0.5 的 Polar 码，利用 SC 译码器进行译码的 FER 和 BER 曲线如图 2.15 所示[15]。

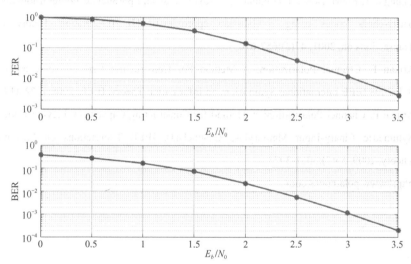

图 2.15　Polar 码的 FER 和 BER 曲线

参考文献

[1] 徐俊，袁弋非. 5G-NR 信道编码[M]. 北京：人民邮电出版社，2018.

[2] 张平，陶运铮，张治. 5G 若干关键技术评述[J]. 通信学报，2016, 37(7):15-29.

[3] http://www.3gpp.org/.

[4] 白宝明，孙成，陈佩瑶，等. 信道编码技术新进展[J]. 无线电通信技术，2016, 42(6):1-8.

[5] 曹志刚，钱亚生. 现代通信原理[M]. 北京：清华大学出版社，2007.

[6] 徐家品. 信息论与编码[M]. 北京：高等教育出版社，2011.

[7] Gallager. Low-density parity-check codes[C]// Wiley-IEEE Press, 1963.

[8] Mackay D J C, Neal R M. Near Shannon limit performance of low density parity check codes[J]. Electronics Letters, 1996, 27(5):1645-1646.

[9] Deutsch. Channel Coding Techniques for Wireless Communications[M]. Springer India, 2015.

[10] Hu X Y , Eleftheriou E , Arnold D M. Progressive edge-growth Tanner graphs[C]// IEEE Global Telecommunications Conference. IEEE, 2002.

[11] 史治平. 5G 先进信道编码技术[M]. 北京：人民邮电出版社，2017.

[12] Chung S Y, Richardson T J, Urbanke R L. Analysis of sum-product decoding of low-density parity-check codes using a Gaussian approximation[J]. Information Theory IEEE Transactions on, 2001, 47(2):657-670.

[13] Arikan E. Channel Polarization: A Method For Constructing Capacity-achieving codes [C]//2008 IEEE International Symposium on Information Theory. IEEE, 2008:1172-1177.

[14] Arikan E. Channel Polarization: A Method for Constructing Capacity-Achieving Codes for Symmetric Binary-Input Memoryless Channels[J]. IEEE Transactions on Information Theory, 2009, 55(7):3051-3073.

[15] http://www.polarcodes.com/.

第3章

5G 新波形

3.1 概述

4G 中采用的正交频分复用（Orthogonal Frequency Division Multiplexing，OFDM）具有频谱效率高、收/发机复杂度低、易于和多输入多输出系统（Multiple-Input Multiple-Output，MIMO）结合使用等优点。然而，OFDM 也存在一定的缺点，如带外功率泄漏较严重、抗载波频偏能力较弱、峰均功率比较大等问题。具体来说，OFDM 以下缺点使其难以满足 5G 需求：①OFDM 各子载波之间必须通过同步以保持严格的正交性，而在具有海量设备连接时，同步的代价将难以承受；②OFDM 的基带波形为方波，这导致了较大的载波旁瓣；③在频繁传输短帧时，OFDM 的循环前缀将会造成大量无线资源的浪费。因此，研究 5G 新波形成为探索新一代 5G 网络的必要课题。

本章主要介绍三种近年来较具竞争力的 5G 新波形：滤波器组多载波（Filter Bank Multi-carrier，FBMC）、通用滤波多载波（Universal Filtered Multi-carrier，UFMC）及广义频分复用（Generalized Frequency Division Multiplexing，GFDM）。其中，FBMC 能够有效抑制复杂无线信道导致的符号间干扰和载波间干扰且不需要采用循环前缀，而且各子带之间无须同步，因此频谱效率很高。UFMC 技术相较于 FBMC 所需的滤波器长度更短，因此在短突发场景下具有较低的开销。而且，UFMC 能够更大程度地继承和利用现有的 OFDM 系统的一些关键技术，如 MIMO 等。最后，GFDM 具有较高的频谱效率和较低的收/发机复杂度，带外功率泄漏很小，且各子带之间也无须同步。与 OFDM 相比，GFDM 具有更小的峰均功率比（PAPR）和带外频谱泄漏。FBMC、GFDM 和 UFMC 共同成为欧盟 5GNOW 项目组重点关注的多载波技术备选方案。

3.2　OFDM 技术基础

OFDM 通过串/并转换把一个高速数据流转换成 N 个低速数据流，这样每个符号的持续时间就会变成原来的 N 倍，从而能够有效地减小由于时间弥散而带来的符号间干扰（Inter Symbol Interference，ISI）。其中，进行星座映射后得到的符号被调制到相应的子载波上，值得注意的是 OFDM 的各个子载波是互相正交的，因此子信道的频谱互相重叠。相比于需要保留足够的保护频带的传统频分多路传输方法，OFDM 可以更大限度地利用频谱资源。带有循环前缀（Cyclic Prefix，CP）的 OFDM 系统收/发机框图如图 3.1 所示。

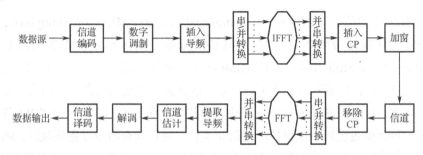

图 3.1　带有 CP 的 OFDM 系统收/发机框图

在发送端，待传输的比特流先进行信道编码及数字调制后，接着插入信道估计所需的导频，之后进行串/并转换，这时所得的各路数据流都是低速数据流。接下来，各个子信道的正交调制采用离散傅里叶反变换（IDFT）的方法实现。在子载波很大的系统中，可以通过采用快速傅里叶变换（FFT）来实现，从而降低系统复杂度。最后通过并/串转换、插入 CP 及加窗等操作，将信号通过射频天线发射出去。

在接收端，通过射频天线接收到信号后，经过滤波放大等一系列操作将高频信号转换成基带数字信号。之后再进行与发送端对应相反的操作，从而恢复原始信号。

从时刻 $t = t_d$ 开始的 OFDM 符号可表示为

$$s(t) = \begin{cases} \mathrm{Re}\left\{\displaystyle\sum_{i=0}^{N-1} d_i \mathrm{rect}\left(t - t_d - \frac{T}{2}\right)\exp\left[\mathrm{j}2\pi\frac{i}{T}(t - t_d)\right]\right\}, & t_d \leq t \leq t_d + T \\ s(t) = 0 & , \ t < t_d \text{或} t > t_d + T \end{cases} \tag{3-1}$$

其中，d_i 表示第 i 个子载波上的传输信号，$\text{rect}(t) = 1$，$-T/2 \leqslant t \leqslant T/2$，$N$ 和 T 分别表示子载波个数以及 OFDM 符号周期，OFDM 的输出信号的等效复基带信号表示如下

$$s(t) = \begin{cases} \sum_{i=0}^{N-1} d_i \text{rect}\left(t - t_d - \dfrac{T}{2}\right) \exp\left(\text{j}2\pi\dfrac{i}{T}\right), & t_d \leqslant t \leqslant t_d + T \\ s(t) = 0 & , \ t < t_d \text{或} t > t_d + T \end{cases} \qquad (3\text{-}2)$$

OFDM 系统基本模型框图如图 3.2 所示。其中，f_i 是第 i 个子载波的载波频率，$f_i = f_c + i/T$，f_c 表示最小频率。接收机将得到的正交分量（即式（3-1）中 $s(t)$ 的实部）和同相分量（即式（3-1）中 $s(t)$ 的虚部）再映射回相应的数据信息，从而完成解调。

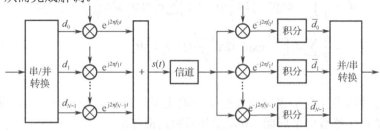

图 3.2　OFDM 系统基本模型框图

如图 3.3 所示为 OFDM 系统的时域波形，其中子载波数为 5。不同的线型表示不同子载波的时域波形。

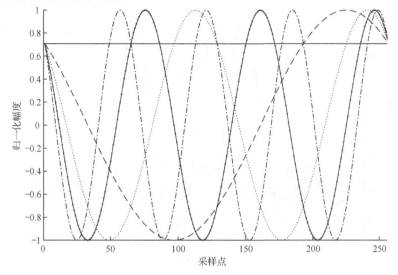

图 3.3　OFDM 系统的时域波形

可以看出不同子载波的波形是具有不同频率的正弦波。其中直线的波形是直流波形，即频率为 0 的正弦波。由图中可看出，在一个 OFDM 符号周期内，每个了载波的周期个数都为整数，这一特性使得子载波之间互相正交。下面的式（3-3）可解释子载波之间的正交性。

$$\frac{1}{T}\int_0^T \exp(j\omega_n t)\exp(j\omega_m t)dt = \begin{cases} 1, & m=n \\ 0, & m \neq n \end{cases} \qquad (3\text{-}3)$$

通过上式可知，只有当 $m=n$，即第 m 个和第 n 个子载波是同一个子载波时，积分值才不为零，因此 OFDM 各子载波是相互正交的。在接收端，想要解调第 l 个子载波上携带的信息，则对其在长度为 T 的时间范围内进行积分，即

$$\begin{aligned}
\bar{d}_l &= \frac{1}{T}\int_{t_d}^{t_d+T} \exp\left(-j2\pi\frac{l}{T}(t-t_d)\right)\sum_{i=0}^{N-1} d_i \exp\left(j2\pi\frac{i}{T}(t-t_d)\right)dt \\
&= \frac{1}{T}\sum_{i=0}^{N-1} d_i \int_{t_d}^{t_d+T} \exp\left(j2\pi\frac{i-l}{T}(t-t_d)\right)dt \qquad (3\text{-}4) \\
&= d_l
\end{aligned}$$

对于不是第 l 个子载波的其他子载波来说，由于在积分时间内的频率差 $(i-l)/T$ 产生整数倍个周期，所以积分后的结果都是零。由式（3-4）可以看出，每个 OFDM 符号在时间 T 内包含很多非零载波，其零点出现在频率为 $1/T$ 的整数倍的位置上，其频谱可看成矩形脉冲的频谱和一组 δ 函数的卷积。矩形脉冲的频谱幅值为 $\mathrm{sinc}(fT)$ 函数，OFDM 频域信号如图 3.4 所示。

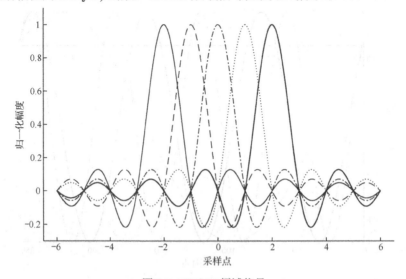

图 3.4 OFDM 频域信号

图 3.4 所示为一个 OFDM 系统的频域波形，其中子载波数为 5，不同的线型表示不同子载波的频域波形。从图中可以看出子载波之间是等间隔分布的，不同子载波的频域波形之间有重合，因此频谱效率有所提升。但是在每一个子载波的幅值最大时，其余子载波在该点的的值为 0，即如果在当前频点进行采样，则只有当前子载波的值，其他子载波的干扰为 0，从而实现了正交频分复用，频域波形的重叠不影响数据的恢复，接收端能够从这些重叠在一起的子信道符号中将目标符号正确地恢复出来。然而，当频偏存在时，若一个子载波频谱值为最大，其余子载波频谱值则不再为零，因此子载波之间已不再正交，这时就会产生载波间干扰（Inter Carrier Interference，ICI）。

为了对抗多径干扰，OFDM 在相邻符号之间插入保护间隔（Guard Interval，GI），只要保护间隔长度大于最大多径时延，就能够克服多径带来的 ISI。但是如果保护间隔里为空白信号，多径的存在会破坏子载波间的正交性，产生 ICI，如图 3.5 所示。为此，需要在保护间隔内填充数据信息，填充方式为把每个 OFDM 符号的后面 T_g 个时间点复制到 OFDM 符号前面的空闲时段部分，便可以保证在 FFT 窗口宽度内包含整数个子载波的周期，从而保持了各子载波间的正交性，达到了抵抗子载波间干扰的作用。经验表明，如果 OFDM 系统采用的循环前缀的长度与 OFDM 符号周期的比值不小于四分之一，OFDM 系统便能很好地抵抗 ISI 和 ICI。

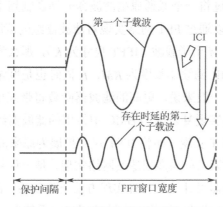

图 3.5　保护间隔的引入造成的 ICI

3.3 FBMC

FBMC 是一种频谱效率高、实现复杂度尚可，且无须同步的多载波传输方案。与 OFDM 技术不同，FBMC 可以根据系统的不同需求来设计原型滤波器的时域脉冲响应和频域响应。另外，子载波的正交性以及循环前缀在 FBMC 中均不再是必要要求。FBMC 可以通过灵活地控制子载波间交叠程度及各个子载波的带宽，从而灵活地控制相邻载波间的干扰。除此之外，FBMC 也不需要保持子载波间的同步，同步、信道估计和信号检测等都可以在各个子载波上单独地进行。滤波器经过特殊设计满足奈奎斯特无码间干扰准则来消除 ISI。相邻的子带交叠与 OFDM 相同（均为 3dB），由此产生的 ICI 通过偏移正交幅度调制（OQAM）消除或间隔地使用子带。由于实际传输要经过多径信道，各子带也需要频域或时域均衡。本节将从滤波器组实现、原型滤波器设计、偏移调制几个角度介绍 FBMC。

3.3.1 滤波器组实现

FBMC 通过滤波器组来抑制旁瓣，这里的滤波器组可看作一组并行的带通滤波器，它们可以通过将一个低通原型滤波器分别调制到不同的载波频率上得到。在实际应用中可以通过 FFT 网络实现对滤波器组的调制，从而降低计算复杂度。若信道共使用 M 个子载波（IFFT 尺寸为 K），那么为了取得较好的带外衰减，所需的等效 FIR 滤波器长度为 KM，K 同时也是度量子带重叠的参量，这里称为重叠因子。一般来说，更高的滤波器阶数将带来更好的带外衰减，但同时也将引入更高的实现复杂度。FBMC 中常用的滤波器组实现方法主要有两种，第一种为扩展 FFT 实现，即将 IFFT 尺寸扩展为原来的 K 倍，收端的均衡器可以在频域实现；第二种为多相滤波网络实现，是一种复杂度更低的时域滤波方法，但是其均衡器设计较第一种实现方法更为复杂。图 3.6 和图 3.7 分别给出了扩展 FFT 及多相滤波网络实现滤波器组的系统框图，其中图 3.6 中取 K=4。

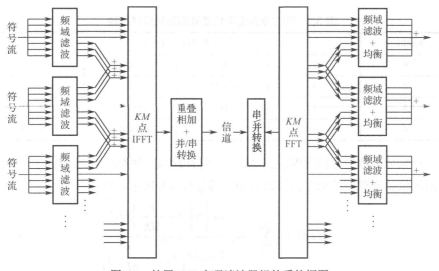

图 3.6　扩展 FFT 实现滤波器组的系统框图

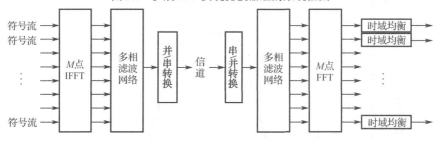

图 3.7　多相滤波网络实现滤波器组的系统框图

3.3.2　原型滤波器设计

原型滤波器的设计除了满足抑制旁瓣的要求外，还应减小符号间干扰对接收性能造成的影响。数字信号的传输基于奈奎斯特准则：传输滤波器的脉冲响应在整数倍符号周期的位置都为零。这一条件通过截止频率的对称性转换到频域，其中截止频率是符号速率的一半。设计这样一个奈奎斯特滤波器的简单方法就是设计频域系数并使其满足对称条件。特别地，可采用均方根奈奎斯特滤波器。

滤波器长度应为 KM ，当采用扩展 FFT 方法实现时，可用频率采样法设计 $2K-1$ 点的滤波器响应。其中心频点对应的滤波器系数为 H_0，距离中心频点为 i 的滤波器系数为 H_i。对于重叠因子 $K=2,3,4$ 时的均方根奈奎斯特滤波器的频域采样系数如表 3.1 所示。

表 3.1 均方根奈奎斯特滤波器频域采样系数

重叠因子	频域滤波器系数			
K	H_0	H_1	H_2	H_3
2	1	0.707107	—	—
3	1	0.911438	0.411438	—
4	1	0.971960	0.707107	0.235147

在频域，原型滤波器响应由 $2K-1$ 个脉冲组成。根据频域系数通过采样信号的插值公式得到的原型滤波器频率响应如图 3.8 所示，可表示成

$$H(f) = \sum_{k=-(K-1)}^{K-1} H_k \frac{\sin\left(\pi\left(f - \frac{k}{MK}\right)MK\right)}{MK\sin\left(\pi\left(f - \frac{k}{MK}\right)\right)} \qquad (3-5)$$

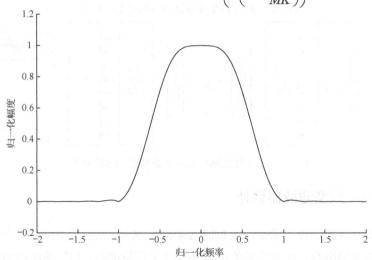

图 3.8 原型滤波器频率响应

对比图 3.4 可以看到，此时通带外波形基本已经没有起伏了，因此通过设计得到了一个高选择性的滤波器。滤波器的时域脉冲响应 $h(t)$ 可通过其频域脉冲响应的反傅里叶变换得到，即

$$h(t) = 1 + 2\sum_{k=1}^{K-1} H_k \cos\left(2\pi\frac{kt}{KT}\right) \qquad (3-6)$$

其中，T 为多载波符号的持续时间。

一旦设计好了原型滤波器，滤波器组中的其他滤波器就可以由原型滤波器

频移 k/M 来得到。第 k 个滤波器可以通过将原型滤波器的相应系数乘以 $e^{j2\pi ki/M}$ 得到。通过这种方法得到的滤波器组的频率响应如图 3.9 所示。

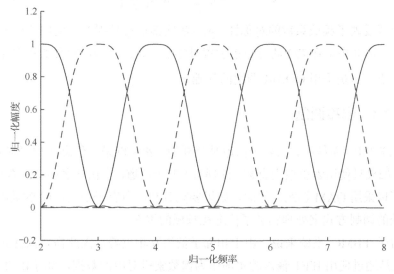

图 3.9　基于原型滤波器设计的滤波器组的频率响应

　　值得注意的是，奇数索引（或偶数索引）的子信道间没有重叠，每个子信道只与其相邻信道重叠。子信道间的干扰频率响应决定了要采用的调制方案，给定一个子信道，该子信道对应的接收端滤波器与其相邻信道的发送端滤波器重叠。鉴于两个相邻子信道的频域系数，其重叠涉及 $K-1$ 个系数，则干扰滤波器的频域系数为

$$G_k = H_k H_{K-k}, \quad k = 1, 2, \cdots, K-1 \tag{3-7}$$

这组系数是对称的，并且当 $K=4$ 时，有 $G_1 = G_3 = 0.228553$，$G_2 = 0.5$。干扰频域响应可以通过插值公式得到，即

$$G(f) = \sum_{k=1}^{3} G_k \frac{\sin\left(\pi\left(f - \frac{k}{MK}\right)MK\right)}{MK \sin\left(\pi\left(f - \frac{k}{MK}\right)\right)} \tag{3-8}$$

干扰滤波器的时域脉冲响应可由其频域脉冲响应经 IFFT 变换得到，即

$$g(t) = \left[G_2 + 2G_1 \cos\left(2\pi \frac{kt}{KT}\right)\right] e^{j2\pi \frac{t}{2T}} \tag{3-9}$$

这个重要的结果决定了调制类型，选择合适的调制方式可以避开干扰。

式（3-9）的系数具有如下性质

$$\mathrm{e}^{\mathrm{j}2\pi\frac{t}{2T}} = \cos\left(\frac{\pi t}{T}\right) + \mathrm{j}\sin\left(\frac{\pi t}{T}\right) \qquad (3\text{-}10)$$

上式反映了频域系数的对称性，$g(t)$ 的实部在符号周期 T 的整数倍位置上过零点，而其虚部在 $T/2$ 的奇数倍位置过零点。因此，$g(t)$ 的实部和虚部交替经过零点，这是采用 OQAM 调制的基础。

3.3.3 偏移调制

在 FBMC 系统中，只要子信道是分开的，就可以采用任意一种调制方式。例如，如果只使用索引值为奇数（或偶数）的子信道，子信道之间就没有重叠，因此可以采用 QAM 调制。然而，如果要充分利用所有子信道，就必须采用一种特殊的调制方式来处理相邻子信道在频域的重叠。

对于 FBMC 系统来说，由于相邻子信道互相重叠，因此需要保持其正交性。这是通过使用 IFFT 输入的实部作为偶数索引对应的数据，而将 IFFT 输入的虚部作为奇数索引对应的数据来实现的。但是，这种方式会造成信道容量的减小。另外，由于发送和接收滤波器具有对称性且是完全相同的，我们可以知道，子信道将在符号周期的整数倍位置与时间轴相交，而其实部将在半个符号周期的奇数倍位置与时间轴相交。换句话说，发送和接收滤波器的脉冲响应的实部和虚部在时间轴上的交点是交替出现的。因此，可用如下方法来获得全容量：使符号速率加倍，并且每一个子信道交替使用 IFFT 输入信号的实部或虚部。这样复数符号的实部和虚部就不会像 OFDM 中那样同时传输，而是虚部数据延迟半个符号周期进行传输。

在 FBMC 传输系统中，子信道 i 对应的所有值都是实数，奈奎斯特准则可通过零点反映出来。子信道 $i-1$ 和 $i+1$ 对应的各值中实数和虚数交替出现，由此可得出：

（1）数据可以在子信道 i 对应的实数部分传输；

（2）数据也可以在子信道 i 对应的虚数部分传输且伴有一个单位时间的偏移；

（3）将实数和虚数部分进行互换后，同样的方案也适用于相邻的子信道 $i-1$ 和 $i+1$。

这就是所谓的 OQAM，偏置反映了一个复数符号的实部和虚部之间有半个子载波间隔倒数的时移。OQAM 是把 QAM 符号的实部和虚部分开为两个实数的符号，其中每个实数符号所占的时间为原来的一半，所以，两个实数所占的时间和原来的 QAM 符号所占的时间相同。

3.4　UFMC

未来 5G 网络的一个重要特点就是放松对同步性的要求，从而能降低成本及同步开销。同步性要求的放松会导致 OFDM 中 ICI 和 ISI 的增加，进而降低系统性能。FBMC 通过对单个子载波进行滤波，从而能够大大减小旁瓣功率，适合用于异步通信，有助于利用碎片化的频谱。但由于 FBMC 的滤波器长度很长，对于物联网这种主要传输小包数据的通信系统而言，会显著增大系统开销，不仅如此，FBMC 采用的 OQAM 调制技术，与现有技术的兼容性较差。因此，学者们提出了 UFMC，它可视为 OFDM 和 FBMC 的折中，保留了二者的优点，且避免了它们的缺点。UFMC 在一组连续的子载波上进行滤波（例如用升余弦滤波器），从而抑制子带频谱旁瓣。对一组子载波同时进行滤波使得 UFMC 的滤波器长度相较于 FBMC 的大大减少，更适合 5G 中短突发通信业务和 MTC 业务。另外，UFMC 采用 QAM 调制，能与现有技术很好地兼容。下面对 UFMC 进行详细介绍。

3.4.1　UFMC 系统发射机

图 3.10 所示为 UFMC 发射机结构示意图。

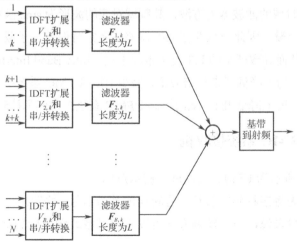

图 3.10　UFMC 发射机结构示意图

图中 B 为划分的子带个数，N 为用来传输数据的子载波总数，L 表示滤波器长度，$F_{i,k}$ 为子带 i 的滤波器矩阵，其中不同子带包含的子载波数可能不同，并且不同子带对应的滤波器长度以及子载波间隔也可能不同，设子带 i 中包含的子载波数为 n_i。用户 k 在每个子带上携带的符号记为 $S_{i,k}$，$i=1,2,\cdots,B$。具体地，每个子带上携带的符号首先通过 IDFT 操作变换到时域，得到时域信号 $V_{i,k}S_{i,k}$，其中变换矩阵 $V_{i,k} \in \mathbb{C}^{N \times n_i}$ 是 IDFT 变换矩阵 V 中选出的部分列向量，并且所有子带的变换矩阵 $V_{i,k}$ 能够组成一个完整的 IDFT 变换矩阵 V。接着各子带滤波器分别对其对应的子带时域信号进行线性滤波，得到 $F_{i,k}V_{i,k}S_{i,k}$，其中 $F_{i,k} \in \mathbb{R}^{(N+L-1) \times N}$，是一个常对角阵（Toeplitz 矩阵），并且其每一列都是由相应子带位置上的滤波器脉冲响应系数进行循环移位后得到的。至此，用户 k 的发射信号可以表示为

$$x = \sum_{i=1}^{B} F_{i,k}V_{i,k}S_{i,k} \qquad (3\text{-}11)$$

将其改写成矩阵形式可得

$$x = \overline{F}\,\overline{V}\,\overline{S_k} \qquad (3\text{-}12)$$

其中，

$$\overline{F} = [F_{1,k}, F_{2,k}, \cdots, F_{B,k}] \qquad (3\text{-}13)$$

$$\overline{V} = \mathrm{diag}[V_{1,k}, V_{2,k}, \cdots, V_{B,k}] \qquad (3\text{-}14)$$

$$\overline{S_k} = [S_{1,k}^{\mathrm{T}}, S_{2,k}^{\mathrm{T}}, \cdots, S_{B,k}^{\mathrm{T}}]^{\mathrm{T}} \qquad (3\text{-}15)$$

OFDM 在时域的滤波器为方波，其频域对应的波形为 sinc 函数，而 sinc 函数具有很高的旁瓣，因此一旦存在频率偏差或者定时偏差，子载波间的正交性就会被破坏，从而导致严重的 ICI 及子带间干扰（Inter Band Interference，IBI），降低系统性能。为了降低子带频谱旁瓣，减少 IBI，UFMC 系统引入了子带滤波器，可以很大程度上降低 IBI，从而提高 UFMC 系统抗频偏和抗时偏的鲁棒性。

3.4.2　UFMC 系统接收机

如图 3.11 所示为 UFMC 接收机结构示意图。

接收机首先将接收到的射频信号转换成基带信号，然后在时域对其进行相应的处理。一般来说，信号检测方法可以采用时域或频域检测算法。

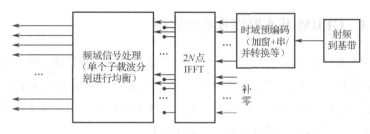

图 3.11　UFMC 接收机结构示意图

首先介绍时域检测算法，经过信道传输后接收信号可表示为

$$y = Hx + n$$
$$= H\overline{FV}S_k + n \tag{3-16}$$

其中，H 为常对角阵（Toeplitz 矩阵），y 为发射信号通过信道传输后得到的接收信号，n 表示加性噪声。令 $H_e = H\overline{FV}$，则基于匹配滤波检测恢复的信号可表示为

$$\hat{s}_{MF} = H_e^{\mathrm{H}} y$$
$$= \overline{V}^{\mathrm{H}} \overline{F}^{\mathrm{H}} \widehat{H}^{\mathrm{H}} y \tag{3-17}$$

其中，$\widehat{H}$ 为通过信道估计得到的信道响应矩阵。另外，采用迫零（ZF）检测算法得到的信号为

$$\hat{s}_{MF} = H_e^{\mathrm{H}} y$$
$$= (H\overline{FV})^{\dagger} y \tag{3-18}$$

考虑到计算复杂度，一般采用频域检测算法。首先对接收到的时域信号进行补零，从而构成长度为 $2N$ 的符号向量，即

$$\overline{y} = [y_{N+L-1}^{\mathrm{T}}, 0, \cdots, 0]_{2N}^{\mathrm{T}} \tag{3-19}$$

然后对 $\overline{y}$ 进行 $2N$ 点的 FFT，将时域信号变换到频域，再将得到的频域信号隔点取值，接下来对其进行均衡。实际上，这里的均衡操作是将每个子带的滤波器和无线信道的总体影响抵消掉。显然，与时域检测算法相比，频域检测具有更低的计算复杂度。

3.5　GFDM

GFDM 是一种非正交的数字多载波传输技术，用来应对物联网系统中新的需求，例如非连续带宽的利用、触感网络的低时延要求、无线网络的高覆盖率要求及动态频谱接入的低带外辐射要求等。

3.5.1　GFDM 基本原理及系统实现

GFDM 系统的基本思想是：将整个频带划分成多个子信道，每个子信道上包含多个子符号，利用脉冲整形滤波器分别对每个子信道上的子载波进行处理，从而得到 GFDM 调制后的信号。相比于 OFDM 系统，GFDM 系统中子载波不要求正交，可以利用脉冲整形滤波器对子载波进行滤波，从而减小频谱的带外辐射，同时可以在不给现有服务和用户造成干扰的前提下进行动态频谱分配和碎片频谱资源的利用。对子载波进行滤波虽然会带来 ISI 和 ICI，但是通过有效的接收方式就可以获得和 OFDM 相近的误码率性能。

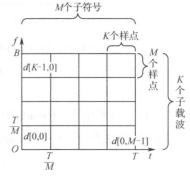

图 3.12　GFDM 传输块结构

GFDM 基于块传输，其传输块结构如图 3.12 所示。

其中，该传输块在时域上包含 M 个时隙，在频域上包含 K 个子载波，则传输的 GFDM 数据块定义为

$$D = \begin{bmatrix} d[0,0] & \cdots & d[0,M-1] \\ \vdots & \ddots & \vdots \\ d[K-1,0] & \cdots & d[K-1,M-1] \end{bmatrix} \tag{3-20}$$

其中，$d[k,m]$ 表示第 $k(k=0,1,\cdots,K-1)$ 个子载波上的第 $m(m=0,1,\cdots,M-1)$ 个子符号，对每个子载波上的子符号进行 K 倍的上采样，则总的采样点数为 $N=KM$。$g[n]$ 为脉冲成形的发送滤波器的离散脉冲响应。若采样时间为 T_s，则符号时长为 $T_d = NT_s$，且频域上的两个相邻子载波之间的间隔为 $1/NT_s$，传输信号可表示为

$$x[n] = \sum_{m=0}^{M-1} \sum_{k=0}^{K-1} d[k,m] g[(n-mK) \bmod N] e^{j2\pi \frac{kn}{K}}, 0 \leqslant n \leqslant N-1 \tag{3-21}$$

其中，n 表示抽样索引，$g[(n-mK) \bmod N] e^{j2\pi \frac{kn}{K}}$ 表示每个子载波上的滤波器离散脉冲响应，是脉冲原型滤波器在时间和频率上的移位。特别地，当 $M=1$ 时，$g[n] = \sqrt{1/K}$，GFDM 退化成了 OFDM。

为了使得接收端的均衡可以在频域进行，需要给 $x[n]$ 添加循环前缀得到 $\tilde{x}[n]$，$\tilde{x}[n]$ 即为要送入无线信道中的发射信号，接收信号为

$$\tilde{y}[n] = \tilde{x}[n] \otimes h[n] + n[n] \tag{3-22}$$

其中，⊗ 代表卷积操作，$h[n]$ 为信道脉冲响应。

接着，将 $\tilde{y}[n]$ 的 CP 去除后得到 $y[n]$，假设接收端已知信道状态信息，则均衡后的由 $K \times M$ 个符号组成的传输块可表示为

$$\bar{y}[n] = \text{IDFT}\left(\frac{\text{DFT}(y[n])}{\text{DFT}(h[n])}\right) \tag{3-23}$$

其中，DFT($\cdot$) 代表离散傅里叶变换，IDFT($\cdot$) 代表离散傅里叶反变换。每个接收到的子载波都可以使用匹配的滤波器脉冲响应 $g[n]$ 按照式（3-24）来处理。

$$\bar{y}_k[n] = \bar{y}[n]\text{e}^{-\text{j}2\pi\frac{kn}{N}} \otimes g[n] \tag{3-24}$$

最后，将恢复出来的信息符号 $\bar{d}[k,m] = \bar{y}_k[mN]$ 送入检测器。

3.5.2　GFDM 系统发射机

GFDM 的系统发射机结构如图 3.13 所示。

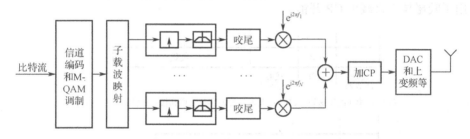

图 3.13　GFDM 系统发射机结构

二进制比特流 $\boldsymbol{b}$ 作为数据源被输入到发射机中，经过信道编码后得到 $\boldsymbol{b}_c$，再经过星座映射后得到数据块向量 $\boldsymbol{d}$，其包含 N 个符号，可分解成 K 个带有 M 个子符号的子载波，且 $\boldsymbol{d} = (\boldsymbol{d}_0^{\text{T}}, \boldsymbol{d}_1^{\text{T}}, \cdots, \boldsymbol{d}_{M-1}^{\text{T}})^{\text{T}}$ 和 $\boldsymbol{d}_m^{\text{T}} = (d_{0,m}, d_{1,m}, \cdots, d_{K-1,m})^{\text{T}}$，其中 $d_{k,m} = d[k,m]$。GFDM 调制过程如图 3.14 所示。被传输的 $d_{k,m}$ 所对应的脉冲响应 $g_{k,m}[n]$ 可表示为

$$g_{k,m}[n] = g[(n-mK)\bmod N]\text{e}^{\text{j}2\pi\frac{kn}{K}} \tag{3-25}$$

每一个 $g_{k,m}[n]$ 都是原型滤波器脉冲响应 $g[n]$ 在时频两域中的移位，并且 $g_{k,m}[n]$ 是 $g_{k,0}[n]$ 的循环移位。所有传输符号叠加起来即得到发送信号 $\boldsymbol{x} = (x[n])^{\text{T}}$，即

$$x[n] = \sum_{k=0}^{K-1}\sum_{m=0}^{M-1} g_{k,m}[n]d_{k,m}, \quad 0 \le n \le N-1 \tag{3-26}$$

将式（3-26）用矩阵形式表示

$$x = Ad \tag{3-27}$$

其中，A 是一个 $NM \times KM$ 的矩阵，可表示为

$$A = (g_{0,0}, \cdots, g_{K-1,0}, g_{0,1}, \cdots, g_{K-1,1}, \cdots, g_{0,M-1}, \cdots, g_{K-1,M-1}) \tag{3-28}$$

其中，$g_{k,m} = (g_{k,m}[0], g_{k,m}[1], \cdots, g_{k,m}[N-1])^T$。此时，$x$ 包含所有的 GFDM 数据块，最后 x 经过数/模转换、上变频和放大发射出去。为了使接收机采用的均衡方法较为简便，GFDM 中插入了 CP，如图 3.14 所示。其中采用咬尾技术是为了减小循环前缀长度，从而提高系统的频谱率。CP 的长度与发送滤波器、信道以及接收滤波器长度有关。插入循环前缀之后执行的数字脉冲成形操作可有效降低带外辐射。但是只有当滤波器边缘很尖锐时才能有比较好的效果，这就需要发送滤波器具有很高的阶数。而过高的滤波器阶数对于 CP 来说并不是好事，因为 CP 长度需要和系统中所有滤波器长度相匹配，所以对发送滤波器采用了咬尾技术来减少 CP 开销。

（a）带有CP的发送块，CP长度与发送滤波器、信道和接收滤波器长度有关

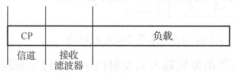

（b）通过忽略发送滤波器部分来减少CP长度

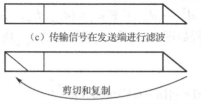

（c）传输信号在发送端进行滤波

剪切和复制

（d）咬尾操作，把尾部添加到头部来等效循环卷积

图 3.14　GFDM 调制过程

3.5.3　GFDM 系统接收机

GFDM 系统接收机原理框图如图 3.15 所示。

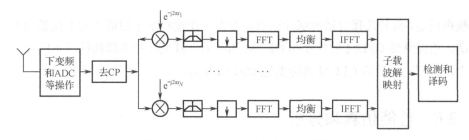

图 3.15　GFDM 系统接收机原理框图

　　GFDM 对每一个子载波进行解调，再经过放大、下变频以及模/数转换，从而得到信号 $y(k')$

$$y(k') = x(k') \otimes h(k') + n(k') \tag{3-29}$$

其中，$x(k')$ 和 $h(k')$ 分别表示发送信号和信道脉冲响应，$n(k')$ 是均值为 0、方差为 σ_n^2 的高斯白噪声。接着将每一接收支路上的数字信号分别变换到基带，然后由接收滤波器 $g_{RX}(n,k')$ 对其进行滤波，从而得到信号 $z(n,k')$

$$z(n,k') = [y(k')e^{-j2\pi k' f_n}] \otimes g_{RX}(n,k') \tag{3-30}$$

　　这里的接收滤波器主要用来抵消相邻信道间干扰。信号在通过接收滤波器之后，再进行下采样，其索引值由 k' 又变回为原来的 k。对此时得到的信号进行 FFT 操作，以产生第 n 个子载波的频域信号 $Z(n,l)$，这时的信号可表示为

$$Z(n,l) = S(n,l)H(n,l) + W(n,l) \tag{3-31}$$

其中，$S(n,l)$ 是由数字信号 $s(n,k)$ 经 FFT 变换后得到的，$W(n,l)$ 是滤波之后噪声的第 l 个频率，$H(n,l)$ 表示经过 FFT 变换后的有效信道，它与发送滤波器脉冲响应 $g_{TX}(n,k)$、信道脉冲响应以及接收滤波器脉冲响应 $g_{RX}(n,k)$ 有关

$$H(n,l) = \text{FFT}[g_{TX}(n,k) \otimes h(k) \otimes g_{RX}(n,k)] \tag{3-32}$$

　　接着执行迫零均衡，得到

$$\hat{S}(n,l) = \frac{Z(n,l)}{H(n,l)} \tag{3-33}$$

　　将 $\hat{S}(n,l)$ 经过 IFFT 变换即得到均衡后的数字信号 $\hat{s}(n,k)$，最后将其送入检测器即可恢复原始信号。

　　一个 GFDM 传输块中的每个子载波都进行滤波，与 OFDM 不同，其发送滤波器脉冲响应不再为矩形，因此相邻子载波之间会存在 ICI。另外，如果发送和接收滤波器不满足奈奎斯特准则，还会产生 ISI。但是，对于加性高斯白

噪声信道，只要选择合适的脉冲成形滤波器并在接收端采用适当的干扰抵消算法，就能够使 GFDM 的性能与 OFDM 相匹敌。甚至在频率选择性严重的信道中，频域均衡后的 GFDM 性能要比 OFDM 更好。

3.6 性能仿真和分析

3.6.1 技术特点

总体来说，FBMC 是一种频谱效率高、实现复杂度尚可且不需要 CP 的异步传输方案。然而它的高的频谱效率依赖于 OQAM 调制，这使得它与其他现有技术，如 MIMO 等不易兼容。与 FBMC 对每个子载波进行滤波不同，UFMC 对一组子载波进行滤波，所需的滤波器长度有所下降，更能适应 5G 中短突发通信业务和 MTC 业务。GFDM 由于保留了 CP，所以实现较为简单，并且其在一定条件下能够退化为 OFDM。四种多载波技术的技术特点比较如表 3.2 所示。

表 3.2 四种多载波技术的技术特点比较

技术特点	OFDM	FBMC	UFMC	GFDM
是否有循环前缀	有	无	无	有
是否在发送端滤波	无	有 （线性卷积）	有 （线性卷积）	有 （循环卷积）
是否在接收端滤波	无	有 （线性卷积）	无	有 （循环卷积）
符号调制方式	不限	OQAM	不限	不限
与 MIMO 结合难易	易	较难	较易	易

3.6.2 计算复杂度

表 3.3 粗略比较了 OFDM、FBMC 和 GFDM 这 3 种多载波技术的实现复杂度。载波总数均为 N，使用 M 个子载波，复杂度的衡量标准为发送 $S \times M$ 个符号流所需的乘法运算次数。FBMC 重叠因子 K 的典型值为 4。FBMC-P 是多相网络实现方式，FBMC-E 是可扩展 FFT 方式。

表 3.3　几种多载波技术的实现复杂度比较

方案	发射机复杂度	接收机复杂度
OFDM	$SN \log_2 N$	$S(N \log_2 N + M)$
FBMC-P	$SK(N \log_2 N + 2M + N \log_2 K)$	$SK(N \log_2 N + 2M + N \log_2 K)$
FBMC-E	$S(N \log_2 N + MK)$	$S(N \log_2 N + 3MK)$
GFDM	$S[N \log_2 N + (N+M) \log_2 M]$	$S[N \log_2 N + (N+M) \log_2 M + M]$

从计算复杂度上来看，OFDM 是最简单的多载波传输方式，紧随其后的是 FBMC 的多相网络实现方式，最后是 GFDM、FBMC 的扩展 FFT 实现方式。GFDM 和 FBMC 各子带均不要求同步，并且在旁瓣抑制上均明显好于 OFDM。FBMC 各子带滤波器高度重叠，并且不需要 CP，故其频谱效率高于 GFDM。同时应该看到 FBMC 只能采用 OQAM 来减轻严重的 ICI，使其在 MIMO 中的应用受到一定限制；GFDM 则没有类似缺点，使用灵活，收/发机结构简单；UFMC 是前二者的折中。这 3 种方案的接收效果取决于均衡器的设计，而均衡的复杂度直接影响到与 MIMO 结合的效果。目前要实现与 OFDM 复杂度相仿的频域单点均衡，仍依赖 CP 的使用，从而浪费了无线资源，也不适合频繁的短帧通信需要。如何在这一点上取得突破，将是新一代多载波传输方法研究接下来需要解决的核心问题。

3.6.3　与 OFDM 技术的比较

1. FBMC 与 OFDM 技术的比较

以下将滤波器组多载波（FBMC）与正交频分复用（OFDM）进行比较，可以突出第五代（5G）通信系统的候选调制方案的优点。FBMC 提供了克服 OFDM 已知频谱效率降低和严格同步要求的限制的方法，使用可配置的参数对 FBMC 调制进行建模，并突出最基本的发送和接收原理。

首先设置一组参数，可以通过修改这些参数探究它们对系统的影响。

```
numFFT = 1024;              % Number of FFT points
numGuards = 212;            % Guard bands on both sides
K = 4;                      % Overlapping symbols, one of 2, 3, or 4
numSymbols = 100;           % Simulation length in symbols
bitsPerSubCarrier = 2;      % 2: 4QAM, 4: 16QAM, 6: 64QAM, 8: 256QAM
snrdB = 12;                 % SNR in dB
```

（1）先分析 FBMC，FBMC 对多载波系统中的每个子载波调制信号进行滤波。原型滤波器用于零频率载波的滤波器，是其他子载波滤波器的基础。滤波器的特征在于重叠因子 K，它是在时域中重叠的多载波符号的数目。原型滤波器阶数可以选择 $2(K-1)$，其中 $K=2$、3 或 4。

这里 FBMC 使用频率扩展来实现。它使用 NK 长度的 IFFT，符号以 $N/2$ 的时延重叠，其中 N 是子载波的数目。这种设计使得分析 FBMC 以及将 FBMC 与其他调制方法比较变得容易。

为了实现满容量，采用 OQAM。由于虚部时延为符号持续时间的一半，因此复数据符号的实部和虚部不会同时传输。FBMC 实现代码如下：

```
% Prototype filter
switch K
    case 2
        HkOneSided = sqrt(2)/2;
    case 3
        HkOneSided = [0.911438 0.411438];
    case 4
        HkOneSided = [0.971960 sqrt(2)/2 0.235147];
    otherwise
        return
end
% Build symmetric filter
Hk = [fliplr(HkOneSided) 1 HkOneSided];

% QAM symbol mapper
qamMapper = comm.RectangularQAMModulator('ModulationOrder', …
    2^bitsPerSubCarrier, 'BitInput', true, 'NormalizationMethod', 'Average power');
% Transmit-end processing
%    Initialize arrays
L = numFFT-2*numGuards;    % Number of complex symbols per OFDM symbol
KF = K*numFFT;
KL = K*L;
dataSubCar = zeros(L, 1);
dataSubCarUp = zeros(KL, 1);
sumFBMCSpec = zeros(KF*2, 1);
sumOFDMSpec = zeros(numFFT*2, 1);
numBits = bitsPerSubCarrier*L/2;        % account for oversampling by 2
inpData = zeros(numBits, numSymbols);
rxBits = zeros(numBits, numSymbols);
```

```
txSigAll = complex(zeros(KF, numSymbols));
symBuf = complex(zeros(2*KF, 1));
% Loop over symbols
for symIdx = 1:numSymbols
    % Generate mapped symbol data
    inpData(:, symIdx) = randi([0 1], numBits, 1);
    modData = qamMapper(inpData(:, symIdx));
    % OQAM Modulator: alternate real and imaginary parts
    if rem(symIdx,2)==1        % Odd symbols
        dataSubCar(1:2:L) = real(modData);
        dataSubCar(2:2:L) = 1i*imag(modData);
    else                        % Even symbols
        dataSubCar(1:2:L) = 1i*imag(modData);
        dataSubCar(2:2:L) = real(modData);
    end
    % Upsample by K, pad with guards, and filter with the prototype filter
    dataSubCarUp(1:K:end) = dataSubCar;
    dataBitsUpPad = [zeros(numGuards*K,1); dataSubCarUp;...
        zeros(numGuards*K,1)];
    X1 = filter(Hk, 1, dataBitsUpPad);
    % Remove 1/2 filter length delay
    X = [X1(K:end); zeros(K-1,1)];
    % Compute IFFT of length KF for the transmitted symbol
    txSymb = fftshift(ifft(X));
    % Transmitted signal is a sum of the delayed real, imag symbols
    symBuf = [symBuf(numFFT/2+1:end); complex(zeros(numFFT/2,1))];
    symBuf(KF+(1:KF)) = symBuf(KF+(1:KF)) + txSymb;
    % Compute power spectral density (PSD)
    currSym = complex(symBuf(1:KF));
    [specFBMC, fFBMC] = periodogram(currSym, hann(KF, 'periodic'), KF*2, 1);
    sumFBMCSpec = sumFBMCSpec + specFBMC;
    % Store transmitted signals for all symbols
    txSigAll(:,symIdx) = currSym;
end
% Plot power spectral density
sumFBMCSpec = sumFBMCSpec/...
    mean(sumFBMCSpec(1+K+2*numGuards*K:end-2*numGuards*K-K));
plot(fFBMC-0.5,10*log10(sumFBMCSpec));
grid on
```

```
axis([-0.5 0.5 -180 10]);
xlabel('Normalized frequency');
ylabel('PSD (dBW/Hz)')
title(['FBMC, K = ' num2str(K) ' overlapped symbols'])
set(gcf, 'Position', figposition([15 50 30 30]));
```

（2）接下来看 OFDM，为了进行比较，OFDM 调制技术占用了全部的频带，并且没有添加循环前缀。代码如下：

```
for symIdx = 1:numSymbols
    inpData2 = randi([0 1], bitsPerSubCarrier*L, 1);
    modData = qamMapper(inpData2);
    symOFDM = [zeros(numGuards,1); modData; zeros(numGuards,1)];
    ifftOut = sqrt(numFFT).*ifft(ifftshift(symOFDM));
    [specOFDM,fOFDM] = periodogram(ifftOut, rectwin(length(ifftOut)), ...
        numFFT*2, 1, 'centered');
    sumOFDMSpec = sumOFDMSpec + specOFDM;
end
% Plot power spectral density (PSD) over all subcarriers
sumOFDMSpec = sumOFDMSpec/mean(sumOFDMSpec(1+2*numGuards:end-2*numGuards));
figure;
plot(fOFDM,10*log10(sumOFDMSpec));
grid on
axis([-0.5 0.5 -180 10]);
xlabel('Normalized frequency');
ylabel('PSD (dBW/Hz)')
title(['OFDM, numFFT = ' num2str(numFFT)])
set(gcf, 'Position', figposition([46 50 30 30]));
```

图 3.16 给出了相同条件下，FBMC 及 OFDM 的功率谱密度（PSD）。可以看到，FBMC 具有很低的带外泄漏。比较 OFDM 和 FBMC 方案的频谱密度图，FBMC 具有较低的旁瓣。这使 FBMC 能够更好地利用所分配的频谱，从而提高频谱效率。

2. UFMC 与 OFDM 技术的比较

下面比较 UFMC 和 OFDM 的相关性能，从仿真结果可以看到 OFDM 由于较高的旁瓣和严格的同步要求，会造成一定的频谱效率损失。

首先设置一组参数，可以通过修改这些参数探究它们对系统的影响。

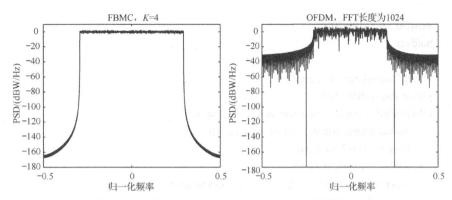

图 3.16　相同条件下，FBMC 及 OFDM 的功率谱密度

```
numFFT = 512;            % number of FFT points
subbandSize = 20;        % must be > 1
numSubbands = 10;        % numSubbands*subbandSize <= numFFT
subbandOffset = 156; % numFFT/2-subbandSize*numSubbands/2 for band center
% Dolph-Chebyshev window design parameters
filterLen = 43;          % similar to cyclic prefix length
slobeAtten = 40;         % sidelobe attenuation, dB
bitsPerSubCarrier = 4;   % 2: 4QAM, 4: 16QAM, 6: 64QAM, 8: 256QAM
snrdB = 15;              % SNR in dB
```

（1）UFMC 被认为是 OFDM 和 FBMC 调制的一种推广。OFDM 在整个频带进行滤波，FBMC 对单个子载波进行滤波，而 UFMC 则对一组子载波（子带）进行滤波。与 FBMC 相比，这种子载波分组滤波使得滤波器长度有所下降。而且，UFMC 仍然可以使用 QAM，因为它保留了复正交性。在这里，每个子带使用相同的滤波器。采用具有参数化旁瓣衰减的切比雪夫窗对每个子带的 IFFT 输出进行滤波，代码如下：

```
% Design window with specified attenuation
prototypeFilter = chebwin(filterLen, slobeAtten);
% QAM Symbol mapper
qamMapper = comm.RectangularQAMModulator('ModulationOrder', ...
    2^bitsPerSubCarrier, 'BitInput', true, ...
    'NormalizationMethod', 'Average power');
% Transmit-end processing
%   Initialize arrays
inpData = zeros(bitsPerSubCarrier*subbandSize, numSubbands);
txSig = complex(zeros(numFFT+filterLen-1, 1));
hFig = figure;
```

```
axis([-0.5 0.5 -100 20]);
hold on;
grid on
xlabel('Normalized frequency');
ylabel('PSD (dBW/Hz)')
title(['UFMC, ' num2str(numSubbands) ' Subbands, '    ...
    num2str(subbandSize) ' Subcarriers each'])
%    Loop over each subband
for bandIdx = 1:numSubbands
    bitsIn = randi([0 1], bitsPerSubCarrier*subbandSize, 1);
    symbolsIn = qamMapper(bitsIn);
    inpData(:,bandIdx) = bitsIn; % log bits for comparison
    % Pack subband data into an OFDM symbol
    offset = subbandOffset+(bandIdx-1)*subbandSize;
    symbolsInOFDM = [zeros(offset,1); symbolsIn; ...
                        zeros(numFFT-offset-subbandSize, 1)];
    ifftOut = ifft(ifftshift(symbolsInOFDM));
    % Filter for each subband is shifted in frequency
    bandFilter = prototypeFilter.*exp( 1i*2*pi*(0:filterLen-1)'/numFFT* ...
                    ((bandIdx-1/2)*subbandSize+0.5+subbandOffset+numFFT/2) );
    filterOut = conv(bandFilter,ifftOut);
    % Plot power spectral density (PSD) per subband
    [psd,f] = periodogram(filterOut, rectwin(length(filterOut)), ...
                        numFFT*2, 1, 'centered');
    plot(f,10*log10(psd));
    % Sum the filtered subband responses to form the aggregate transmit
    % signal
    txSig = txSig + filterOut;
end
set(hFig, 'Position', figposition([20 50 25 30]));
hold off;
% Compute peak-to-average-power ratio (PAPR)
PAPR = comm.CCDF('PAPROutputPort', true, 'PowerUnits', 'dBW');
[~,~,paprUFMC] = PAPR(txSig);
disp(['Peak-to-Average-Power-Ratio (PAPR) for UFMC = ' num2str(paprUFMC) ' dB']);
```

（2）接下来看 OFDM，为了进行比较，OFDM 调制技术占用了全部的频带，并且没有添加循环前缀，代码如下：

```
symbolsIn = qamMapper(inpData(:));
% Process all subbands together
```

```
offset = subbandOffset;
symbolsInOFDM = [zeros(offset, 1); symbolsIn; ...
                    zeros(numFFT-offset-subbandSize*numSubbands, 1)];
ifftOut = sqrt(numFFT).*ifft(ifftshift(symbolsInOFDM));
% Plot power spectral density (PSD) over all subcarriers
[psd,f] = periodogram(ifftOut, rectwin(length(ifftOut)), numFFT*2, ...
                    1, 'centered');
hFig1 = figure;
plot(f,10*log10(psd));
grid on
axis([-0.5 0.5 -100 20]);
xlabel('Normalized frequency');
ylabel('PSD (dBW/Hz)')
title(['OFDM, ' num2str(numSubbands*subbandSize) ' Subcarriers'])
set(hFig1, 'Position', figposition([46 50 25 30]));
% Compute peak-to-average-power ratio (PAPR)
PAPR2 = comm.CCDF('PAPROutputPort', true, 'PowerUnits', 'dBW');
[~,~,paprOFDM] = PAPR2(ifftOut);
disp(['Peak-to-Average-Power-Ratio (PAPR) for OFDM = ' num2str(paprOFDM) ' dB']);
```

图 3.17 给出了相同条件下，UFMC 和 OFDM 的功率谱密度（PSD）。可以发现，相比于 OFDM，UFMC 具有更低的旁瓣。这使得 UFMC 能更好地利用所分配的频谱，从而提高频谱效率。另外，采用 UFMC 和 OFDM 调制时，峰均功率比（PAPR）分别为 8.2379 dB 和 8.8841dB，因此相比于 OFDM，UFMC 的 PAPR 也有一定的改善。

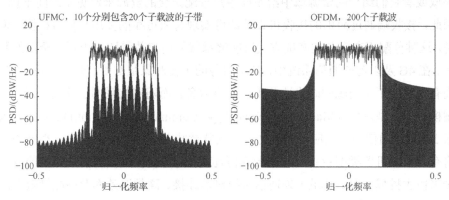

图 3.17　相同条件下，UFMC 和 OFDM 的功率谱密度

第4章

非正交多址接入

在蜂窝网络系统中，不同用户之间通过基站进行通信，而基站和用户之间通过无线信道建立连接。信道是信号传输的媒介，当多个用户通过公共信道传输信号时，不同用户之间的信号将会发生混叠，造成用户间干扰。因此，需要对不同用户的信号赋予不同的特征，使基站或用户能够将其区分开来。多个用户与基站同时建立无线信道连接的过程称为多址接入。

随着无线通信系统的发展，多址接入技术作为区分每一代通信系统的关键性技术，经历了巨大的变革。在 1G、2G、3G 和 4G 移动通信系统中，分别采用了频分多址（Frequency Division Multiple Access，FDMA）、时分多址（Time Division Multiple Access，TDMA）、码分多址（Code Division Multiple Access，CDMA）和正交频分多址（Orthogonal Frequency Division Multiple Access，OFDMA）作为主要的多址接入技术。从设计原则上来讲，这些多址方案均属于正交多址接入（Orthogonal Multiple Access，OMA），即通过在频域、时域、码域或者它们结合的资源域中给不同用户分配正交的资源来避免用户间干扰，因此，接收端通过简单的接收机设计即可实现有效可靠的多用户信号检测。但是，这种分配正交资源的多址方式所能够承载的用户数量取决于正交资源的数量。在 4G 及以前的通信系统中，基站服务的主要对象是数量有限的手机用户，尚有足够的正交资源同时为这些用户提供服务。而随着物联网的蓬勃发展，大规模机器类型通信（Massive Machine-Type Communications，mMTC）成为未来 5G 移动通信的三大应用场景之一，这就意味着，除了手机用户，小区中还将有海量的机器类型设备与基站形成巨连接，给传统使用正交多址方案的网络带来巨大挑战。为了满足未来通信系统对巨连接、高频谱效率及高能量效率的需求，非正交多址接入（Non-orthogonal Multiple Access，NOMA）通过在用户间分配非正交资源以同时服务更多用户，同时提高频谱效率和能量效率。分配非正交资源的多址方式会造成用户间干扰，因此接收端需要设计能够消除用户间干扰的接收机，故 NOMA 的主要思想在于引入可接受的用户间干扰，以接收机的复杂度增加换取网络能够容纳用户数量的增加。

　　本章从正交多址接入和非正交多址接入的设计原则出发，通过分析两种多址方式的异同米说明非正交多址接入技术在未来 5G 无线通信系统中的优越性，并介绍几种近年来具有较大竞争力的非正交多址接入方案[1]。这里主要将非正交多址接入分为两大类：功率域 NOMA 和码域 NOMA。功率域 NOMA 利用远近效应，给不同用户分配不同的功率，并借助连续干扰消除技术（Successive Interference Cancellation，SIC）来消除用户间干扰。码域 NOMA 利用扩频序列在码域对不同用户的信号加以区分。此外，本章还将分析未来蜂窝网络中关于 NOMA 的机遇、挑战以及进一步的研究趋势。

4.1　OMA 与 NOMA 概述

　　通信信道由多个维度组成，常见的如时域、频域、码域等，我们将这些维度称为信道资源。多址接入技术是将信道的这些资源进行划分，形成不同的子信道，再分配给不同的用户。正交多址接入的主要思想是在时域、频域、码域或者它们结合形成的资源域中将这些资源分割为相互正交的用户子信道，因此在理想信道下，不同用户的信号可以被天然地分开而互不干扰。

　　频分多址是第一代蜂窝网络系统所采用的多址技术。由于 1G 以语音业务为主，信道的带宽资源要远大于传送一路语音信号所需要的带宽，因此频分多址在频域将固定带宽的频谱资源分割成多个等间隔的子信道，再分配给不同的用户使用，如图 4.1 所示。这些频域子信道相互不交叠，其带宽能够支持一个用户的通信，而相邻的子信道间无明显串扰。在此基础上，不同用户的信号在时域上相互混叠，而在频域上自然地分开，接收机根据不同用户载波频率的不同能轻易地将其区分。每个用户的子信道由基站临时分配，为该用户专用，当通信结束时，用户退出所占的信道，基站可以将其分配给其他用户，故 FDMA 可以提高频带利用率。

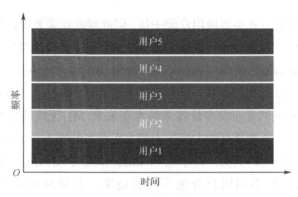

图 4.1　频分多址

在 2G 系统中，为了进一步提高频带利用率和系统能够容纳的用户数量，在固定频率的载波上，时分多址技术将时域资源分割成不同的帧，而每一帧又分割成不同的时隙，根据基站调度将不同时隙分配给不同的用户传输信号，如图 4.2 所示。在满足定时和同步的基础上，接收机在指定的时隙内接收信号，可以实现不同用户的信号互不干扰。

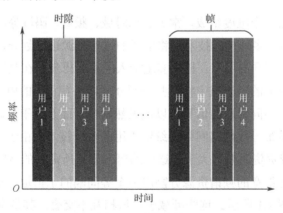

图 4.2　时分多址

第三代蜂窝网络系统中的码分多址是基于扩频通信发展起来的一种多址接入技术。扩频通信的主要思想是利用带宽远大于信号带宽的高速扩频码对原始信号进行调制，得到扩频信号，再经载波调制进行发射。接收机利用完全相同的扩频码与接收的宽带扩频信号进行相关，得到解扩之后的窄带信号，若使用不同的扩频码进行相关，则无法解扩。因此，CDMA 通过给不同用户分配不同的扩频码进行通信，使不同用户可以共用时域和频域资源，而在码域中可以区分开来，如图 4.3 所示，即接收机可以利用相关器选出其中使用预定扩频码的信号。相比于 FDMA 和 TDMA，CDMA 由于共用时频资源可以获得更高的频带利用率和系统用户容量，同时还具有高保密性和高抗干扰能力等优点。

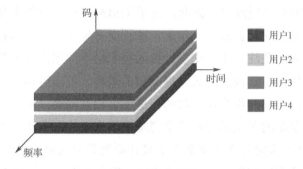

图 4.3　码分多址

正交频分复用传输技术是第四代移动通信系统的关键技术，其多址接入方案也与该技术密不可分。4G-LTE 系统中，下行多址接入采用 OFDMA，而单载波 FDMA 则作为上行多址接入技术，二者均是基于 OFDM 的多址方法。在 OFDM 的基础上，OFDMA 在时域和频域将信道划分成多个不同的时频资源块，不同用户采用不同的时频资源块进行通信，如图 4.4 所示。

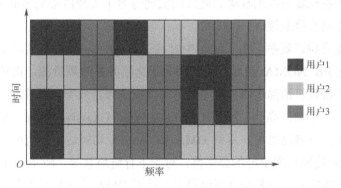

图 4.4　正交频分多址

综上所述，正交多址接入技术将信道资源分割成正交的资源块，每个用户使用特定的资源块进行通信，不同用户通过资源的正交复用提高频带利用率和系统所能承载用户的数量。但是，在理论上，OMA 这种简单的正交资源复用无法保证系统能够达到多用户无线通信系统的最大和速率，同时能够承载的用户数量受限于信道正交资源的数量。在实际通信系统中，该资源数量是有限的。随着视频流、社交网络等应用的快速发展，需要解决数据流量爆增所带来的问题，如何进一步提高频谱效率是 5G 面临的一项重大挑战。而且新兴物联网场景对 5G 网络提出新的要求，基站需要与海量用户设备之间形成超可靠低时延的巨连接。因此，基于 OMA 设计原则的多址方式将难以满足未来通信系统的新需求。近年来，非正交多址作为一种新颖的多址接入方式引起了极大的关注。非正交多址接入技术给不同用户分配非正交资源，以不同用户共用信道资源的方式来提高频谱效率、信道容量和系统容纳的用户数量。然而，不同的用户在公共的信道上会相互混叠，造成用户间干扰，接收机须根据复杂的干扰消除技术来消除多用户干扰，分离出不同用户的信号。因此，非正交多址接入方案的主要设计原则是引入可接受的用户间干扰，以接收机的复杂度增加换取增益。具体地，相比于正交多址接入，NOMA 具有以下四大优势：

（1）支持巨址通信。NOMA 中非正交信道资源的分配意味着系统可承载的用户数量不再受限于正交信道资源的数量。因此，NOMA 有希望成为 5G 系统中支持海量用户实现巨址通信的多址接入技术。但是，用户数量越多，意味着用户间的干扰越严重，接收机就需要更复杂的干扰消除设计。因此，系统用户容量、接收机复杂度的权衡、硬件的实现等对于支持巨址通信的 NOMA 来说依然十分具有挑战性。

（2）提升频谱效率。由文献[2]中对基于 OMA 和 NOMA 的多用户系统的容量分析可知，NOMA 通过多用户间非正交地共享时频资源，再利用基于多用户检测的接收机消除多用户间干扰，可以提高频谱效率，同时保证不同用户间的公平性。在加性高斯白噪声（Additive White Gaussian Noise，AWGN）信道中，对于上行链路系统，尽管 OMA 和 NOMA 均能达到系统最大和速率，但是 NOMA 能够实现更好的公平性；对于下行链路系统，NOMA 的容量界高于 OMA 的容量界。在多径衰落信道中，尽管 OMA 能达到最大和速率，但是基于多用户检测的 NOMA 优于 OMA。这是因为多径衰落信道存在符号间干扰，当信道状态信息仅对接收机已知而对发射机未知时，发射端无法采取有效措施避免这种干扰，而简单设计的接收机也无法消除该种干扰，从而导致性能下降。因此，虽然 NOMA 引入了用户间干扰，但是非正交的资源复用和接收机的干扰消除技术可以提高频谱效率并保证可靠的多用户信号分离。

（3）较低的接入时延和信令开销。在 4G 及以前的通信系统中，OMA 利用基于授权的多址接入协议来调度可利用的信道资源，典型的如 4G-LTE 系统中物理随机接入信道（Physical Random Access Channel，PRACH）协议，分为无竞争多址接入和竞争多址接入。在无竞争多址接入中，基站分配给每个用户特定的多址导频，以便于基站区分不同的用户；当用户需要接入网络时向基站发送该导频，基站收到后对其做出回应并分配正交资源。而在竞争多址接入中，活跃用户从事先定义好的多址导频集合中选取导频并发送，当两个用户选取相同导频时，需要额外的请求冲突处理。这种接入流程无疑会导致较大的接入时延和信令开销，尤其在 5G 的巨址通信中，接入时延将大到难以承受。在巨址通信中，用户数量庞大，这种竞争资源的多址接入方式会出现严重的接入请求冲突，基站需要复杂的请求冲突处理，从而导致大量用户无法快速地接入网络。相比之下，基于免授权多址接入协议的 NOMA 可以规避此类问题，如上行多址接入，当用户需要接入网络时，直接向基站发送多址导频和数据，而不需要经过基站的授权，根据接收到的导频信号，基站进行多用户检测和信道估计，再根据接收的数据信号实现数据恢复。这种免授权的方式可以极大地降低接入时延和信令开销，但是以接收机的复杂度增加为代价，因为接收机需要根据接收信号同时实现活跃用户检测和用户间干扰消除，这也是支持巨址通信的 NOMA 的另一大挑战。

（4）非实时的信道反馈。功率域 NOMA 利用远近效应给不同的用户分配不同的功率，信道状态信息（Channel State Information，CSI）的反馈仅用于功率分配。当用户固定或者移动速度较慢时，不需要实时地给基站反馈 CSI，过期或者不准确的 CSI 依然能够保证系统获得较好的性能。

基于上述优势，NOMA 在未来无线通信系统中是一项拥有巨大潜力的多址接入方案。下面介绍几种近年来具有较大竞争力的非正交多址接入方案。这里主要将非正交多址接入分为两大类：功率域 NOMA 和码域 NOMA。

4.2　功率域 NOMA

与前面所述的基于时域、频域、码域及它们结合的资源域设计的正交多址接入方案不同，我们可以在新提出的功率域中设计非正交多址接入，即功率域

NOMA。在功率域 NOMA 中，不同用户的信号经过传统的信道编码与调制之后，根据不同的信道条件和远近效应采用不同的功率并使用相同的时频资源发送出去，接收机利用多用户检测算法，如 SIC，实现多用户信号检测。因此，相比于传统 OMA，功率域 NOMA 能够以提高接收机复杂度为代价提升频谱效率。同时，根据信息论，这种非正交复用信道资源使信号相互混叠，接收机利用 SIC 消除干扰的设计方法不仅优于传统的正交资源复用，而且从下行广播信道达到容量上界的角度来说是最优的。下面我们介绍几种主要的功率域 NOMA 方案的设计原则。

4.2.1 基于 SIC 接收机的标准功率域 NOMA

我们考虑一个典型的多址接入场景，小区内配备一个基站同时服务 K 个用户，基站和用户均使用单天线。不失一般性，我们以下行链路系统为例，详细阐述该系统中关于功率域 NOMA 的设计，该方案同样适用于上行链路系统。在下行链路系统中，基站使用传统的方法对要发送给不同用户的信号进行信道编码和调制，得到待发送信号，然后根据不同用户信道的条件，给不同用户分配不同的功率，再使用相同的时频资源发送出去。定义基站用于发送所有用户信号的功率为 P，发送第 k 个用户信号的功率为 p_k，那么，基站发送的信号可以表示为

$$x = \sum_{k=1}^{K} \sqrt{p_k} x_k \tag{4-1}$$

其中，x_k 是第 k 个用户的归一化发送信号，即 $\mathbb{E}[|x_k|^2] = 1$，$\forall k$，因此，$P = \sum_{k=1}^{K} p_k$。

这里不同用户的发送功率是根据用户与基站的距离来确定的。基站根据用户反馈的信道条件，确定用户和基站的相对距离，距离远的用户采用较大的发送功率发送，距离近的用户采用较小的发送功率发送。因为基站只需要粗略知道用户与基站的距离，故不需要反馈准确实时的信道状态信息。对于上述过程的一个直观的解释是：在基站发射端，基站通过对不同用户信号进行功率加权叠加来平衡所有用户的和速率和不同用户速率的公平性，使整个系统可以获得较大的吞吐率，同时保证每个用户都工作在相对理想的性能和相对公平的速率。在接收端，第 i 个用户接收到的信号可以表示为

$$y_i = h_i x + n_i \tag{4-2}$$

其中，h_i 表示第 i 个用户和基站之间的信道增益，n_i 是高斯白噪声和小区内干扰的叠加形成的噪声项，功率谱密度为 N_i。

由式（4-2）可知，下行链路每个用户接收到的信号是所有用户信号的混叠，接收机需要从混叠的信号中恢复出目标信号。这里我们使用 SIC 来实现多用户信号检测。对于特定的用户来说，SIC 的基本思想是先检测发送功率比该用户发送功率高的信号，并将该信号从接收信号中减去，消除用户间干扰；而对于发送功率比该用户发送功率低的信号，则视为普通干扰。具体地，在基站端，基站根据归一化信道增益 $|h_i|^2/N_i$ 来给不同用户分配发送功率，即给归一化信道增益高（距离基站近）的用户分配较低发送功率，而给归一化信道增益低（距离基站远）的用户分配较高的发送功率。更直观的解释是，给信道归一化增益低的用户分配更多的发送功率来提高其接收信号干扰噪声比（Signal to Interference plus Noise Ratio，SINR），从而保证该用户可以获得可靠的信号检测性能。在此基础上，对于归一化信道增益最大的用户来说，该用户所接收到来自其他用户的信号比目标信号的强度强，因而其他用户的信号均可以被检测出来，从而消除所有其他用户对该用户的干扰。由于所有用户的干扰均可以被消除，该用户所受到的干扰是最小的。对于归一化信道增益最小的用户来说，所有其他用户的干扰均被当成普通干扰，而没有进行任何干扰消除，所受的用户间干扰最严重。为了更加详细地阐述，我们不失一般性地假设 $|h_1|^2/N_1 \geqslant |h_2|^2/N_2 \geqslant \cdots \geqslant |h_K|^2/N_K$，那么，基站给不同用户分配的功率为 $p_1 \leqslant p_2 \leqslant \cdots \leqslant p_K$。则对于用户 1 来说，SIC 的顺序是，先检测发送功率最大的用户信号而把其他用户信号视为普通干扰，即

$$
\begin{aligned}
y_1 &= h_1\sqrt{p_K}x_K + h_1\sum_{k=1}^{K-1}\sqrt{p_k}x_k + n_1 \\
&= h_1\sqrt{p_K}x_K + \tilde{n}_1
\end{aligned}
\tag{4-3}
$$

其中，$\tilde{n}_1 = h_1\sum_{k=1}^{K-1}\sqrt{p_k}x_k + n_1$；基于式（4-3），检测得到第 K 个用户发送的信号 $\hat{x}_K$ 之后，将该用户信号从接收信号 y_1 中移除，即 $r = y_1 - h_1\sqrt{p_K}\hat{x}_K$，至此，用户 1 消除了第 K 个用户的干扰；之后，用户 1 基于以下模型进行第 $(K-1)$ 个用户的信号检测

$$r = h_1\sqrt{p_{K-1}}x_{K-1} + h_1\sqrt{p_K}(x_K - \hat{x}_K) + h_1\sum_{k=1}^{K-2}\sqrt{p_k}x_k + n_1 \qquad (4\text{-}4)$$

$$= h_1\sqrt{p_{K-1}}x_{K-1} + \overline{n}_1$$

其中，$\overline{n}_1 = h_1\sqrt{p_K}(x_K - \hat{x}_K) + h_1\sum_{k=1}^{K-2}\sqrt{p_k}x_k + n_1$，并从接收信号残差中移除接收到的第 $(K-1)$ 个用户的信号；将上述步骤重复执行，直到消除所有接收到的后 $(K-1)$ 个用户的干扰信号，那么用户 1 就可以顺利检测出目标信号 x_1。对于用户 K 来说，因为前 $(K-1)$ 个用户的发送功率都比目标信号的功率小，而且 $|h_K|^2/N_K$ 很小，因此用户 K 接收到的前 $(K-1)$ 个用户信号的强度要远小于目标信号的强度，可以将这些用户的信号视为干扰，直接检测目标信号，具体如下

$$y_K = h_K\sqrt{p_K}x_K + h_K\sum_{k=1}^{K-1}\sqrt{p_k}x_k + n_K \qquad (4\text{-}5)$$

$$= h_K\sqrt{p_K}x_K + \tilde{n}_K$$

其中，$\tilde{n}_K = h_K\sum_{k=1}^{K-1}\sqrt{p_k}x_k + n_K$。

为了举例说明上述的功率域 NOMA 和 SIC 过程，我们考虑两个用户的多址接入场景，如图 4.5 所示。这里用户 1 离基站近而用户 2 远离基站，因而 $|h_1|^2/N_1 > |h_2|^2/N_2$，$p_1 < p_2$。对于用户 1，接收到的用户 2 的信号强度要远大于目标信号的强度，因此可以先可靠地检测出用户 2 的信号而把目标信号当成干扰，然后减去发送给用户 2 的等效接收信号，在此基础上，用户 1 便能在没有干扰的情况下实现对目标信号的检测。对于用户 2，把接收到的用户 1 的信号当作干扰，直接进行目标信号的检测。

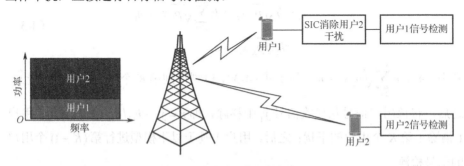

图 4.5　功率域 NOMA 和 SIC

两个用户的传输速率可以分别表示为

$$R_1 = W \log \left(1 + \frac{p_1 |h_1|^2}{N_1 W} \right) \tag{4-6}$$

$$R_2 = W \log \left(1 + \frac{p_2 |h_2|^2}{p_1 |h_1|^2 + N_1 W} \right) \tag{4-7}$$

因此，基站可以通过功率分配系数调整不同用户的速率，在提高频谱效率的同时兼顾不同用户间的公平性。由于功率域 NOMA 是基于用户和基站之间天然的远近效应设计的，因此在该方案的设计原则下，能够给远离基站的用户分配较高的发射功率，提高了小区边缘用户的速率。

对于上行链路的多址接入场景，基站端接收到的多用户信号为

$$y = \sum_{k=1}^{K} h_k \sqrt{p_k} x_k + n \tag{4-8}$$

其中，p_k 和 x_k 分别是第 k 个用户的发射功率和归一化发射信号，而 n 表示基站端的 AWGN 和小区内干扰，其功率谱密度为 N_0。同样地，基站端采用 SIC 进行可靠的多用户信号检测。不失一般性，这里我们假设 $p_1 |h_1|^2 \geq p_2 |h_2|^2 \geq \cdots \geq p_K |h_K|^2$，那么对应的 SIC 最优的检测顺序为 $x_1, x_2, \cdots, x_K$。在基站检测第 i 个用户的信号之前，首先检测前 $(i-1)$ 个用户的信号，并从基站观测值 y 中移除这 $(i-1)$ 个用户所对应的接收信号；同时，后 $(K-i)$ 个用户的信号被当成干扰合并到噪声干扰项中。在此基础上，第 i 个用户所能达到的数据速率为

$$R_i = W \log \left(1 + \frac{p_i |h_i|^2}{N_0 W + \sum_{j=i+1}^{K} p_j |h_j|^2} \right) \tag{4-9}$$

文献[1]通过仿真指出，在 AWGN 信道中，无论上、下行链路系统，上述功率域 NOMA 方案都能达到更高的最大和速率，同时，这种 NOMA 方案在频谱效率和用户效率公平性之间有更好的权衡。当基站同时服务的用户数量过大时，SIC 会引入错误传播。在没有预防措施的情况下，这种错误传播可能会导致严重的用户信号检测错误。因此，有很多学者提出相应的用户分组、功率分配和强大的信道编码等方案来对抗错误传播，降低信号检测错误概率。实际上，文献[2]指出经过信道编码等措施，即使在最差的情况下，错误传播对 NOMA 性能也只有适度的影响。

4.2.2 基于 MIMO 技术的功率域 NOMA

基于 SIC 接收机的功率域 NOMA 能够在一定程度上提高系统的频谱效率，但是依然无法满足未来蜂窝网络系统中承载海量业务流量的需求。通过利用空间域增加的自由度，多输入多输出（Multiple Input Multiple Output，MIMO）技术能够大幅度地提高频谱效率和能量效率。因此，在未来的无线通信系统中，可以考虑将功率域 NOMA 和先进的 MIMO 技术结合，以进一步提高频谱效率。

我们考虑 MIMO 系统下行链路中的多址接入场景，小区中配备 N_{BS} 根天线的基站同时服务 K 个用户，基站可以通过波束赋形产生多个波束对空间域资源进行分割，每个波束同时服务小区中的多个用户。MIMO 系统中的功率域 NOMA 如图 4.6 所示，对于同一个波束服务的多个用户，基站根据远近效应给不同用户分配不同发射功率，并使用相同的时频资源发送，即同一个波束内的多址接入使用功率域 NOMA。因此，波束内的多个用户的信号相互混叠，称为波束内干扰。而不同波束内的用户通过空间资源复用，利用波束分开。值得注意的是，不同波束之间的能量互有泄漏，造成不同波束间的用户互相干扰，我们称为波束间干扰。在此基础上，基于 MIMO 系统的 NOMA 可以进一步提高系统能够承载的用户数量。

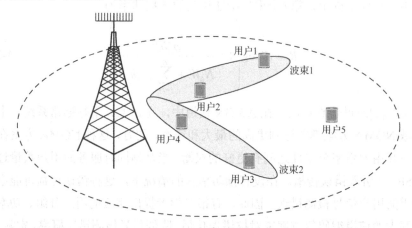

图 4.6 MIMO 系统中的功率域 NOMA

定义基站产生的波束数量为 B，第 b 个波束的波束赋形矢量为 $\boldsymbol{m}_b$。同时，假设第 b 个波束同时服务的用户数量为 K_b，第 b 个波束内发送给第 k 个用户的信号为 $x_{b,k}$，对应的发射功率为 $p_{b,k}$。那么，基站所有天线发送的所有用户

信号为

$$x_0 = \sum_{b=1}^{B} \boldsymbol{m}_b \sum_{k=1}^{K_b} \sqrt{p_{b,k}}\, x_{b,k} \tag{4-10}$$

进一步考虑用户配备 N_{MS} 根天线，那么第 b 个波束内第 k 个用户的所有天线接收到的信号为

$$\boldsymbol{y}_{b,k} = \boldsymbol{H}_{b,k} \boldsymbol{x}_0 + \boldsymbol{n}_{b,k} \tag{4-11}$$

其中，$\boldsymbol{H}_{b,k} \in \mathbb{C}^{N_{\text{MS}} \times N_{\text{BS}}}$ 表示该用户和基站之间的 MIMO 信道矩阵，$\boldsymbol{n}_{b,k}$ 包含 AWGN 和小区内的其他干扰。

在接收端，各用户接收机通过两种干扰消除方法分别消除波束间干扰和波束内干扰。对于波束间干扰，可以通过简单的空间滤波器得到抑制。假设第 b 个波束内第 k 个用户的空间滤波器系统脉冲响应为 $\boldsymbol{f}_{b,k}^{\text{H}}$，那么经过空间滤波之后的接收信号 $z_{b,k}$ 可以表示为

$$\begin{aligned} z_{b,k} &= \boldsymbol{f}_{b,k}^{\text{H}} \boldsymbol{y}_{b,k} \\ &= \boldsymbol{f}_{b,k}^{\text{H}} \boldsymbol{H}_{b,k} \boldsymbol{m}_b \sum_{i=1}^{K_b} \sqrt{p_{b,i}}\, x_{b,i} + \\ &\quad \boldsymbol{f}_{b,k}^{\text{H}} \boldsymbol{H}_{b,k} \sum_{c=1, c \neq b}^{B} \boldsymbol{m}_c \sum_{i=1}^{K_c} \sqrt{p_{c,i}}\, x_{c,i} + \boldsymbol{f}_{b,k}^{\text{H}} \boldsymbol{n}_{b,k} \\ &= a_{b,k} \sum_{i=1}^{K_b} \sqrt{p_{b,i}}\, x_{b,i} + \tilde{n}_{b,k} \end{aligned} \tag{4-12}$$

其中，$a_{b,k} = \boldsymbol{f}_{b,k}^{\text{H}} \boldsymbol{H}_{b,k} \boldsymbol{m}_b$，$\tilde{n}_{b,k} = \boldsymbol{f}_{b,k}^{\text{H}} \boldsymbol{H}_{b,k} \sum_{c=1, c \neq b}^{B} \boldsymbol{m}_c \sum_{i=1}^{K_c} \sqrt{p_{c,i}}\, x_{c,i} + \boldsymbol{f}_{b,k}^{\text{H}} \boldsymbol{n}_{b,k}$。因此，经过空间滤波后可以将不同波束间的干扰压缩，使来自别的波束的信号相对于目标波束信号可以视为普通干扰。对于波束内干扰，式（4-12）与我们前面所述基于 SIC 接收机的功率域 NOMA 完全相同，可以利用 SIC 消除同一波束内不同用户之间的干扰。因此，对于 MIMO 系统中的功率域 NOMA，要保证波束间的干扰尽可能消除，需要合理设计波束赋形矢量和空间滤波器，使干扰项 $\tilde{n}_{b,k}$ 对目标波束信号的污染尽可能小。在 CSI 完全已知的情况下，波束赋形矢量和空间滤波器的优化问题可以建模成最大化和速率问题，而在 CSI 不完全已知的情况下，该优化问题可以等价为最小化最大中断概率问题。

4.2.3　多用户协作的功率域 NOMA

在 4.2.1 节所述的标准功率域 NOMA 的基础上，文献[3]提出了一种多用户协作的多址接入方案。该方案与前面所述方案相似，给不同用户分配不同的发

射功率并共用时频资源发送，接收机采用 SIC 消除多用户干扰。最主要的区别在于，信道条件较好的用户可以被当作中继来提高信道条件较差的用户的信号检测性能，即用户之间互相协作。用户之间的短距离通信采用蓝牙或者超宽带（Ultra Wide Band，UWB）技术。为了详细阐述，我们考虑小区内一个基站同时服务 K 个用户，多址接入方式采用功率域 NOMA。同时假设用户按信道条件排序，用户 K 具有最好的信道条件，用户 1 的信道条件最差。多用户协作的功率域 NOMA 包含以下两个阶段。

第一阶段为广播阶段，基站基于标准功率域 NOMA 的原则下行广播发送所有用户的信号。在用户端，接收机采用 SIC 消除多用户干扰。由于信道条件较好的用户可以检测出所有信道条件比它差的用户所对应的信号，因此可以用检测出来的信号来提升其他信道比较差的用户的信号检测性能。

第二阶段为协作传输阶段，在该阶段，互相协作的用户通过短距离通信信道直接进行用户间通信。具体地，第二阶段包含 $(K-1)$ 个时隙。根据标准的功率域 NOMA，第 K 个用户可以检测所有信道条件比它差的用户的信号，因此可以获得其他 $(K-1)$ 个用户的混叠信号。在第一个时隙，第 K 个用户向其他用户广播其他 $(K-1)$ 个用户的混叠信号，然后这 $(K-1)$ 个用户重新执行 SIC 流程。第 $(K-1)$ 个用户使用最大比合并（Maximum Ratio Combination，MRC）合并两个阶段接收到的信号；在此基础上，相比于传统的 SIC，该用户可以以更高的 SINR 检测出目标信号和剩余 $(K-2)$ 个用户的信号。类似地，在第 k 个时隙，第 $(K-k+1)$ 个用户广播剩余信道条件比它差的 $(K-k)$ 个用户的混叠信号，剩余的 $(K-k)$ 个用户重新执行 SIC 流程，则第 $(K-k)$ 个用户可以以更高的 SINR 检测出目标信号和剩余用户信号。基于上述流程，在协作过程中，信道条件较差的用户的 SINR 不断提高，有助于提高信号检测的可靠性。值得注意的是，上述协作过程需要额外的通信资源进行用户间直接通信，同时随着小区用户数量上升，所需要的协作时隙开销和复杂度大幅上升。因此，需要权衡考虑多用户协作方式所带来的增益，以及产生的通信资源、时隙、接收机复杂度等开销。一种简单的解决方案是降低协作的用户数量，小区内只有部分用户相互协作。

4.2.4 多点协作的功率域 NOMA

上述所有 NOMA 方案均考虑单小区场景，对于实际多小区的蜂窝网络系统，直接应用上述 NOMA 会导致严重的小区间干扰。为解决此类问题，多点协作的功率域 NOMA 应运而生，如图 4.7 所示。在多小区 MIMO 系统中的多址接入场景中，相邻的两个小区各配备一个基站，基站 1 服务用户 1 和用户 2，而基站 2 服务用户 3 和用户 4。在通信过程中，位于小区边缘的用户 1 会受到基站 2 发送给用户 3 的信号的干扰（同理，用户 3 也会受到基站 1 的干扰），这种干扰会降低小区边缘用户的传输质量。

在多小区多址接入场景中，为了缓解下行链路小区间干扰，可以使用多小区联合预编码，但是需要所有基站首先获得多个小区内所有用户的数据和 CSI。同时，在该场景下设计最优的预编码器也十分具有挑战性[3~6]。通过利用不同小区内不同用户信道冲激响应的差异性，文献[4]中提出一种低复杂度的多小区联合预编码方案，该方案只针对小区边缘的用户。除此之外，文献[6]提供了关于多小区干扰消除技术的最新研究成果综述，包括基于多小区联合处理的 NOMA 和多点协作联合预编码（调度）NOMA；同时，该文献总结了多小区 NOMA 在实际蜂窝网络系统中应用的关键技术和主要挑战，包括 SIC 在实际系统中的实现，不完美 CSI 的影响以及多用户功率分配等。

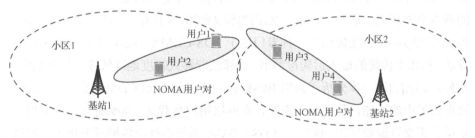

图 4.7　多点协作的功率域 NOMA

4.3　码域 NOMA

功率域 NOMA 通过功率域的资源复用实现非正交多址接入。本节我们介绍另一类主要的 NOMA 技术，即码域 NOMA。码域 NOMA 通过码域的资源复用实现非正交多址接入，主要思想来自传统的 CDMA 系统，小区内多个用户共享时频资源，但是采用不同的扩频序列。同时，码域 NOMA 与 CDMA 最主要的区别在于，CDMA 中的扩频序列是致密的，而码域 NOMA 中的扩频序列是稀疏序列或者非正交低互相关序列。在此基础上，接收机可以使用复杂度远低于传统最大后验检测器的多用户检测算法实现信号检测。我们首先介绍基于低密度扩频（Low Density Spreading，LDS）的标准码域 NOMA 方案，即 LDS-CDMA。在此基础上，进一步介绍 LDS 辅助的多载波 OFDM 系统，即 LDS-OFDM，该系统能够利用 OFDM 宽带多载波传输技术抑制信道色散造成的符号间干扰，同时又能获得 LDS-CDMA 的诸多优势。此外，基于 LDS-CDMA 的扩展，我们还将介绍另外一种重要的码域非正交多址方案，即稀疏码多址接入（Sparse Code Multiple Access，SCMA）。该方案的接收机同样可以使用低复杂度的多用户信号检测算法，同时还能获得比 LDS-CDMA 更好的性能。

4.3.1 基于 LDS 的 CDMA 系统

LDS-CDMA 基于传统 CDMA 系统的设计原则，采用低密度的扩频序列（即扩频序列是稀疏序列），使扩频码的每一个码片中相互混叠的用户信号数量是有限的。传统的 CDMA 系统使用致密的扩频序列，因此扩频码每个码片上的信号是所有用户对应码片信号的混叠。文献[7]到文献[9]详细介绍了 LDS-CDMA 的基本原理和设计规则，其中，文献[7]和文献[8]基于消息传递算法（Message Passing Algorithm）还提出了一种专门用于 LDS-CDMA 的迭代多用户信号检测算法，相比于传统的最大后验检测器，该算法能够大幅度地降低接收机复杂度。此外，文献[7]进一步分析了采用 BPSK 调制方式的 LDS-CDMA 系统在无记忆高斯信道中的性能，仿真结果表明，在网络用户负载达 200%时（小区中用户数量达正交资源数量的 200%），LDS-CDMA 系统的性能能够逼近单用户网络的性能。然而，对于 LDS-CDMA 在多径衰落信道中性能的分析仍然是一个开放性问题，因为在该信道中原始的稀疏扩频结构被破坏了。另外，针对 LDS-CDMA 系统，文献[9]提出了一种设计 LDS 码的结构化方案，主要思想是将信号星座符号映射到由扩频序列组成的扩频矩阵当中。除了上述问题，关于 LDS-CDMA 的容量分析也是实际系统实现过程中人们比较关心的一件事，文献[10]利用信息论针对该问题进行分析，结果表明系统能够达到的容量取决于扩频序列的稀疏因子和每个码片中信号混叠的用户数量，该结果对于实际 LDS-CDMA 系统的设计具有理论指导意义。

考虑一个典型的 CDMA 上行链路系统中的多址接入场景，小区中的一个

基站同时服务 K 个用户，同时假设该系统是同步的并且扩频序列的长度为 N_c，即扩频码有 N_c 个码片。用户 k 通过具体的调制方式将信息比特序列映射到星座符号得到发送信号 x_k，再将该信号与扩频序列 $s_k \in \mathbb{C}^{N_c \times 1}$ 相乘进行扩频调制。扩频序列是一系列高码速率的窄脉冲序列，如实际通信系统中广泛使用的伪随机噪声序列（Pseudorandom Noise，PN）。该序列对于每个用户是特有的，用于接收机解扩分离出不同用户的信号。在基站端，所接收到的第 n 个码片的信号可以表示为

$$y_n = \sum_{k=1}^{K} g_{n,k} s_{n,k} x_k + w_n \tag{4-13}$$

其中，$s_{n,k}$ 为扩频序列的第 n 个元素，$g_{n,k}$ 是用户 k 和基站之间第 n 个码片对应的信道增益，w_n 是功率为 σ^2 的复高斯白噪声。同时考虑所有 N_c 个码片所对应的接收信号，基站端接收到的信号矢量 $y = [y_1, y_2, \cdots, y_{N_c}]^T$ 为

$$y = Hx + w \tag{4-14}$$

其中，$x = [x_1, x_2, \cdots, x_K]^T$，$H \in \mathbb{C}^{N_c \times K}$ 是对应的信道响应矩阵，其第 n 行第 k 列的信道元素 $h_{n,k}$ 为 $g_{n,k} s_{n,k}$，而 $w = [w_1, w_2, \cdots, w_{N_c}]^T$ 并且 $w \sim \mathcal{CN}(0, \sigma^2 I)$。

在传统的 CDMA 系统中，扩频序列是非稀疏的，即 s_k 的所有元素都是非零的，因此，在每一个码片中，基站端接收到的信号是所有用户在该码片上的信号混叠，每一个用户的信号都存在来自其他用户的信号干扰。如果不同用户的扩频序列是正交的，那么这种干扰很容易被消除，所有用户的信号都可以通过低复杂度的相关接收机被准确地检测出来。但是，通过给不同用户分配正交的扩频序列，系统能够承载的用户数量受限于扩频序列的长度，即最多只能同时服务 N_c 个用户。相比之下，目前实际系统中广泛使用的 PN 序列集合的数量远大于序列长度 N_c，但是因为这些序列不再相互正交，即使在非色散信道当中，也会引入不易消除的用户间干扰，需要更加复杂的接收机来实现多用户信号检测。为了使系统能够承载更多的用户，同时减少每个码片上的用户间干扰以降低接收机复杂度，LDS-CDMA 采用稀疏的扩频序列来代替传统 CDMA 中致密的扩频序列。在此基础上，因为序列中非零元素的个数要远小于扩频序列长度，在每个码片上信号相互混叠的用户数量大幅减少，意味着每个码片上用户间干扰的降低。通过给用户分配非正交扩频序列以容纳更多用户，同时采用稀疏扩频序列缓解每个码片上的用户间干扰来降低接收机复杂度，是 LDS-CDMA 与传统 CDMA 系统的主要区别。

在 LDS-CDMA 系统中，所有用户的信号经过稀疏扩频调制后，都得到一个高速的扩频码。因为扩频之后的码字也是稀疏的，每个用户的信号只分散到了有限的码片当中。LDS-CDMA 系统的因子图示例如图 4.8 所示。

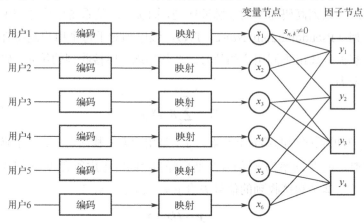

图 4.8　LDS-CDMA 系统的因子图示例：

6 个用户采用长度为 4 的稀疏扩频序列进行扩频调制

基站在第 n 个码片内的接收信号为

$$
\begin{aligned}
y_n &= \sum_{k \in N(n)} g_{n,k} s_{n,k} x_k + w_n \\
&= \sum_{k \in N(n)} h_{n,k} x_k + w_n
\end{aligned}
\tag{4-15}
$$

其中，$N(n)$ 代表扩频码在第 n 个码片非零的用户集合，即 $N(n) = \{k | s_{n,k} \neq 0\}$。

接收机采用消息传递算法实现多用户信号检测。给定关于变量 x_1，$x_2, \cdots, x_E$ 的联合概率分布 $p(x_1$，$x_2, \cdots, x_E)$，消息传递算法能够计算每个变量节点的边缘概率分布

$$
p(x_e) = \sum_{\sim \{x_e\}} p(x_1，x_2, \cdots, x_E)
\tag{4-16}
$$

这里 $\sim \{x_e\}$ 代表除了 x_e 外的所有变量。我们假设上述的联合概率分布可以分解为多个非负函数的乘积

$$
p(x_1，x_2, \cdots, x_E) = \frac{1}{Z} \prod_{d=1}^{D} f_d(X_d)
\tag{4-17}
$$

其中，Z 是归一化常数因子，X_d 是所有变量集合 $\{x_1, x_2, \cdots, x_E\}$ 的子集，$f_1(X_1)$，$f_2(X_2), \cdots, f_D(X_D)$ 是非负函数，值得注意的是，该函数不一定是概率密度函数。若一个概率密度函数可以分解为如式（4-17）所示的乘积形式，则可以将其转

换为因子图形式，并且为二分图，如图 4.9 所示。

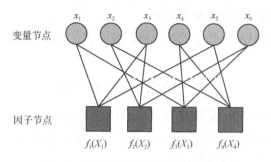

图 4.9　消息传递算法的因子图表示

其中，圆圈代表与变量 $\{x_1, x_2, \cdots, x_E\}$ 相对应的变量节点，方框代表与函数 $f_1(X_1), f_2(X_2), \cdots, f_D(X_D)$ 相对应的因子节点。当且仅当 $x_e \in X_e$ 时，变量节点 x_e 和因子节点 $f_d(X_d)$ 通过一条边连接。当一个问题可以利用因子图进行标识时，将该因子图作为消息传递算法的输入，通过迭代计算因子图中消息，可以获得每个变量节点的边缘概率分布。具体地，在因子图中，变量节点和因子节点通过边连接，消息依靠边在变量节点和因子节点之间迭代地互相传递，在此基础上，任意一个变量节点 x_e 的边缘概率分布可以认为是该变量节点接收到的所有消息函数的乘积。消息传递算法主要由以下两个迭代步骤组成

$$m_{e \to d}^{t+1}(x_e) \propto \prod_{j \in N(e) \setminus d} m_{j \to e}^t(x_e) \qquad (4\text{-}18)$$

$$m_{d \to e}^t(x_e) \propto \sum_{\{i \in N(d) \setminus e\}} f_d(X_d) \prod_{i \in N(d) \setminus e} m_{i \to d}^t(x_i) \qquad (4\text{-}19)$$

其中，$m_{e \to d}^{t+1}$ 是变量节点 x_e 传递到因子节点 $f_d(X_d)$ 的消息，同理，$m_{d \to e}^t$ 是因子节点 $f_d(X_d)$ 传递到变量节点 x_e 的消息；$N(d) \setminus e$ 是除了 x_e 外所有与因子节点 $f_d(X_d)$ 有关联的变量节点，$N(e) \setminus d$ 是除了 $f_d(X_d)$ 外所有与变量节点 x_e 相关联的因子节点。当消息传递算法收敛或达到最大迭代次数后（假设为第 T 次迭代），则每个变量节点对应的边缘概率分布可以表示为

$$p(x_e) \propto \prod_{d \in N(e)} m_{d \to e}^T(x_e) \qquad (4\text{-}20)$$

文献[11]从理论上证明了当输入的因子图无环时，在有限的迭代次数内，消息传递算法能够准确估计出各个变量节点的边缘概率分布。但是，对于通信系统的实际问题，有环的因子图是难以避免的。幸运的是，当因子图中最短的环长度为 $O(\log E)$ 时，消息传递算法仍然能够保证比较可靠的性能。因此，在

大部分存在稀疏结构的实际问题中，通过合理的设计，依然可以通过消息传递算法估计出可靠的变量边缘概率分布。

对于 LDS-CDMA 系统中的接收机而言，式（4-14）中 $\boldsymbol{x}$ 的最大后验概率估计为

$$\hat{x}_k = \arg\max_{a \in \mathbb{X}} \sum_{\sim\{x_k\}x_k=a} p(\boldsymbol{x}\,|\,\boldsymbol{y}) \tag{4-21}$$

其中，$\mathbb{X}$ 表示发送信号的星座符号集合。不失一般性地，我们假设发送信号和噪声都是独立同分布的，噪声为 AWGN，而发送信号服从均匀分布。根据贝叶斯公式，式（4-21）可以重新写为

$$\hat{x}_k = \arg\max_{a \in \mathbb{X}} \sum_{\sim\{x_k\}x_k=a} \prod_{n}^{N_c} p(y_n\,|\,\boldsymbol{x}_{[n]}) \tag{4-22}$$

其中，

$$p(y_n\,|\,\boldsymbol{x}_{[n]}) = \frac{1}{\sqrt{2\pi}\sigma} \exp\left\{-\frac{1}{2\sigma^2}\left(y_n - \sum_{k \in N(n)} h_{n,k} x_k\right)^2\right\} \tag{4-23}$$

根据式（4-22）可知，$\boldsymbol{x}$ 的最大后验概率估计实际上是计算联合概率分布 $\prod_{n}^{N_c} p(y_n\,|\,\boldsymbol{x}_{[n]})$ 的边缘概率分布，而联合概率分布是多个非负函数乘积的形式，因此，可以通过消息传递算法来计算。具体地，我们把 $p(y_n\,|\,\boldsymbol{x}_{[n]})$ 与消息传递算法中的 $f_a(X_a)$ 等价，那么，在 LDS-CDMA 系统中，基于消息传递算法的多用户信号检测算法可以写成

$$m_{k \to n}^{t+1}(x_k) \propto \prod_{j \in N(k)\backslash n} m_{j \to k}^t(x_k) \tag{4-24}$$

$$m_{n \to k}^t(x_k) \propto \sum_{\{x_i|i \in N(n)\backslash k\}} \exp\left\{-\frac{1}{2\sigma^2}\left(y_n - h_{n,k}x_k - \sum_{i \in N(n)\backslash k} h_{n,i}x_i\right)^2\right\} \times$$
$$\prod_{i \in N(n)\backslash k} m_{i \to n}^t(x_i) \tag{4-25}$$

当算法收敛或者达到最大迭代次数时，$\boldsymbol{x}$ 的后验边缘概率可以表示为

$$\hat{x}_k = \prod_{j \in N(k)} m_{j \to k}^T(x_k) \tag{4-26}$$

得益于稀疏扩频序列的设计，LDS-CDMA 系统中信号检测问题所对应的因子图具有稀疏特性，边的数量要远远低于传统致密因子图中边的数量。因此，该因子图中环的数量更少，每个环的长度更长，保证了消息传递算法可靠的估计性能。假设在任何码片中，信号相互混叠的最大用户数量为 w，则 LDS-CDMA 中基于消息传递算法的接收机复杂度为 $O(|\mathbb{X}|^w)$，而传统 CDMA 中基于消息传

递算法的接收机复杂度为 $O(|\mathbb{X}|^{\kappa})(K > w)$。根据以上讨论，通过稀疏扩频序列的设计，LDS-CDMA 系统能够承载更多的用户，更符合未来蜂窝网络巨连接的需求；同时，在相同的用户负载情况下，LDS-CDMA 系统接收机的复杂度要远远低于 CDMA 系统接收机的复杂度，尤其是在巨连接的场景下。

4.3.2　基于 LDS 的 OFDM 系统

多载波（Multiple Carrier，MC）CDMA 和 OFDM 的传输方式极其相似，尤其是当 MC-CDMA 系统中的每个用户的信号经过扩频调制之后，扩展的频谱覆盖 OFDM 的所有子载波，并且当扩频码码片的数量与 OFDM 载波数一致时，所有用户的扩频码在所有子载波上相互混叠。因此 LDS-OFDM 系统可以认为是 LDS-CDMA 系统和 OFDM 系统的结合，通过稀疏扩频序列的设计，用户的信号分散到固定的几个子载波中，不同用户的信号在频域相互混叠。

在传统的 OFDM 系统中，发送端将要发送的符号映射到相互正交的子载波上，每个符号映射到一个子载波上，不同子载波发送不同的符号。因此，所有的子载波上传输的信号都相互正交而互不干扰。但是，这种频域正交的传输方式能够发送符号的数量不能超过正交子载波的数量。相比之下，在 LDS-OFDM 中，每个用户要发送的符号首先与低密度的扩频序列相乘，进行扩频调制，得到扩频码序列，该扩频码的长度与子载波数量一致。在此基础上，对于特定的用户，发送端将扩频码的不同码元分配给相互正交的子载波，每个子载波发送一个码元。不同的用户采用相同的传输规则，则在多址接入场景中，多个用户的信号在子载波上相互混叠。当使用低密度扩频码时，每个用户的原始发送符号在频域上扩展到了部分特定的子载波当中，即每一个子载波上混叠的信号仅来自部分用户，而非同时进行通信的所有用户。基于上述分析，可知 LDS-OFDM 系统不仅保留了 LDS-CMDA 的众多优势，而且引入了 OFDM 可以对抗强频率选择性衰落信道的特性。如果每个子载波单独发送一个符号，那么当某个子载波遭受严重的衰落时，在接收机端，该子载波上的符号将难以检测出来。而得益于扩频调制，用户的同一个符号在频域上扩展到不同的子载波上，即使遭遇严重的频率选择性衰落，也只会影想扩频码的部分码元，对于接收机来说依然可以检测出原始符号。同时，在 LDS-CDMA 中设计的基于消息传递算法的多用户检测算法依然适用于 LDS-OFDM 系统，用以设计低复杂度的接收机来分离不同用户相互混叠的信号。

4.3.3 稀疏码多址接入

稀疏码多址接入（Sparse Code Multiple Access，SCMA）作为另外一种未来蜂窝网络码域 NOMA 的备选方案，同样是在 LDS-CDMA 的基础上发展起来的，可以看作 LDS-CDMA 的增强版本。本节介绍 SCMA 的传输与复用、信号检测问题的因子图表示，以及接收机的消息传递算法。

在传统的 LDS-CDMA 系统中，用户的比特流信号首先经过映射得到相应的星座符号，再对星座符号扩频调制获得待发送的扩频码字。相比之下，在 SCMA 方案中，每个用户都有自己的稀疏码本，每个用户的比特流直接映射成相应的稀疏码字，因此，本质上 SCMA 是将星座映射和低密度扩频调制直接整合到一起的一种码域非正交多址接入方式。不失一般地，我们假设小区中用户的数量为 J，由于每个用户都拥有自己的码本，因此稀疏码的码本数量也为 J，每个码本包含 M 个长度为 K_l 的码字，而每个码字中非零元素的个数均为 N_{nz}。为了举例说明，我们给出了图 4.10 所示的 SCMA 的稀疏编码和复用过程，其中 $J=6$，$M=4$，$K_l=4$ 而 $N_{nz}=2$。为了支持未来蜂窝网络巨连接场景下的多址接入，一般要求 $K_l<J$。同时，对于同一个码本，不同码字非零元素的位置完全相同；而不同码本中码字非零元素的位置互不相同，以避免不同用户之间信号的干扰。因此，SCMA 方案最多能够承载的用户数量与码长 K_l 和码字中非零元素个数 N_{nz} 有关，为 $\binom{K_l}{N_{nz}}$。对于每个用户，$\log_2 M$ 比特的比特流直接映射成稀疏码字；不同用户的码字复用 K_l 个正交的资源，如 OFDM 系统的子载波。

考虑上行链路系统，由于码字的稀疏性，基站端在第 k 个子载波上的接收信号可以表示为

$$y_k = \sum_{j \in N(k)} h_{k,j} x_{k,j} + w_k \tag{4-27}$$

其中，$x_{k,j}$ 是用户 j 所对应码字 $\boldsymbol{x}_j$ 的第 k 个元素，$h_{k,j}$ 是第 k 个子载波所对应用户 j 和基站之间的子信道增益，w_k 是功率为 σ^2 的复高斯白噪声。

在接收端，与传统的 LDS-CDMA 系统相似，SCMA 的接收机采用基于消息传递的多用户信号检测算法，但是复杂度将大幅增加。为了规避上述问题，

文献[12]提出了一种低复杂度的对数域消息传递算法（Logarithmic-domain Message Passing Algorithm，Log-MPA），在实际通信系统的应用中，相比于传统的消息传递算法，该算法可以降低将近 50% 的复杂度，而性能损失非常微小。对于 LOG-MPA 算法而言，在译码的过程中，条件信道概率（Conditional Channel Probability，CCP）的计算贡献了 60% 的复杂度。基于经典的信号不确定理论，文献[13]提出了一种动态搜寻算法，在不降低译码性能的前提下，该算法能够减少不必要的 CCP 计算从而进一步降低接收机复杂度。除此之外，文献[14]指出利用 Turbo 码的思想可以将 SCMA 检测器和信道译码器以 Turbo 迭代的方式结合起来，通过两个模块之间交换外信息，SCMA 的 BER 性能可以得到进一步提升。

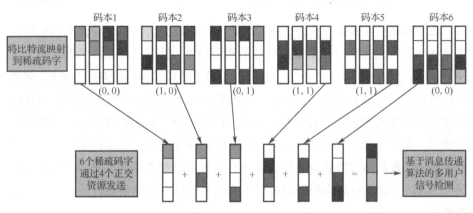

图 4.10 SCMA 的稀疏编码和复用

与 LDS-CDMA 相比，SCMA 可以获得更好的块差错率（Block Error Ratio，BLER）性能，主要是因为 SCMA 的多维星座映射设计可以带来星座成形增益（Constellation Shaping Gain），而增益对于其他 NOMA 方案是无法获得的，这也是 SCMA 和 LDS-CDMA 的根本区别。当改变调制星座符号时，术语"成形增益"代表平均符号能量增益。通常来说，在星座图越接近一个球体时，所能够达到的成形增益越大。但是，由于不同码本复用码字的不同层，SCMA 的多维码本设计非常复杂，目前还没有合适的设计准则和具体的设计方案。为了简化多维星座映射的设计问题，文献[15]通过分层设计得到多维星座映射的次优设计。首先以提高成形增益为目标设计整体的星座符号，称为母星座。然后各个用户再对母星座进行操作形成该用户的星座符号，三种常见的操作为：相位旋转、复数共轭，以及维度变换。

4.4 未来 NOMA 的关键问题

上述 NOMA 方案通过功率域或者码域上的资源复用，可以同时服务更多用户以支持巨连接中的多址接入，同时提高系统的频谱效率，因此是未来无线通信系统中多址接入的重要备选方案。本节介绍 NOMA 技术在实际应用中的关键问题，包括挑战、机遇，以及未来解决这些挑战的研究趋势。

4.4.1 系统性能的理论分析

在 NOMA 方案中，系统性能的理论分析可以为实际系统设计提供指导。多址接入的可达速率是衡量系统性能的重要标准。目前已有众多学者对功率域 NOMA 的可达速率做出了系统的分析，而对于稀疏扩频的码域 NOMA，速率分析依然是个开放性问题。对于基于 LDS 的码域 NOMA，可以借助 MC-CDMA 的理论分析思想对速率进行分析，同时，由于扩频序列的特殊结构，该分析可以通过一系列近似来简化计算。为了在实际系统设计中提供设计参数对系统性能的影响，我们希望能够推出闭合表达式来揭示系统性能和 LDS 参数的关系。另一方面，干扰消除能力和接收机可承受的复杂度对整体系统性能也具有重要的影响。

4.4.2 扩频序列或码本设计

在 LDS 系统中，由于码域非正交资源的分配，不同用户在特定码片信号的混叠程度取决于每个用户特定的扩频序列或者码字，而这将直接影响接收机的干扰消除能力。因此，需要设计扩频序列或者码本来权衡每个码片上的用户负载和接收机复杂度以提高系统整体性能，该过程可以通过优化接收机消息传递算法的因子图实现。在无环的因子图中，消息传递算法可以准确计算出所有变量节点的边缘概率分布；而在局部树形因子图中，即因子图有环，但是环的周长足够长，消息传递算法依然可以保证计算可靠的边缘概率。在不损失频谱效率的情况下，利用图理论可以设计 NOMA 接收机无环或者局部树形因子图。另一方面，实际通信问题所对应的有环因子图一般可以分解成多个无环因子图,在此基础上,可以适度增加接收机复杂度来保证信号检测性能。除此之外,借助矩阵设计原则和低密度奇偶校验码（Low Density Parity Check,LDPC）,可以进一步丰富因子图的设计方法。

除了上述接收机因子图的设计,还应考虑如何选取稀疏扩频码上非零元素的值,不同用户在相同码片上混叠的非零元素应该有足够的区分度。为此,可以从一个星座符号集合选取不同用户的非零元素值以保持这些元素之间的最大欧氏距离。

4.4.3　接收机设计

在未来巨连接多址接入场景下,消息传递算法的复杂度大幅提高,导致接收机在实际系统中难以实现。为此,需要在保证系统性能的前提下简化消息传递算法,比如对干扰进行高斯近似。在巨连接的系统极限下,消息传递算法中的消息可以得到可靠的近似,衍生出一系列近似消息传递算法,大大提高基于消息传递算法的接收机在实际系统中的可实现性。除此之外,消息传递算法可以用于联合多用户信号检测和信道译码,因子图中的变量节点、因子节点以及校验节点可以分别对应 LDPC 码的校验方程。因此,通过将检测器和译码器以 Turbo 迭代的方式结合起来,二者之间通过交换外信息进一步提高系统的 BER 性能。

对于功率域 NOMA,SIC 接收机的错误传播会导致部分用户的性能下降,因此,在 SIC 的每一个步骤中,都需要高性能的非线性检测算法来缓解错误传播所带来的性能下降。

4.4.4　信道估计

在上述的 NOMA 方案中,系统都需要已知准确的 CSI 来实现多用户信号检测。而在实际系统中,准确的 CSI 获取十分困难,尤其在巨连接场景下需要同时估计海量用户与基站之间的信道。因此,要保证 NOMA 的性能,需要针对巨连接场景设计更为精确的 CSI 获取方案。

4.4.5　免授权 NOMA

目前通信系统所采用的正交多址接入方案以及上述 NOMA 技术大都基于

授权的传输协议，依赖于基站的上行调度和下行资源分配，需要基站的授权和资源分配。但是，在巨连接的场景下，基站的调度将变得非常复杂，同时该协议需要巨大的信令开销，这将导致巨大的接入时延，影响服务质量。在 NOMA 方案中，用户之间共用资源，其信号相互混叠，接收机通过算法设计分离出不同用户信号。在此基础上，我们可以采用免授权的传输协议来实现 NOMA。未来巨连接通信的一个重要的特点是，大量的用户设备是低功耗电池受限的传感器，并在大部分时间内处于休眠状态，只有在外部事物触发的情况下才会唤醒并发送数据。故该场景下多址接入的典型特点是大量设备并非持续性地向通信网络上行传输数据，而是长时间的静默和短时间的突发传输交织在一起。通过利用这种用户流量的稀疏性，目前有学者提出基于压缩感知的免授权随机多址接入方案，活跃的设备直接向基站上行发送导频和数据，而不需要经过基站的授权。该方案无疑会降低接入时延，但是也带来新的挑战，即基站需要根据接收的信号检测出活跃的用户，同时进行信道估计和数据检测。

参考文献

[1] Dai L, Wang B, Ding Z, et al. A survey of non-orthogonal multiple access for 5G. IEEE Communications Surveys & Tutorials, 2018, 20(3): 2294-2323.

[2] Benjebbour A. Concept and practical considerations of nonorthogonal multiple access (NOMA) for future radio access, Proceedings of Intelligent Signal Processing and Communication Systems (ISPACS). IEEE International Conference on Naha, Japan, 2013: 770-774.

[3] Ding Z, Peng M, Poor H V. Cooperative non-orthogonal multiple access in 5G systems. IEEE Communication Letters, 2015, 19(8):1462-1465.

[4] Han S, I C L, Xu Z, et al. Energy efficiency and spectrum efficiency co-design: From NOMA to network NOMA. IEEE MMTC E-Lett., 2014, 9(5):21-24.

[5] Tabassum H, Hossain E, Hossain M J. Modeling and analysis of uplink non-orthogonal multiple access (NOMA) in large-scale cellular networks using Poisson cluster processes. IEEE Transactions on Communications, 2017，65(8):3555-3570.

[6] Shin W. Non-orthogonal multiple access in multi-cell networks: Theory, performance, and

practical challenges. IEEE Communications Magazine, 2017, 55(10):176-183.

[7] Hoshyar H, Wathan F P, Tafazolli R. Novel low-density signature for synchronous CDMA systems over AWGN channel. IEEE Transactions on Signal Processing, 2008, 56(4):1616-1626.

[8] Guo D, Wang C C. Multiuser detection of sparsely spread CDMA. IEEE Journal on Select Area.in Communications, 2008, 26(3):421-431.

[9] Beek J, Van De, Popovic B M. Multiple access with low-density signatures. IEEE Global Communication Conference(IEEE Globecom), Honolulu, HI, USA, 2009:1-6.

[10] Razavi R, Hoshyar R, Imran M A, et al. Information theoretic analysis of LDS scheme. IEEE Communication. Letters., 2011, 15(8):798-800.

[11] Kschischang F R, Frey B J, Loeliger H A. Factor graphs and the sum-product algorithm. IEEE Transactions on Information Theory, 2001, 47(2):498-519.

[12] Zhang S. Sparse code multiple access: An energy efficient uplink approach for 5G wireless systems. in Proc IEEE Globecom, Austin, USA, 2014, 4782-4787.

[13] Zhou Y, Luo H, Li R, et al. A dynamic states reduction message passing algorithm for sparse code multiple access. in Proc IEEE WTS, London, U.K., 2016, 1-5.

[14] Wu Y, Zhang S, Chen Y. Iterative multiuser receiver in sparse code multiple access systems. In Proc IEEE ICC, London, U.K., 2015, 2918-2923.

[15] Nikopour H, Baligh H. Sparse Code Multiple Access. In Proc IEEE PIMRC, 2013, 332-36.

第5章

同频全双工技术

随着无线通信系统的演进与发展，5G移动通信技术对无线频谱资源的需求日益强烈，特别要求无线通信系统必须具有显著高于现有技术的频谱效率。作为面向下一代无线通信网络需求的前沿技术，同频全双工（inband full-duplex）技术已经成为学术界和工业界关注的热点课题。传统意义上认为无线通信节点（包括基站、中继、移动终端等）无法利用相同时间、频率资源同时进行接收、发送，因为发送端对接收端的高强度自干扰将会对接收机电路造成严重影响，导致无法恢复接收信号。因此，长期以来在无线通信系统设计中一般假设空口仅能在半双工（half-duplex）或带外全双工（out-of-band full-duplex）模式工作，也就是说应当采用不同时隙，或采用不同频段进行接收、发送。

近年来，关于自干扰消除技术的研究尝试推翻上述传统假设，论证同频全双工无线空口技术的可行性，允许在同频段内同时进行收、发。同频全双工技术为物理层获取成倍的频谱效率提供了可能，因此在新一代无线通信网络的研究中备受关注。

除了物理层频谱效率翻倍的可能外，全双工技术还能有助于解决一些上层的关键问题，例如媒介接入（Medium Access Control，MAC）层的问题。从MAC层角度看来，使能帧级别的全双工传输，即终端能够可靠地同时接收入射信号帧、传输发送信号帧，可以为无线终端提供全新的通信能力。例如，终端在基于竞争接入网络中传输或从其他终端接收瞬时反馈的同时，可以检测碰撞事件。

无线通信的快速发展对高效利用有限频谱资源不断提出苛刻的要求。然而目前多数无线通信系统和设备工作在半双工模式，将传输资源在时域或频域进行了划分[1]。同频全双工技术的研究与发展允许无线通信设备采用相同频谱资源同时进行收、发传输，因此在理论上，同频全双工技术能够将给定的无线通信系统的频谱需求减半。

本章将从自干扰消除信号处理技术、同频全双工系统架构及技术实现等几个角度，介绍同频全双工技术的主要理论与应用。

5.1　同频全双工技术概要

5.1.1　自干扰消除技术

同频全双工通信系统如图 5.1 所示，其中最大的挑战是要抑制由节点传送端自身传输产生的干扰，即"自干扰"。自干扰的强度可能比接收有用信号高 50～110dB，具体强度取决于收、发节点之间的距离。从同频全双工系统实测信号可以看出有用接收信号的强度完全被自干扰信号淹没。这也进一步导致 ADC 的问题，因为 ADC 的大部分动态范围将被自干扰占据，结果有用接收信号的有效比特显著减少，导致有效信噪比下降。所以自干扰必须在模拟电路的 ADC 之前进行消除。

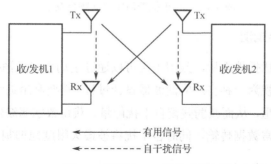

图 5.1　同频全双工通信系统

自干扰消除技术主要有三种，具体如下。

1. 天线放置设计

采用多个天线放置位置的妥善设计可以消除自干扰。图 5.2 所示为采用多个天线进行自干扰消除的一个例子。其基本思路是来自多个不同发射天线的信号在接收天线处实现互相抵消。该方法的缺陷是仅对窄带

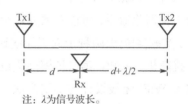

注：λ 为信号波长。

图 5.2　采用多个天线进行自干扰消除

信号有效。

2．主动模拟抵消

如前所述，自干扰对 ADC 的输出信噪比带来严重影响。为克服这一问题，可设计主动模拟抵消实现同频全双工，如图 5.3 所示。其主要思路是自适应地重建从发射天线到接收天线的传输信道，从而在模拟域将自干扰消除。

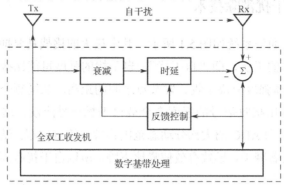

图 5.3　主动模拟抵消实现同频全双工

3．主动数字抵消

在模拟自干扰抵消之后，残留干扰可以通过主动数字抵消技术进行消除。主动数字抵消可视为一种自适应滤波器设计过程。需要利用训练序列来训练该滤波器的抽头权重，从而减弱残留自干扰能量。获得数字滤波器的抽头系数之后，可以进行正常数据传输，同时自干扰将被最大限度地抑制和消除。

5.1.2　研究发展现状

近年来，自干扰消除问题得到了深入研究。文献[2]提出了几种自干扰消除机理，实验结果表明可以充分减少自干扰水平，实现比传统半双工更高速率的全双工系统。文献[3]研究了一个三节点全双工网络，提出一种译码—抵消方法以提升干扰消除效果，可以有效应对全双工节点的自干扰和半双工节点的节点间干扰。文献[4]提出两种全双工无线通信中的自干扰消除模型，第一种模型假设自干扰随机、未知，第二种模型假设自干扰精确已知。文献[5]介绍了一种同频全双工 WiFi 无线设计与实现方法，通过新型模拟与数字抵消技术，可以将自干扰强度降至接收机的基底噪声（底噪）水平。文献[6]采用一种平衡/非平衡变换器进行信号求逆，结合自适应自干扰消除进行全双工无线通信系统设计与实现，可以支持大功率宽带系统。

许多研究探究了全双工技术在资源分配问题上的作用。文献[7]提出了全双工和半双工中继无线网络的最优资源配置方案，此外，设计了在全双工与半双工模式下的动态资源配置方案以最大化一定时延约束下的网络吞吐率。文献[8]获得了面向全双工译码—转发信道的单独功率约束条件下的最优功率配置方案，并且获得了该信道模型容量的上界和下界；此外，提出了一种闭式解决min-max 问题的系统性技术。文献[9]提出并分析了一种在给定时延下最大化全双工无线链路吞吐率的功率配置方案。文献[10]提出了最优动态功率配置方案以最大化无线全双工双向传输的和速率。

日益增长的无线通信用户数量对能够缓解网络传输拥塞的新技术提出了持续增长的要求。相应地设计了二级网络的解决方案，以支撑从宏基站到小基站接入点的传输负载转移（traffic offloading）。文献[11]讨论了几种传输负载转移方案，并阐述了各种方案的优、缺点。文献[12]提出两种传输负载转移方法，并证实采用该方法可以有效提升能量增益。

全双工技术的关键特征是可以使通信系统能够同时收、发并具备频谱效率翻番的潜力，因此引起了学术界和工业界的浓厚兴趣，全双工典型关键应用场景除了全双工双向通信外，还包括全双工协作通信、全双工 MIMO 通信、全双工 OFDMA、全双工异构网络，以及全双工认知无线电网络等。

5.2　自干扰消除信号处理技术

自干扰的抑制是使全双工技术在无线通信中可行的至关重要的挑战。然而，自干扰是一个复杂的总体性问题，并且不局限于全双工通信。即使在收、发频率不同的情况下，无线收/发机仍可能遭到自干扰影响。这是由于从发送链路中的信号泄漏出来进入到接收机内部接收链路的缘故。在 LTE 基站中，当收、发频段不同但互相邻近时，自干扰也是一个问题。例如，当 LTE-TDD 网络工作于 1900～1920MHz 频段、LTE-FDD 网络工作在高于 1920MHz 频段时，LTE-TDD 相邻频段干扰对上行 LTE-FDD 接收信号会产生影响。因此，为全双工系统设计的自干扰消除技术也适用于更广泛的无线通信系统。

本节介绍数字基带中用于消除自干扰的信号处理技术。除数字抵消技术外，其他的必要手段还包括收/发端天线隔离，以及各种模拟抵消技术。

5.2.1 自干扰模型

数字基带自干扰一般被建模为传输信号与射频失真的和，后者可假设为一个收/发机输入的单一噪声项。假设数字基带上的传输信号已知，且信道估计理想，则已知的有用信号可以从接收信号中减去，由射频失真产生的未知噪声残留下来，视为残留自干扰。当射频失真在数字基带具体建模后，则可以将估计所得的射频失真从接收信号中减去，从而降低残留自干扰的功率。

现代无线通信系统采用的直接转换收/发机的一般架构如图 5.4 所示。与传统超外差接收机相比，直接转换收/发机由基带元器件替代传统片外元器件的中频阶段，并且不再需要射频镜像频率抑制滤波器。这使得在单个芯片上集成整个收/发机成为可能（除功放外），可以使用廉价的片上集成技术。

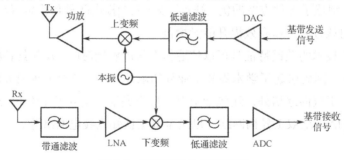

图 5.4　直接转换收/发机架构

接收信号首先经过带通滤波、低噪声放大（LNA），下变频到基带并采样为数字信号。复信号的同相（I）、正交（Q）分量分别经过低通滤波、放大、采样。在功放和 ADC 之前的信号功率通过可调增益控制进行调节。

直接转换收/发机架构比较简单，但存在一些典型问题，如直流偏置、I/Q 失衡和二阶交调、功放非线性均是导致传输信号失真的主要因素。

1．动态范围

一般地，全双工收/发机的发射天线与接收天线的距离远比信源发射天线近。因此，若不进行物理隔离和干扰消除，接收机前端将完全被自干扰信号饱和。如果模拟抵消在低噪声放大器之后进行，则低噪声放大器的动态范围应该包含自干扰的动态范围。模拟抵消也可在低噪声放大器之前进行，这样做可以缓解对低噪声放大器动态范围的要求，但也增加了接收机噪声系数。

全双工收/发机功率配置如图 5.5 所示，显示了在一个支持全双工的收/发机中自干扰消除所要达到的需求。为成功检测有用信号，其功率必须大于接收机底噪功率，即

$$N_{rx} = -174 + 10\lg B + F_{rx} \quad \text{(dBm)} \qquad (5\text{-}1)$$

其中，B 表示信号带宽，F_{rx} 为接收机噪声系数。接收机灵敏度（单位为 dBm）表示为

$$P_{sen} = -174 + 10\lg B + F_{rx} + \text{SNR} \qquad (5\text{-}2)$$

其中 SNR 指在给定编码调制方案下信号检测输入所需的 SNR 水平。

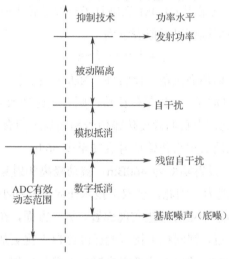

图 5.5 全双工收/发机功率配置

接收机噪声系数是由接收机电路引起的，它表征实际接收机与理想接收机相比的信噪比损失。假设发射功率为 23dBm，对应于 LTE 系统中用户终端的实际发射功率。典型的 LTE 系统中接收机噪声系数的假设是基站为 5dB、手持终端为 7dB。例如，假设信号带宽为 10MHz，接收机噪声系数为 7dB，则底噪为-97dBm，在同一个全双工收/发机中底噪与发射信号功率之间有 120dB 的差距。自干扰消除的目标是将自干扰降低到接近于底噪水平，因此可见这远不是一个简单的任务。如果全双工设备是一个手持终端，则难度更加明显，因为收/发天线之间的距离近，有限的空间设备难以做到良好的物理隔离。

总体来说，自干扰的消除需要三个互补技术的结合：被动隔离、射频或模

拟抵消，以及基带数字抵消。前两步应当尽可能地降低自干扰水平，并且至少有用信号与自干扰应当能够与 ADC 的动态范围适配。若 ADC 被自干扰饱和，将丢失有用信号，并且在数字域进行的自干扰消除无法恢复有用信号。ADC的典型动态范围比低噪声放大器小，因此它是接收机链路的瓶颈所在。

ADC 的动态范围由下式给出

$$\gamma_{AD} = 6.02b + 4.76 - 10\lg\frac{x_{\max}}{E\{x\}} \tag{5-3}$$

其中，b 为 ADC 的位，最后一项表示输入信号的估计峰均功率比（Peak-to-Average-Power Ratio，PAPR）。上式假设输入信号没有经过切顶操作，并且为信号峰值保留了一定余量。一般地，虽然 PAPR 取决于不同的调制方式和波形，但保留 1 比特余量。当采用 OFDM 调制且子载波数较大时，可以视为高斯分布，则此时最优动态范围可以近似表示为

$$\gamma_{AD} = 5.54b - 6.94 \tag{5-4}$$

除了为防止过度切顶而预留一比特外，为防止系统量化噪声受限也预留一比特。例如，如果 ADC 有 14 位量化比特，则有效比特数为 11，ADC 实际动态范围为 54dB。因此，当我们假设传输信号和底噪之间有 120dB 间隔时，通过被动隔离和射频抵消必须将传输信号衰减至少 66dB。

在 LTE 基站中，发射功率为 46dBm，被动隔离和射频抵消应当提供高达89dB 的自干扰衰减能力。因此，全双工技术在局域网和小基站等相比宏基站的传输功率受限的场景中更有希望实现部署。另一方面，在局域网中，节点之间的距离可能比较接近，则同频干扰可能已经比自干扰更加严重了。到目前为止的研究中，70～100dB 的自干扰抵消衰减已经能够实现。

2. 射频损伤

一旦自干扰与有用信号适配于 ADC 的动态范围，自干扰的已知部分即可从接收信号中剔除。在将数字基带信号转换为射频传输信号的过程中，需要考虑因诸多射频损伤因素引起的未知自干扰成分的影响，这通常可以建模为加性噪声成分。射频损伤的影响可以通过硬件优化、发端失真补偿、抵消过程的失真建模或空域抑制等途径缓解，具体的射频损失来源介绍如下。

1）直流偏置

本振信号泄漏到下级混频器输入将导致直流偏置问题，本振信号与自身混

频后下变频到直流分量。更严重的是，本振信号可能泄漏到混频器之前的放大器输入，导致泄漏的本振信号被放大。当放大后的接收信号从混频端口泄漏到本振信号混频端时，亦将产生直流偏置问题。与自身混频相乘的后果是信号被平方，产生一个与信号有关的具有强直流偏置的时变低频信号。

静态直流偏置易于估计，可以从接收信号中除去。通常在 ADC 之前就已经将其消除，以防止 ADC 饱和，一般通过高通滤波或陷波处理即可。在数字基带，只需要将信号均值从信号本身去除，即可除去残留的静态直流偏置。因此，许多性能分析中常假设信号中不存在直流偏置。

2）IQ 失衡

当 I 路和 Q 路信号之间的相移呈 90°，且两路信号的频响相同时，直接转换架构的无线收/发机可以正常工作。但是，在实际系统中，由于强度和相位的不匹配，上变频或下变频后的模拟信号存在 IQ 失衡问题。由于这种不匹配，负（正）频率的信号将被混频叠加到基带有用信号之上，由于信号之间不同相增强叠加，将导致衰减和干扰。IQ 失衡导致 I 路和 Q 路之间的信号具有相关性，影响发送信号的良好随机特性。

3）相位噪声

除了直接转换收/发机的典型非理想因素外，无线通信发送端和接收端还受到多种失真因素的影响，例如载波频偏、相位噪声、量化噪声、采样抖动、符号同步误差等。其中，相位噪声是最常见的一种。相位噪声由振荡器的非理想因素导致。文献[13]～[15]研究了相位噪声对全双工系统的影响。

在如图 5.4 所示的通信系统框图中，接收端和发送端共用同一个晶振。相比于在接收端和发送端采用不同晶振而言，一般这种共用晶振的设计具有一定优势，可以有效节约硬件元器件成本，还能有效减少自干扰信号中的相位噪声分量。

基带信号上变频到载波是通过将基带信号与载波混频实现的。接收端下变频采用的信号为

$$c_{rx}(t) = e^{2\pi f_c t - \theta_{rx}(t)} \tag{5-5}$$

其中，f_c 为载波频率，$\theta_{rx}(t)$ 为相位噪声的随机过程。则自干扰信号中的总体相位噪声失真为

$$c(t) = c_{rx}(t)c_{tx}(t-\tau) = e^{2\pi f_c t - \theta_{rx}(t) + \theta_{tx}(t-\tau)} \tag{5-6}$$

其中，τ 为从收/发机发端到收端的回程传输延迟。在共用同一个晶振的全双工收/发机中，由于 $\theta_{rx}(t) = \theta_{tx}(t)$，因此相位噪声的影响被抵消到可以忽略不计，

这是因为全双工一体收/发机中的回程传输延迟 τ 仅为纳秒级。而收/发机采用不同晶振时，式（5-6）中的相位噪声项将是两个独立相位噪声随机过程之和，这将给系统性能带来更为显著的影响。

4）量化噪声

量化噪声通常可以用均匀分布模型良好刻画。假设信号未饱和，其动态范围为 $2x_{max}$，具有 b 比特量化的均匀量化器将信号划分为 2^b 个级别，每级宽度为 $\Delta = 2x_{max}/2^b$。均匀量化误差分布在区间 $[-\Delta/2, \Delta/2)$ 上，量化误差的方差为 $\sigma^2 = \Delta/12$。但为了便于分析，常将量化噪声建模为高斯分布，这个假定的根据是除了量化误差外，收/发机还会收到来自其他射频损伤的影响，其共同作用使量化噪声分布为高斯分布。

5）功放非线性

发射机中最强的非线性效应通常是由位于射频混频器之后的功率放大器（简称功放）引起的。功放的设计一般需要使其在接近于非线性的区域工作，这是因为在功放设计中，往往难以同时实现较高的功率效率和较好的线性度。功率效率是衡量功放将直流能量转化为射频传输能量的能力，在无线通信系统设计中是一个关键指标。

功放的功率效率和线性度之间的折中主要取决于功放的类型。例如 A 类功率放大器的线性度很高，但功率效率仅为 50%。反之，C 类功放的功率效率高达 85%，但其线性度很差。在全双工收/发机中，除了带内失真引起自干扰外，非线性失真会导致频谱泄漏和邻频干扰。不论收/发机工作在全双工还是半双工状态，带外失真都是相同的。唯一的例外是当全双工收/发机工作于放大—转发的中继状态下时，在自干扰消除之后把残留非线性失真放大，因此与半双工放大—转发的中继相比，传输的信号是不同的。

常用于衡量功放非线性的指标是 1dB 压缩点和三阶截点（IP3）。功放的上述特性可用于实际功放行为建模，构建的行为模型可用于设计预失真、后失真算法，从而减小数字基带的非线性效应。

5.2.2 自干扰消除原理

自干扰消除技术可以分为主动消除与被动消除两类。前者一般是指在空间上将收、发天线分离开及合理部署，优化天线设计以降低空口发射信号对接收链路的影响。主动消除技术可以进一步分为模拟（射频）抵消技术与数字（基带）抵消技术。

全双工收/发机中的自干扰消除原理如图 5.6 所示，为清晰起见，将发射与接收天线在空间上分离。在 MIMO 系统中，除了将估计的发射信号从接收信号中去除外，亦可以通过空域滤波器（W_{tx} 为波束赋形矩阵，W_{rx} 为预编码矩阵）来实现自干扰空域抑制。

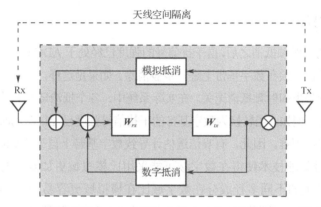

图 5.6 全双工收/发机中的自干扰消除原理

1. 被动隔离

在实际系统中模拟前端电路的动态范围有限（参见图 5.5），功率的过大范围起伏将使接收机饱和，如前所述。一种提升接收机动态范围的方法是采用并行多个接收机，当输入到不同 ADC 的信号采用不同衰减因子时，选取具有最大线性输出信号的 ADC 作为输出。与单一 ADC 相比，其动态范围得到提升，但是多个并行接收链路的实现需要耗费过多成本，特别是对无线通信市场的消费电子类产品而言成本过高。在雷达系统中采用了并行接收链路，主要是因为自动增益控制的速度无法跟上输入信号强度的快速变化。

当并行接收链路不可实现时，就需要采用物理隔离和模拟抵消技术。将发射天线和接收天线分组部署，发射天线与接收天线之间的路径损耗可以实现物理隔离。进一步，可以优化收、发天线位置设计以获得比依靠路径损耗更优性能的隔离。

2. 射频抵消

极化、指向性、天线设计，以及收、发天线阵列的几何关系是完成自干扰消除的第一道工序。下一步，必须在射频域进一步抑制自干扰以防止 ADC 被自干扰信号饱和。模拟域的自干扰消除原理与数字域相同：干扰信号被重建并从接收信号中扣除。实现这一点，需要设计有源电子线路以抵消时变自干扰信号。这与实际硬件系统架构的实现有较大相关性，将在后文中详细阐明。

模拟抵消会改变自干扰统计特性，但从数字基带算法设计的角度看，通常假设被动隔离和射频干扰抵消之后的残留自干扰具有特定功率。

3. 数字抵消

被动隔离与射频抵消之后，自干扰信号的强度已经处于 ADC 的动态范围之内，则残留的自干扰必须在数字基带上进一步被消除。如果是这样，则数字基带的自干扰消除与物理隔离和射频抵消无关。在实际系统中，各个抵消环节的效果并不一定是严格叠加的。例如，当转换为数字基带的干扰信号强度已经很微弱时，自干扰信道估计变得更加困难。因此，有噪信道估计导致数字基带上自干扰消除性能下降。

数字信号处理技术使得在数字域可能采用比模拟域更加复杂的算法。特别地，自干扰信道的不同多径成分在数字域比在模拟域更容易处理，因为可调模拟延迟难以实现。下面将介绍数字域上的不同自干扰消除算法。

5.2.3 自干扰消除算法

本节介绍在数字基带上的自干扰消除算法，主要包括时域抵消算法、频域抵消算法、空域抑制算法、空域抑制和时域抵消联合算法等。

1. 时域抵消算法

自干扰消除是基于假设收/发机已知或至少近似已知发射信号为前提的。若收/发机可以模拟出自干扰信道，则自干扰信号可以重建出来并从接收信号中去除。

时域抵消算法是在时域处理信号样点，与子载波数无关。但是由于天线间具有不同干扰路径，需要估计自干扰信道的时延拓展。自干扰消除是在 ADC 和接收信号解调之后进行的，通常是数字流水线的第一道操作。因此，必须大于 Nyquist 采样率来对信号进行采样，需要使用能处理任意信号频谱的特殊手段。

2. 频域抵消算法

OFDM 系统中假设信道时延范围在保护间隔以内，频域自干扰抵消可以在子载波层面独立进行，采用一个频域平坦的信号模型就足够了。在非正交多载波调制下，需考虑子载波间干扰。

以 GFDM 作为非正交多载波调制下频域自干扰抵消算法的例子：自干扰消除必须在信道均衡之前进行，以避免放大自干扰成分。频域自干扰抵消算法在 GFDM 解调之后逐子载波进行，通过去除重建的发射信号实现。自干扰消除算法必须考虑子载波间干扰（ICI）和符号间干扰（ISI）。重建发射信号时，主要任务是基于 GFDM 信令和估计所得自干扰信道来构建系数矩阵，可以通过将估计自干扰信道矩阵和 ICI 图样进行卷积获得。利用信道插值估计算法可以重建未采样的自干扰信号，在频域抵消处理之后，在接收端进行均衡。由于非正交信令的缘故，GFDM 系统的自干扰抵消算法比 OFDM 正交信号的自干扰抵消算法有更高的计算复杂度。可以通过一些途径进行复杂度优化，例如可以通过采用系数矩阵对角线附近元素、忽略其他元素的方式来降低重建信号过程中的计算复杂度。

3. 空域抑制算法

除了 SISO 收/发机能够进行自干扰消除外，MIMO 收/发机开启了全双工自干扰消除算法的另一维度。除了抵消重建信号外，全双工 MIMO 收/发机还能够在收、发天线在空间分离的情况下进行自干扰空域抑制。通过设计发送端预编码和接收端波束赋形，可以在衰减自干扰信号的同时接收有用信号。波束赋形还可以缓解射频损伤的影响，因为射频损伤与已知自干扰通过相同的信道。

空域抑制算法的代价是减小了信息传输的维度。空域抑制算法将物理上 $N_r \times N_x$ 的收/发机转换为一个等效的"无干扰" $\tilde{N}_r \times \tilde{N}_x$ 的收/发机，其中 $\tilde{N}_r$，$\tilde{N}_x$ 分别表示输入、输出维度，即预留给实际空间复用的空域数据流的个数。不失一般性，假设 $\tilde{N}_r \leqslant N_r$，$\tilde{N}_x \leqslant N_x$。算法的最终目标依然是将残留自干扰的水平降低至接收机底噪水平。通过合理设计波束赋形矩阵 W_{rx} 和预编码矩阵 W_{tx}，可以实现自干扰的空域抑制。具体地，按照设计准则分类，主要包括天线选择、特征波束选择、零空间投影、最小均方误差滤波等空域自干扰预编码设计方法。

4. 空域抑制和时域抵消联合算法

时域抵消和频域抵消算法均会残留一定干扰，这主要是由发射信号噪声所致的。另一方面，空域抑制算法为实现有效自干扰抑制而需要比有用数据流更多数量的天线。这两种方法之间并不是互斥的，如果妥善设计将两者优势结合，可以获得更好的收/发隔离度。主要问题是时域抵消和空域抑制应该以什么方式结合。如图 5.7 所示是四种主要的时域（或频域）抵消和空域抑制结合的方式。

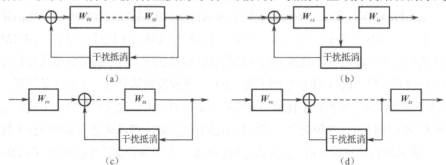

图 5.7 自干扰时（频）域抵消与空域抑制联合的不同方法

采用独立或分离滤波器设计时，上述四种方式的设计（及性能）有所不同，其残留自干扰等效信道矩阵由下式给出

$$\tilde{H}_{TT} = \begin{cases} W_{rx}H_{TT}W_{tx} + A , & \text{(a)} \\ (W_{rx}H_{TT} + A)W_{tx} , & \text{(b)} \\ W_{rx}(H_{TT}W_{tx} + A), & \text{(c)} \\ W_{rx}(H_{TT} + A)W_{tx} , & \text{(d)} \end{cases} \quad (5\text{-}7)$$

其中，H_{TT} 为收/发机实际链路信道矩阵，A 为自干扰重建信道矩阵。但是如果滤波器是联合设计的，上述四种方式是等效的。方式（a）和（d）的实现最为直接，因为两层自干扰抑制可以解耦，且仍可以联合设计 W_{rx} 与 W_{tx}；在方式（a）中，空域抑制首先进行，随后通过时域抵消去除残留自干扰，而方式（d）则反之。在方式（b）和（c）中，三个滤波器必须顺序设计，导致次优的独立设计。进一步，这两种方式无法充分利用空域滤波器的作用，因为时域抵消已经将自干扰的已知部分去除了。方式（a）从空域抑制算法的角度看是最优的选择，这是因为时域抵消对于空域是不相关的，可以更好地首先联合设计 W_{rx} 与 W_{tx}，从而有效利用所有可能的自由度。

5.3 全双工系统架构与技术实现

5.3.1 全双工系统架构

不仅学术界对全双工技术研究兴趣浓厚，诸多公司也已经研发了全双工样机以测试验证全双工技术在 5G 通信中的可行性。其中，最为典型的样机平台可能是美国 Rice University 研发的无线开放接入研发平台（Wireless open-Access Research Platform），并已经开始应用。此外，美国国家仪器公司（National Instruments）在其 Flex RIO 平台上也部署了全双工样机。学术界常用具有 USRP 接口的开发平台，采用 USRP 接口研发全双工收/发样机是可行的，但是如果缺少 FPGA 编程则仍面临较大挑战。如果采用通用计算机而不是 FPGA 进行基带信号处理，将难以控制发送数据包的时延，导致自干扰信号到达接收机产生时变，影响自干扰消除的性能。一般来说，对于软件定义无线电（Software Defined Radio）的实现，建议采用 FPGA 进行数字基带处理。由于发送与接收信号间的巨大功率差异，导致传输失真，产生强自干扰，所以全双工样机对硬件的要求很高。

考虑图 5.4 所示的直接转换收/发机架构，自干扰消除是基于将重建的发送信号从接收信号中除去实现的，所以在重建自干扰时，发射链路抽取自干扰的位置和接收链路抵消自干扰的位置将影响到自干扰消除的性能。全双工收/发机中自干扰消除架构的可选项至少包含以下几种。

（1）发射链路抽取自干扰的位置：
- 模拟射频功放输出；
- 模拟射频功放输入；
- 模拟基带；
- 数字基带。

（2）接收链路抵消自干扰的位置：
- 射频低噪声放大器输入；
- 射频低噪声放大器输出；
- 模拟基带；
- 数字基带。

从上面分类可看出，已有 16 种可选的组合方案，并且很多选项可以进行联合，从而产生更多变型方案。有的解决方案可能包括多域融合，举个例子，如果发射信号在基带抽取并在接收机射频抵消，那么抵消信号必须通过 DAC 变换模拟基带信号，再经上变频到射频。此时，在这两种域上均可进行自干扰的信道建模。为保障射频域的自干扰消除，抵消信号的幅度、相位和时延应该尽量与自干扰信号相匹配。模拟域自干扰抑制并不完全理想，模拟抵消环节可能产生额外失真，失真程度取决于重建自干扰信号的匹配程度。系统带宽在射频抵消的复杂度中起到决定性作用，这是因为抵消过程所必需的多径成分的数量取决于系统带宽。下面讨论一些常用的典型全双工系统架构。

1. 单纯射频与数字抵消

如图 5.8 所示为全双工单纯射频与数字抵消架构，首先在射频域上进行射频信道粗估计，然后在数字基带进行多径消除[16]。数字基带信道模型比射频域信道模型更准确，因为在数字基带可以进行更复杂的信号处理。自干扰信号在发射链路的功放输出端被抽取，保证了所抽取的自干扰信号中包含所有射频损伤并且大部分非理想成分能够被消除，具体取决于信道模型的准确度。在发送端，可以缓解 DAC 量化噪声、上变频相位噪声和功放非线性的问题；在接收端，在低噪声放大器的输入端进行抵消，所以缓解了对整个接收链路的动态范围的要求，同时缓解了对低噪声放大器非线性特性、下变频器相位噪声和 ADC 量化噪声的要求。

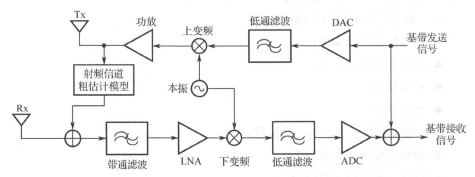

图 5.8　全双工单纯射频与数字抵消架构（在功放输出端抽取，在低噪声放大器的输入端抵消重建自干扰）

射频信道粗估计的信道矩阵中包含了天线端的直接串话信号以及稍有延迟（约 1.4ns）的自干扰信号。射频信道模型由高度线性化的无源延迟线组成，不引入新的非线性来源。余下的抵消过程通过数字域抵消实现，包括经过环境传播延迟超过 1.4ns 的自干扰消除。功放的非线性在剩余自干扰中依然存在，可通过在数字信道模型中进行非线性自干扰消除来解决。

联合使用上述技术可以在 20～80MHz 带宽上获得 100～110dB 的总自干扰抑制性能，并且为现有商用收/发机提供了足够好的射频干扰消除性能。该方案的主要缺陷是射频信道模型需要模拟延迟线和循环器，导致方案的实现很复杂。另一个问题是对于多天线系统的拓展性有局限。全双工 MIMO 收/发机的每对收、发天线需要 个射频抵消模块，即总共需要 $N_{tx} \times N_{rx}$ 组抵消模块，因此当天线数量较大时复杂度过高。

2. 混合射频与数字抵消

另一种常见的混合射频/数字自干扰消除架构如图 5.9 所示。该设架构有两条抵消路径：第一条抵消路径利用一个考虑了自干扰延迟的数字域信道模型，在发射端数字域进行自干扰抽取，并在接收端射频低噪声放大器输入端进行抵消；第二条抵消路径是普通的数字抵消路径，即收、发端均在数字基带进行自干扰的抽取和抵消。

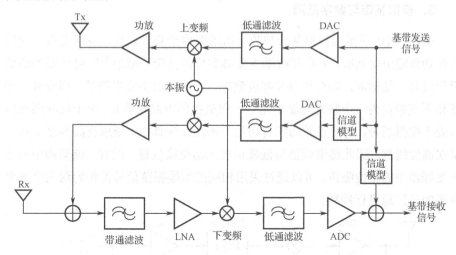

图 5.9 混合射频/数字自干扰消除架构（先在数字基带构建射频抵消信号）

该拓扑结构的亮点在于所述混合射频/数字抵消信号：可以在数字域建立包含多径成分的准确信道模型，由于该自干扰信号在接收端射频域抵消，因此能够在接收端低噪声放大器输入端提供足够强的抵消能力。由此可以显著降低整个接收链路动态范围的要求，于是常见商用接收机元器件就能满足全双工系统正常运行的动态范围需求。

由于采用两个独立的 DAC 与上变频器进行信号传输与抵消，因此可以认为两条发射链路产生的噪声和失真部分不相干。在抵消点处，这些噪声成分将产生叠加，限制了该架构方案最终能达到的自干扰抵消水平。实际系统中常见的性能限制在 70~80dB，这主要是受到了两个晶振的非相干相位噪声的影响。如果两个上变频器采用相同的时钟信号，则可以获得更优的干扰抵消性能。

该方案的优点是在 MIMO 系统中，发射链路和抵消模块的数量仅与 N_{rx} 成正比，因为来自 N_{tx} 个发射天线的干扰可以在数字域叠加，并且多径干扰信道在数字域比在模拟域更容易建模。其缺点是抵消信号不包含射频非理想成分，导致数字基带抵消处理更为复杂，可能会限制系统性能。若希望在射频抵消中涵盖发射机非理想成分并且仍在数字基带构建抵消信号，可以通过设计额外的接收链路并将发送射频信号转换回数字基带信号实现。在数字预失真处理中也需要这种类型的接收链路。

3．模拟基带与数字抵消

如图 5.10 所示为模拟基带与数字抵消架构全双工系统，发送端自干扰信号在功放输出端抽取，并在接收端下变频到模拟基带后抵消[17]。射频域的信道模型仅有一处抽取，即对相移和幅度建模。该架构的主要思路是：将衰减、相移和下变频视为一个联合功能单元——向量化调制混频单元。由于接收端抵消点处于模拟基带，为防止微弱的有用信号淹没在失真中，要求在高强度干扰下呈现高度线性，因此将混频器与低噪声放大器交换位置。同时，该架构中两个下变频器中的相位噪声，可以通过采用相同的本地振荡信号源作为这两个下变频器的时钟源进行抑制。

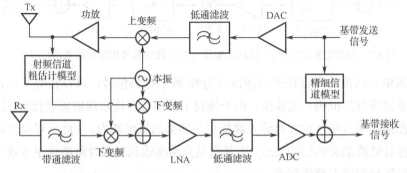

图 5.10　模拟基带与数字抵消架构全双工系统

5.3.2　模拟抵消技术

共用天线可构成较窄波束,理论上有利于移动终端和手持设备的全双工实现。消费电子设备收/发机的周围通常具有丰富的散射,由于环境的移动和变化,自干扰信道和自干扰水平都会变化。例如,用户恰好用手遮挡了天线,天线的阻抗将发生重大变化。这种条件的变化导致其自干扰消除比采用分立收、发天线的设备更加复杂。但是这个具有挑战性和科学研究价值的问题也得到了关注,共用天线的全双工收/发机设计的相关研究已经开展。

从另一个角度看,全双工技术最适用于对称流量的通信场景,而手持设备、移动终端通常主要用于下行传输。当收/发机作为全双工中继使用时自然满足对称流量的场景。在密集组网部署中,可以采用全双工中继作为无线回传链路中有效的模块。这种情况下全双工中继属于系统的一部分,允许较大形状因子以及收、发天线分离。

1. 共用天线设计

在共用天线收/发机中有两种自干扰来源:收/发机内部电路泄漏、天线反射。对于后者,共用天线和分立天线收/发机可以采用类似的射频抵消方法消除天线反射。对于前者,一种构建抵消信号的方法是将部分发射信号耦合到抵消网络,另一种方法是采用另一条发射链路来构建抵消信号。相应地,一般采用循环器和电子平衡双工器(Electric Blance Duplexer,EBD)实现隔离。这种实现方法可以有效减小全双工设备的形状因子,并可以实现收/发链路共享天线。

循环器可以是有源或无源的三端口元器件,作用是允许信号理想地单向滚动。在实际系统中,信号会往非理想方向泄漏,加上附近物体对发射信号的反射,造成额外自干扰。一般循环器可以提供15dB的隔离度,有的改进型可以提供30dB的隔离度,但是与分立收、发天线相比,循环器能提供的隔离度仍然非常有限并且是窄带的。因此,额外的射频和数字抵消技术对于总体性能非常关键。

典型的EBD中包含四个核心组件:混合结(Hybrid Junction)电路、天线、平衡阻抗、用于调谐平衡网络阻抗的控制器。发射信号在两条路径发射,通过调谐平衡网络阻抗可以使两条发射路径的信号幅度和相位保持一致,从而使其在接收端相互抵消。从接收链路到发射链路的干扰采用类似对称的方法处理。

通过控制平衡网络阻抗使之尽可能接近天线阻抗，可以直接影响收/发机隔离度，从而影响全双工空口单元的自干扰水平。将信号分成两部分本质上是有损的，因为部分发射和接收能量在平衡网络中耗散了。在对称情形下，发射和接收链路的损耗均为 3dB。通过调谐天线和平衡阻抗，发射机和接收机噪声系数中的插入损耗可以与采用分离器、循环器和耦合器的抵消方法相比。

2. 射频抵消技术

射频自干扰抵消的基本原理与数字基带自干扰抵消相同，发射信号在发射链路的某处被抽取，然后与估计所得自干扰信道在模拟域进行卷积，并从接收信号中去除。在窄带系统中，自干扰信道可假设为平坦的，并用移相器和衰减器进行抵消。为了顺利进行抵消，必须知道发射与接收自干扰信号之间的延迟。对于分立收、发天线设计而言，由于天线间距已知，所以延迟或所需相移是固定的，只需要调节重建自干扰信号的衰减。由于发射功率已知，所以衰减的范围也可知，对于共用天线的情形，最强路径来自空口传输环境的反射，无法事先获悉，所以相移和所需衰减必须通过估计获得。

对于宽带传输系统，自干扰信道是多径的，自干扰抵消变得更为复杂。即使采用分立收、发天线也只能抵消首个路径，这对于宽带信号是不够的，因为还有更多空口传输环境中的多径分量无法提前获知。若要在模拟域构建抵消信号，需要难以实现的模拟多径滤波器。进一步，即使收/发机位置保持不变，传输环境中的物体运动也会改变反射径的情况。

抵消多径信号需要在模拟域实现延迟，可采用传输线或延迟线组件实现。同轴电缆等传输线有较为理想的延迟，但是需要占用大量空间。延迟线组件的体积较小并具有一定色散性，各个延迟抽头的幅度和相位可分别采用不同芯片控制，或者采用向量调制器控制。通常这些元器件是模拟元器件，但是可以进行数控。它们具有合适的线性度和噪声特性，还可以通过可变衰减器实现幅度控制来保证良好特性。所采用的元器件应尽可能具有高线性度，否则已经失真的功放输出信号将进一步失真，导致数字域难以消除的双重失真。

5.3.3 高级数字抵消技术

线性信号模型下的数字基带时、频、空域自干扰消除算法已在 5.2.3 节介绍。发射机失真可以采用空域接收滤波器进行抑制，但是无法减少未知失真引入的干扰。本节将介绍发射机失真的数字基带建模算法，并从接收信号中消除非线性的自干扰。

1. 非线性抵消器

最大的失真来自发射机和接收机中的放大器、本地振荡器的 I/Q 失衡和相位噪声，以及 ADC 的量化噪声，其中最为严重的失真通常是由发射机功放引起的。为抑制这一效应，必须首先在数字基带对射频功放的传输函数进行估计，这就需要关于功放的一定先验信息。

当模型参数估计完毕后，发送基带符号序列经过功放模型，并从接收信号中去除。类似地，I/Q 失衡的影响也可以在数字域建模为一种失真成分，由原始基带传输信号及记忆系数的复共轭构成。放大器失真和混频器非线性可以采用基于多项式的系统进行建模，而 I/Q 失衡可以采用广义线性滤波进行建模，两者皆在有关文献中已有深入研究。

2. 广义线性数字抵消器

广义线性滤波通常用于处理信号中的 I/Q 失衡。含有滤波器 $h_1(t)$ 和 $h_2(t)$ 的广义线性时不变滤波可表示为

$$y(t) = h_1(t) \otimes x(t) + h_2(t) \otimes x^*(t) \tag{5-8}$$

其中，信号序列具有复数值，$\otimes$ 表示卷积。该操作称为"广义线性"是因为涉及对 $x(t)$ 及其共轭滤波。利用广义线性抵消器，接收机第 i 个天线端口上的数字基带自干扰信号的估计为

$$\hat{r}_i[n] = \sum_{j=1}^{N_{Tx}} \sum_{q=0}^{1} \sum_{m=0}^{M} \hat{h}_{ij}^{(q,1-q)}[m](x[n-m])^q (x^*[n-m])^{1-q} \tag{5-9}$$

其中，$\hat{h}_{ij}^{(q,1-q)}$ 表示自干扰线性部分（ $q=1$ ）及其 I/Q 镜像（ $q=0$ ）的信道估计。下标 ij 表示在自干扰信道矩阵 $\boldsymbol{H}_{TT}$ 中从发射天线 i 到接收天线 j 的信道。于是时域抵消过程中即可采用上述估计信号作为自干扰信号从接收信号中去除。在相同的存储长度下，该方法的参数个数比线性抵消器多了一倍，但是自干扰消除的能力可以得到显著提升。

3. 非线性数字抵消器

I/Q 正交调制之后，信号馈入发射机功放，导致进一步失真。通常甚至没有必要再对其他模块产生的非线性进行建模，因为一般发射机功放产生的非线

性失真占据了主导作用。因此，下一步为了提升自干扰模型的准确性，需要设计非线性数字抵消器，考虑发射机功放产生的非线性失真影响，同时可以暂时忽略 I/Q 失衡的影响。

现有几种对功放非线性进行建模的方法。一种常见方法是处理输入信号的高阶项并采用多项式来对非线性建模。下面我们采用一种称为 Parallel Hammerstein（PH）的多项式模型来对信号中的高阶失真项建模。PH 模型是一种常用的非线性模型，可用于功放的直接或反向建模。实际射频测量表明，该模型可以准确刻画多种不同功放的特性。

采用 PH 模型，功放输出信号可以在数字基带建模为

$$x_j^{PA}[n] = \sum_{p=1}^{P}\sum_{m=0}^{M} h_{p,j}[m]\varphi_p(x_j[n-m]) \tag{5-10}$$

其中，M 和 P 表示 PH 模型的存储深度和非线性阶数，$h_{p,j}[m]$ 表示对应于发射端口 j 的 PH 分支的 FIR 滤波器冲激响应，并定义基函数如下

$$\varphi_p(x[n]) = |x[n]|^{p-1} x[n] = x[n]^{\frac{p+1}{2}} x^*[n]^{\frac{p-1}{2}} \tag{5-11}$$

于是，接收天线端口 j 处的数字基带自干扰信号的非线性模型为

$$\hat{r}_i[n] = \sum_{j=1}^{N_{tx}}\sum_{p=0}^{P}\sum_{m=0}^{M} \hat{h}_{p,ij}^{\left(\frac{p+1}{2},\frac{p-1}{2}\right)}[m]x[n-m]^{\frac{p+1}{2}} x^*[n-m]^{\frac{p-1}{2}} \tag{5-12}$$

其中，$\hat{h}_{p,ij}^{\left(\frac{p+1}{2},\frac{p-1}{2}\right)}$ 包含与不同基函数对应的自干扰信道的估计。每个基函数对应的信道系数需要估计，而每条信号路径的基函数的个数为 $\frac{p+1}{2}$，因此与非线性、广义线性抵消器相比，非线性数字抵消器的计算复杂度更高。

4．预失真

采用非线性数字抵消技术在数字基带对传输损伤进行建模，从而使抵消信号更接近于实际接收到的自干扰信号。对此，读者可能会提出一个问题：是否能够直接减少发射机传输失真，而不是在数字基带对其进行补偿呢？可以想见，如果直接减少发射机传输失真，那么不仅可以提升自干扰消除能力，还可以提升接收端链路质量。这一问题的答案是肯定的，采用的技术就是预失真。此时，传输信号不用于抽取、复制和抵消自干扰，而是用于数字预失真处理。数字预失真技术首先根据原始基带信号及其失真信号，对功放的非线性特性进

行辨识表征；然后对其影响进行补偿，从而减少射频信号中的失真。这一辨识表征的过程需要假设功放模型，并学习其参数。

在功放输出端对发射信号进行抽取并下变频到数字基带，可以获得用于功放模型系数辨识的失真信号。在前文所述的射频抵消方法中，也有一种类似的操作，但发射信号只是被抽取并用于在射频域抵消，并没有下变频回到数字基带。对于前文介绍的非线性数字抵消技术，需要从接收参考信号中进行自干扰信道估计，而采用数字预失真方法则不需要额外一份发射信号的拷贝。

参考文献

[1] Goldsmith A. Wireless Communications. Cambridge, U.K.: Cambridge University Press, 2005.

[2] "LTE-U Forum," 2014, Formed by Verizon in cooperation with Alcatel-Lucent, Ericsson, Qualcomm Technologies, Inc., a subsidiary of Qualcomm Incorporated, and Samsung. [Online]. Available: www.lteuforum.org.

[3] Qualcomm. Introducing MuLTEfire: LTE-Like Performance with Wi-Fi-Like Simplicity. Jun. 2015. [Online]. Available: www.qualcomm.com/news/onq/2015/06/ 11/introducing-multefire-lte-performance-wi-fi-simplicity.

[4] LTE-U Forum. LTE-U SDL Coexistence Specifications, 2015.

[5] http://w3.antd.nist.gov/wahn_ssn.shtml.

[6] Krishnamachari B. Networking Wireless Sensors. Cambridge University Press, 2005.

[7] Duarte M, Sabharwal A. Full-Duplex Wireless Communications Using Off-the-Shelf Radios: Feasibility and First Results. In Proceedings of Asilomar Conference on Signals, Systems and Computers (ASILOMAR), Pacific Grove, CA, 2010: 1558-1562.

[8] Bai J, Sabharwal A. Decode-and-Cancel for Interference Cancellation in a Three-Node Full-Duplex Network. In Proceedings of Asilomar Conference on Signals, Systems and Computers (ASILOMAR), Pacific Grove, CA, 2012: 1285-1289.

[9] Thangaraj A, Ganti R, Bhashyam S. Self-Interference Cancellation Models for Full-Duplex Wireless Communications. In International Conference on Signal Processing and Communications (SPCOM), Bangalore, 2012: 1-5.

[10] Bharadia D, McMilin E, Katti S. Full Duplex Radios. In Proc. ACM SIGCOMM, New York, NY, 2013: 375-386.

[11] Jainy M, Choiy J I, Kim T M, et al. Practical, Real-Time, Full Duplex Wireless. In ACM MobiCom, Las Vegas, Nevada, 2011: 301-312.

[12] Cheng W, Zhang X, Zhang H. Full/Half Duplex Based Resource Allocations for Statistical Quality of Service Provisioning in Wireless Relay Networks. In IEEE INFOCOM, Orlando, FL, 2012: 864-872.

[13] Riihonen T, Mathecken P, Wichman R. Effect of Oscillator Phase Noise and Processing Delay in Full-Duplex OFDM Repeaters. In Proceedings of Asilomar Conference on Signals, Systems and Computers (ASILOMAR), Pacific Grove, CA, 2012: 1947-1951.

[14] Syrjälä V, Valkama M, Anttila L, et al. Analysis of Oscillator Phase-Noise Effects on Self-Interference Cancellation in Full-Duplex OFDM Radio Transceivers. IEEE Trans. Wireless Commun., 2014, 13(6): 2977-2990.

[15] Sahai A, Patel G, Dick C, et al. On the Impact of Phase Noise on Active Cancelation in Wireless Full-Duplex. IEEE Trans. Veh. Technol., 2013, 62(9): 4494-4510.

[16] Bharadia D, McMilin E, Katti S. Full Duplex Radios. in Proc. ACM SIGCOMM, New York, NY, 2013: 375-386.

[17] Debaillie B, Broek D J, Lavin C, et al. RF Self-Interference Reduction Techniques for Compact Full-Duplex Radios. in Proc. Veh. Tech. Conf. (VTC-Spring), Glasgow, Scotland, 2015: 1-6.

第6章
大规模多输入多输出技术

6.1 大规模 MIMO 技术简介

随着移动通信技术的快速发展，多输入多输出作为一种典型的空间域技术，已被广泛应用在 4G 系统中，例如长期演进技术（Long Term Evolution，LTE）、长期演进技术升级版（LTE-Advanced）、IEEE 802.11n 等新兴的无线通信技术标准，并被公认为是下一代移动通信系统最为核心的无线传输技术之一[1,2]。然而，这些新兴的无线通信技术标准往往局限于天线数目较少的小规模 MIMO 系统（譬如 LTE-A 标准中的下行和上行链路传输分别最多支持 8 根和 4 根发射天线），其最多仅能提供大约 10bit/（s·Hz）的频谱效率，这难以满足移动互联网和物联网流量业务的爆炸式增长需求[3]。为了适应未来第五代（Fifth Generation，5G）/超五代（Beyond 5G）移动通信网络千倍容量需求提升的要求，大规模多输入多输出（Massive MIMO）技术通过在基站端使用数以百计甚至更多的天线来尽可能地利用空间自由度，可以显著地提高系统的频谱效率和能量效率，实现在相同时频资源内服务数十个用户[4,5]。

目前，理论和测试结果都已经表明大规模 MIMO 技术能够显著地提高频谱效率和能量效率，因此，大规模 MIMO 技术被工业界和学术界广泛认为是未来 5G/超 5G 无线通信网络的一项关键物理层技术[5,6]。到目前为止，许多国内外高校和设备运营商针对大规模 MIMO 技术展开了一系列的研究，同时取得了一些丰硕成果。在理论研究方面，瑞典的隆德大学（Lund University）、林雪平大学（Linkoping University）、贝尔实验室（Bell Labs）、莱斯大学（Rice University）等学术机构展开了对大规模 MIMO 技术在系统容量、信道估计、预编码、信号检测等方面的理论研究[5~9]。2012 年，贝尔实验室、隆德大学、林雪平大学合作实现了天线数为 128 的大规模 MIMO 原型平台，其工作频率为 2.6GHz，包括圆柱形天线阵列和线形天线阵列，如图 6.1 所示。同年，莱斯大学、耶鲁大学（Yale University）和贝尔实验室合作研发的 Argos 天线系统通过在基站端配置 64 根天线可以同时服务 15 个用户，如图 6.2（a）所示，是世界上第一台真正意义上的多用户大规模 MIMO 系统[10]。次年，其升级版 Argos V2 天线系统进一步将基站端天线增大到 96 根，如图 6.2（b）所示。2014 年，隆德大学推出了更加先进的大规模 MIMO 测试平台 Lund University Massive MIMO（LuMaMi）[8]系统，如图 6.3 所示，该系统在 20MHz 系统带宽下利用 100 根天线可同时服务 10 个用户。

（a）圆柱形天线阵列　　　（b）线形天线阵列

图 6.1　天线数为 128 的天线阵列

（a）Argos 天线系统　　　（b）Argos V2 天线系统

图 6.2　Argos 天线系统和 Argos V2 天线系统

图 6.3　隆德大学研发的大规模 MIMO 测试平台——LuMaMi 系统

　　为了能在未来的 5G 标准化竞争角逐中获得更多的话语权，国家科技部、国家发改委、工信部共同牵头于 2013 年 4 月在北京成立了中国 5G 标准化组织——IMT—2020 推进组，其中大规模 MIMO 标准组是其重要的组成部分。在国内学术界，清华大学、东南大学等众多高校均展开了大规模 MIMO 理论方面的研究。设备运营商们在人规模 MIMO 原型机研发方面也取得了一些成果。2015 年 9 月，中国移动和华为公司在上海成功利用现有 4G 商用网络架设了全球首个大规模 MIMO 基站并完成场外测试，如图 6.4 所示，在该测试系统中，基站在 20MHz 的频段利用 128 根天线来服务现有 4G 商用智能终端，其下行链路的吞吐率可达 630Mbit/s。

图 6.4　中国移动和华为公司在上海架设的全球首个大规模 MIMO 基站

　　尽管目前针对大规模 MIMO 技术的研究已有了较为丰硕的成果，但是距离其广泛商用化还有着很大的差距。具体来说，大规模 MIMO 技术面临着如下几个挑战。

　　（1）如何将占据现有主要蜂窝网络的频分双工（Frequency Division Duplexing，FDD）与大规模 MIMO 技术相结合是一个重要的问题。由于在 FDD 情形下，大规模 MIMO 系统的用户端须估计基站端大量天线所对应的下行链路信道，同时所估计的信道还须反馈至基站端做后续包括波束赋形等在内的信号处理[4,11]。这时，大规模 MIMO 系统的高维度下行链路的信道状态信息（CSI）的估计和反馈将会造成难以承受的导频开销和信道反馈开销[12]。相比之下，现有关于大规模 MIMO 技术的理论研究和实践方案大多采用时分双工（Time Division Duplexing，TDD），这是因为通过利用 TDD 系统中上、下行链路信道的互易性，大规模 MIMO 下行链路高维度的 CSI 可以仅通过上行链路来获得，而上行链路信道估计的训练开销仅与小的用户数目成正比，这样便能大幅度降低信道估计时所需的导频开销，同时也不需要信道反馈开销[11]。

（2）尽管大规模 MIMO 系统理论上能显著地提高系统的频谱效率和能量效率，但该系统没有考虑实际工作中的功耗与成本问题[13]。现有关于大规模 MIMO 技术的研究通常假设系统为全数字阵列结构，即每根天线对应一个收/发射频（Radio Frequency，RF）链路。因此，大规模 MIMO 系统在基站端需配备数以百计的 RF 链路，而这会带来实际系统不可避免的高功耗和高成本问题，将会制约大规模 MIMO 技术的商用化。因此，大规模 MIMO 技术如何在频谱效率、能量效率和成本之间取得更好的折中，将是一个重要的挑战[14]。

（3）如何结合大规模 MIMO 技术与超密集组网来极大地提高移动通信网络的吞吐率是面临的挑战。为了解决这个问题，将大规模 MIMO 技术和毫米波通信相结合的毫米波大规模 MIMO 技术成了一个重要的研究方向[15,16]，这将在第 7 章进行介绍。

6.2 大规模 MIMO 技术基本原理

在本节中，为了说明大规模 MIMO 的诸多优势，首先分析点对点 MIMO 系统来揭示系统可达容量与收、发端天线数之间的联系与渐进信道正交性，进而讨论多用户 MIMO（Multi-User MIMO，MU-MIMO）中上、下行链路系统容量。

6.2.1 点对点 MIMO

$N_r \times N_t$ 点对点大规模 MIMO 系统如图 6.5 所示。

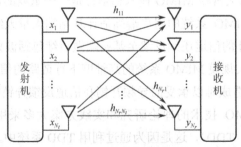

图 6.5 $N_r \times N_t$ 点对点大规模 MIMO 系统

考虑一个窄带时不变的信道矩阵 $\boldsymbol{H} \in \mathbb{C}^{N_r \times N_t}$，接收机接收到的信号向量 $\boldsymbol{y} \in \mathbb{C}^{N_r}$ 可表示为[4]

$$\boldsymbol{y} = \sqrt{\rho}\boldsymbol{H}\boldsymbol{x} + \boldsymbol{n} \tag{6-1}$$

其中，标量 ρ 为发射功率，$\boldsymbol{x} \in \mathbb{C}^{N_t}$ 是发射信号向量，$\boldsymbol{n} \in \mathbb{C}^{N_r}$ 表示噪声向量。假设归一化的发射信号总功率为 $\mathbb{E}\{\|\boldsymbol{x}\|_2^2\} = 1$，且噪声服从零均值循环对称复高斯分布，其协方差为单位阵，即 $\boldsymbol{n} \sim \mathcal{CN}(\boldsymbol{0}, \boldsymbol{I}_{N_r})$。这里假设发射信号是独立同分布的（Independent and Identically Distributed，i.i.d.），即 $\mathbb{E}\{\boldsymbol{x}\boldsymbol{x}^H\} = \boldsymbol{I} / N_t$。如果接收机获取了完美的 CSI，即 $\boldsymbol{H}$，那么大规模 MIMO 系统的可达容量为[11]

$$\mathcal{C} = \boldsymbol{I}(\boldsymbol{y};\boldsymbol{x}) = \log_2 \det\left(\boldsymbol{I}_{N_r} + \frac{\rho}{N_t}\boldsymbol{H}\boldsymbol{H}^H\right) \tag{6-2}$$

对信道矩阵 $\boldsymbol{H}$ 进行奇异值分解（Singular Values Decomposition，SVD），即 $\boldsymbol{H} = \boldsymbol{U}\boldsymbol{D}\boldsymbol{V}^H$，这里 $\boldsymbol{U} \in \mathbb{C}^{N_r \times N_r}$ 和 $\boldsymbol{V} \in \mathbb{C}^{N_t \times N_t}$ 是酉矩阵，$\boldsymbol{D} \in \mathbb{C}^{N_r \times N_t}$ 为对角矩阵，其对角元素为奇异值 $\{\lambda_1, \lambda_2, \cdots, \lambda_{\min(N_t, N_r)}\}$。因此，式（6-2）中容量 $\mathcal{C}$ 可改写为[4,17]

$$
\begin{aligned}
\mathcal{C} &= \log_2 \det\left(\boldsymbol{I}_{N_r} + \frac{\rho}{N_t}\boldsymbol{U}\boldsymbol{D}\boldsymbol{V}^H\boldsymbol{V}\boldsymbol{D}^H\boldsymbol{U}^H\right) = \log_2 \det\left(\boldsymbol{I}_{N_r} + \frac{\rho}{N_t}\boldsymbol{D}\boldsymbol{D}^H\right) \\
&\overset{(a)}{=} \sum_{n=1}^{\min(N_t, N_r)} \log_2 \det\left(1 + \frac{\rho\lambda_n^2}{N_t}\right)
\end{aligned} \tag{6-3}
$$

由式（6-3）中等式（a）可看出，容量 $\mathcal{C}$ 等价于多个并行单输入单输出（Single-Input Single-Output，SISO）信道容量的总和，这里第 n 个信道的信噪比（Signal-to-Noise Ratio，SNR）为 $\rho\lambda_n^2 / N_t$。对于式（6-3）中容量 $\mathcal{C}$，接下来分析信道矩阵 $\boldsymbol{H}$ 的奇异值的最好和最坏可能的分布对其产生的影响。由于奇异值满足关系 $\sum_{n=1}^{\min(N_t, N_r)} \lambda_n^2 = \mathrm{Tr}(\boldsymbol{H}\boldsymbol{H}^H)$，其中最坏情形是所有奇异值中除了一个其余均为 0，而最好情况是所有 $\min(N_t, N_r)$ 个奇异值均相等（这是因为对数函数为一个凹函数）[4,11]。那么，这两种情形分别构成了式（6-3）中容量 $\mathcal{C}$ 的上、下界，也就是

$$\log_2\left(1 + \frac{\rho\mathrm{Tr}(\boldsymbol{H}\boldsymbol{H}^H)}{N_t}\right) \leq \mathcal{C} \leq \min(N_t, N_r)\log_2 \det\left(\boldsymbol{I}_{N_r} + \frac{\rho\mathrm{Tr}(\boldsymbol{H}\boldsymbol{H}^H)}{N_t \min(N_t, N_r)}\right) \tag{6-4}$$

当信道矩阵 $\boldsymbol{H}$ 中的信道系数被归一化为 $\mathrm{Tr}(\boldsymbol{H}\boldsymbol{H}^H) \approx N_t N_r$ 时，可得容量 $\mathcal{C}$ 的上、下界为[4]

$$\log_2(1 + \rho N_r) \leqslant \mathcal{C} \leqslant \min(N_t, N_r) \log_2\left(1 + \frac{\rho \max(N_t, N_r)}{N_t}\right) \qquad (6-5)$$

由以上分析可知，系统的实际可达容量 $\mathcal{C}$ 取决于信道矩阵 $\boldsymbol{H}$ 的奇异值的分布。在所有具有相同归一化系数的信道中，当信道矩阵 $\boldsymbol{H}$ 的奇异值均相等时的容量 $\mathcal{C}$ 为最大，即为式（6-5）中的上界；而在只有一个非零奇异值的情形下容量 $\mathcal{C}$ 最小，即为式（6-5）中的下界。在这两种极端情形下，信道矩阵 $\boldsymbol{H}$ 中所有信道系数都为 i.i.d.时可以得到最好情形，而最坏情形对应于只有视距路径（Line-of-Sight，LoS）传播的场景[4]。

接下来，讨论接收端或者发射端的天线数趋于无穷大时的两种极限情况[11]。

（1）$N_t \gg N_r$ 且 $N_t \to \infty$，即发射天线数趋于无穷大而接收天线数固定。此时，信道矩阵 $\boldsymbol{H}$ 的行向量是渐近正交的[5]，因此，

$$(\boldsymbol{H}\boldsymbol{H}^{\mathrm{H}}/N_t)_{N_t \to \infty} \approx \boldsymbol{I}_{N_r} \qquad (6-6)$$

在这种情形下，式（6-2）中容量 $\mathcal{C}$ 可近似为式（6-5）中的上界，也就是

$$\mathcal{C}_{N_t \to \infty} \approx \log_2 \det(\boldsymbol{I}_{N_r} + \rho\boldsymbol{I}_{N_r}) = N_r \log_2(1 + \rho) \qquad (6-7)$$

（2）$N_r \gg N_t$ 且 $N_r \to \infty$，即接收天线数趋于无穷大而发射天线数固定。此时，信道矩阵 $\boldsymbol{H}$ 的列向量是渐近正交的，因此，

$$(\boldsymbol{H}^{\mathrm{H}}\boldsymbol{H}/N_r)_{N_r \to \infty} \approx \boldsymbol{I}_{N_t} \qquad (6-8)$$

那么，式（6-2）中容量 $\mathcal{C}$ 可近似为式（6-5）中的下界，即

$$\mathcal{C}_{N_r \to \infty} = \log_2 \det\left(\boldsymbol{I}_{N_t} + \frac{\rho}{N_t}\boldsymbol{H}^{\mathrm{H}}\boldsymbol{H}\right) \approx \log_2 \det\left(\boldsymbol{I}_{N_t} + \frac{\rho N_r}{N_t}\boldsymbol{I}_{N_t}\right) = N_t \log_2\left(1 + \frac{\rho N_r}{N_t}\right)$$

$$(6-9)$$

式（6-8）和式（6-9）表明了 MIMO 系统使用大规模天线阵列的优势。需要注意的是，以上讨论的前提假设是信道矩阵 $\boldsymbol{H}$ 的行向量或者列向量具有渐近正交性。

6.2.2　MU–MIMO

在大规模 MIMO 系统中，基站端通常配备数以百计的收、发天线来引入大量的空间自由度，利用相同的时频资源服务于数十个用户，能够获取点对点大规模 MIMO 系统中潜在的复用增益，从而极大地提高了系统的频谱效率和能量效率[7,8]。根据随机矩阵理论，当基站端的天线数远大于同时服务的用户数且趋于无穷大时，信道特性逐渐趋于确定性的，且不同用户对应的信道将会

彼此正交[5]。这时，系统采用传统低复杂度的线性预编码器和线性信号检测器即可获得逼近最优的预编码和信号检测性能[4]。

典型大规模 MU-MIMO 系统如图 6.6 所示，基站配置有 M 根天线，可以同时服务 K 个单天线用户，通常 $M \gg K$，比如，$M = 128$，$K = 16$[4]。定义第 k 个用户到基站的第 m 根天线的信道系数为 $h_{m,k}$，且该系数满足 $h_{m,k} - g_{m,k}\sqrt{d_k}$。这里 $g_{m,k}$ 为信道变化引起的（复）小尺度衰落系数，对于不同用户或者不同基站端天线其值均不同，而 d_k 表示由阴影和路径损耗导致的（实）大尺度衰落系数，对于不同用户其值不同。那么，对于所有 K 个用户到基站端的上行信道矩阵 $H \in \mathbb{C}^{M \times K}$ 而言[4,5,11]，有

$$H = \begin{bmatrix} h_{1,1} & \cdots & h_{1,K} \\ \vdots & \ddots & \vdots \\ h_{M,1} & \cdots & h_{M,K} \end{bmatrix} = \underbrace{\begin{bmatrix} g_{1,1} & \cdots & g_{1,K} \\ \vdots & \ddots & \vdots \\ g_{M,1} & \cdots & g_{M,K} \end{bmatrix}}_{G} \underbrace{\begin{bmatrix} d_1 & & \\ & \ddots & \\ & & d_K \end{bmatrix}^{1/2}}_{D} = GD^{1/2} \quad (6\text{-}10)$$

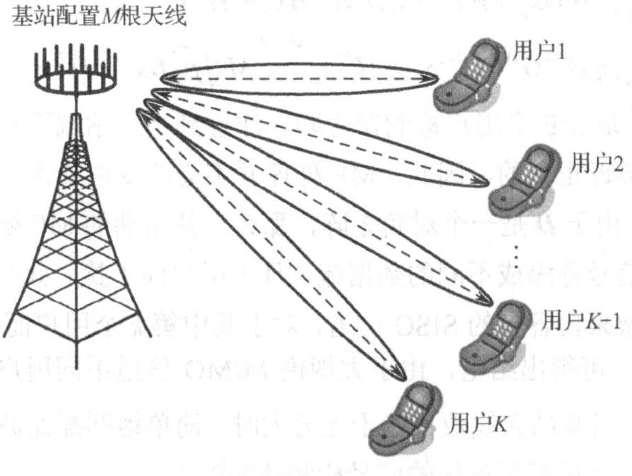

图 6.6　典型大规模 MU-MIMO 系统示意图

由于信道矩阵 H 中不同用户的小尺度衰落系数是 i.i.d.，即 G 中的每个元素服从零均值循环对称复高斯分布 $\mathcal{CN}(0,1)$，那么，对应于不同用户的信道列向量会随着基站端的天线数 M 趋向于无穷大而呈现出渐近正交性[5,18]，也就是

$$\lim_{M \to \infty} \frac{H^H H}{M} = \lim_{M \to \infty} D^{1/2}\left(\frac{G^H G}{M}\right)D^{1/2} \approx D^{1/2}I_K D^{1/2} = D \quad (6\text{-}11)$$

1）上行链路（Uplink，UL）

对于上行信号传输阶段，基站端的接收信号向量 $y_u \in \mathbb{C}^{M \times 1}$ 可表示为

$$y_u = \sqrt{\rho_u} \sum_{k=1}^{K} \boldsymbol{h}_k x_k + \underbrace{\sum_{k=1}^{K} \boldsymbol{n}_k}_{\boldsymbol{n}_u} = \sqrt{\rho_u} \underbrace{[\boldsymbol{h}_1, \cdots, \boldsymbol{h}_K]}_{\boldsymbol{H}} \underbrace{[x_1, \cdots, x_K]^{\mathrm{T}}}_{\boldsymbol{x}_u} + \boldsymbol{n}_u = \sqrt{\rho_u} \boldsymbol{H} \boldsymbol{x}_u + \boldsymbol{n}_u \quad (6\text{-}12)$$

其中，ρ_u 为上行发射功率，$\boldsymbol{x}_u = [x_1, \cdots, x_K]^{\mathrm{T}} \in \mathbb{C}^K$ 为所有用户发射的信号向量，满足 $\mathbb{E}\{|x_k|^2\} = 1$，$\boldsymbol{h}_k = [h_{1,k}, \cdots, h_{M,k}]^{\mathrm{T}} \in \mathbb{C}^M$ 是第 k 个用户到基站的信道向量，$\boldsymbol{n}_u \sim \mathcal{CN}(\boldsymbol{0}, \boldsymbol{I}_M)$ 为对应的噪声向量。那么，根据式（6-11）所有用户的上行链路总容量为[4]

$$\mathcal{C} = \log_2 \det(\boldsymbol{I}_K + \rho_u \boldsymbol{H} \boldsymbol{H}^{\mathrm{H}}) \overset{M \gg K}{\approx} \log_2 \det(\boldsymbol{I}_K + M\rho_u \boldsymbol{D}) = \sum_{k=1}^{K} \log_2(1 + M\rho_u d_k)$$

$$(6\text{-}13)$$

接下来，通过在基站端使用简单的匹配滤波（Matched-Filter，MF）多用户检测器来达到式（6-13）中的信道容量[11]。对式（6-12）中接收信号向量 $\boldsymbol{y}_u$ 进行 MF 处理后可得

$$\boldsymbol{W}\boldsymbol{y}_u = \sqrt{\rho_u} \boldsymbol{W} \boldsymbol{H} \boldsymbol{x}_u + \boldsymbol{W} \boldsymbol{n}_u = \sqrt{\rho_u} \boldsymbol{H}^{\mathrm{H}} \boldsymbol{H} \boldsymbol{x}_u + \boldsymbol{H}^{\mathrm{H}} \boldsymbol{n}_u$$
$$= \sqrt{\rho_u} \boldsymbol{D}^{1/2} \boldsymbol{G}^{\mathrm{H}} \boldsymbol{G} \boldsymbol{D}^{1/2} \boldsymbol{x}_u + \boldsymbol{H}^{\mathrm{H}} \boldsymbol{n}_u \overset{M \gg K}{\approx} M \sqrt{\rho_u} \boldsymbol{D} \boldsymbol{x}_u + \boldsymbol{H}^{\mathrm{H}} \boldsymbol{n}_u$$

$$(6\text{-}14)$$

其中，$\boldsymbol{W} = \boldsymbol{H}^{\mathrm{H}}$ 是 MF 多用户检测器矩阵。注意到当基站端天线数趋于无穷大时信道向量是渐近正交的，因此，MF 处理并不会改变白噪声的统计特性。在式（6-14）中，由于 $\boldsymbol{D}$ 是一个对角矩阵，那么，基站端的 MF 处理相当于把来自不同用户的信号分隔成不同的数据流，且无用户间干扰。此时，每个用户的信号传输可看做来自各自的 SISO 信道，对于其中第 k 个用户而言，其 SNR 为 $M\rho_u d_k$。因此，可得出结论，由于大规模 MIMO 信道不同用户信道向量呈现出渐近正交性，当基站天线数目趋于无穷大时，简单地匹配滤波多用户信号检测器就可以获得近优甚至最优的信号检测性能[4,11]。

2）下行链路（Downlink，DL）

对于下行信号传输阶段，由于 TDD 系统中上行链路信道具有互易性，下行链路信道为上行链路信道的转置[5,11]，即 $\boldsymbol{H}^{\mathrm{T}}$ 为下行链路信道矩阵，那么，所有 K 个用户的接收信号向量 $\boldsymbol{y}_d \in \mathbb{C}^K$ 为

$$\boldsymbol{y}_d = \sqrt{\rho_d} \boldsymbol{H}^{\mathrm{T}} \boldsymbol{x}_d + \boldsymbol{n}_d \quad (6\text{-}15)$$

其中，ρ_d 是下行链路的发射功率，$\boldsymbol{x}_d \in \mathbb{C}^M$ 是基站端的发射信号，满足 $\mathbb{E}\{\|\boldsymbol{x}_d\|_2^2\} = 1$，$\boldsymbol{n}_d$ 为与 $\boldsymbol{n}_u$ 定义相同的加性白噪声。考虑在基站端采用 MF 预编码处理，即 $\boldsymbol{x}_d = \boldsymbol{P} \boldsymbol{s}$，这里 $\boldsymbol{P} = \boldsymbol{H}^*$ 是 MF 预编码矩阵，$\boldsymbol{s} \in \mathbb{C}^K$ 是未经预编码的

下行链路传输信号。那么，式（6-15）可改写为

$$y_d = \sqrt{\rho_d} H^T P s + n_d = \sqrt{\rho_d} H^T H^* s + n_d$$
$$= \sqrt{\rho_d} (D^{1/2} G^H G D^{1/2})^* s + n_d \overset{M \gg K}{\approx} M \sqrt{\rho_d} D s + n_d \qquad (6\text{-}16)$$

因此，当基站天线数目趋于无穷大时，在基站端使用简单的 MF 预编码器也能达到式（6-13）中的信道容量。

最后，从波束赋形的视角来看待大规模 MIMO 技术的优越性：装备有数以百计的天线的基站端通过利用波束赋形技术，将发射信号高方向性地传输至用户端，进而显著提高下行链路中用户端的信噪比并提高系统整体的能量效率。同时，由于大规模 MIMO 系统中发射的窄波束，使得系统能有效地控制同时服务的多个用户间的干扰，也就是说，大规模 MIMO 系统通过对空间资源的充分利用，有效地提高了用户端接收信号的信干噪比（Signal to Interference Plus Noise Ratio，SINR）[4]。

6.3　大规模 MIMO 技术中预编码方法

本节将讨论大规模 MIMO 系统中发射端的预编码（Precoding）方法。这里主要关注诸如迫零（Zero-Forcing, ZF）预编码、最小均方误差（Minimum Mean Square Error，MMSE）预编码等线性预编码方法，之后对一些非线性预编码方法作简单介绍。

考虑点对点大规模 MIMO 系统，预编码处理示意图如图 6.7 所示。对于下行链路传输，信道矩阵为 $H \in \mathbb{C}^{N_r \times N_t}$，基站端作为发射端，其原始的发射信号为 $s_d \in \mathbb{C}^{N_t}$，若采用预编码器矩阵 $P \in \mathbb{C}^{N_t \times N_t}$ 对 s_d 进行预处理，则基站端的发射信号为 $x_d = P s_d \in \mathbb{C}^{N_t}$，那么，用户端接收信号 $y_d \in \mathbb{C}^{N_r}$ 为[11,17]

$$y_d = \beta^{-1}(H x_d + n_d) = \beta^{-1} H P s_d + \beta^{-1} n_d \qquad (6\text{-}17)$$

其中，β 为保证预编码后总发射功率不变的常数因子，假设原始发射信号的协方差矩阵满足 $R_s = \mathbb{E}\{s_d s_d^H\} = I_{N_t}$，并将发射总功率约束为 $\mathbb{E}[\|x_d\|_2^2] = \mathbb{E}[\|P s_d\|_2^2] = \mathrm{Tr}(P R_s P^H) = E_t$，且 $n_d \sim \mathcal{CN}(0, \sigma_n^2 I_{N_r}/N_r)$，即噪声的协方差矩阵满足 $R_n = \mathbb{E}\{n_d n_d^H\} = \sigma_n^2 I_{N_r}/N_r$。

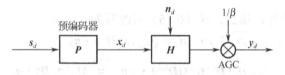

图 6.7　大规模 MIMO 系统中预编码处理示意图

6.3.1　ZF 预编码

通过式（6-17），为了得到 ZF 预编码器矩阵 $\boldsymbol{P}_{ZF}$，需要最小化收、发信号的均方误差（Mean Square Error，MSE），也就是求解如下优化问题[19]

$$\{\boldsymbol{P}_{ZF}, \beta_{ZF}\} = \arg \min_{\{\boldsymbol{P}, \beta\}} \mathbb{E}[\| \boldsymbol{s}_d - \beta^{-1} \boldsymbol{y}_d \|_2^2]$$

$$\text{s.t. } \boldsymbol{HP} = \beta \boldsymbol{I}_{N_r}, \mathbb{E}[\| \boldsymbol{Ps}_d \|_2^2] = E_t \tag{6-18}$$

通过拉格朗日乘子法[20]，可求得的 ZF 预编码器矩阵 $\boldsymbol{P}_{ZF}$ 为[4,19]

$$\boldsymbol{P}_{ZF} = \beta_{ZF} \boldsymbol{H}^\dagger = \beta_{ZF} \boldsymbol{H}^H (\boldsymbol{HH}^H)^{-1} \tag{6-19}$$

其中，$\beta_{ZF} = \sqrt{E_t / \mathrm{Tr}((\boldsymbol{HH}^H)^{-1})}$。参照图 6.7，为了补偿发射机的放大影响（放大系数为 β_{ZF}），接收机可通过自动增益控制（Automatic Gain Control，AGC）对接收信号进行调整，即除以 β_{ZF}。最终，用户端的接收信号 $\boldsymbol{y}_d$ 可表示为

$$\boldsymbol{y}_d = \beta_{ZF}^{-1}(\boldsymbol{HP}_{ZF}\boldsymbol{s}_d + \boldsymbol{n}_d) = \beta_{ZF}^{-1}(\boldsymbol{H}\beta_{ZF}\boldsymbol{H}^H(\boldsymbol{HH}^H)^{-1}\boldsymbol{s}_d + \boldsymbol{n}_d) = \boldsymbol{s}_d + \beta_{ZF}^{-1}\boldsymbol{n}_d \tag{6-20}$$

6.3.2　MMSE 预编码

除了 ZF 预编码之外，MMSE 预编码也是一种常用的线性预编码方法。根据图 6.7 及式（6-17）中的用户端接收信号 $\boldsymbol{y}_d = \beta^{-1}\boldsymbol{HPs}_d + \beta^{-1}\boldsymbol{n}_d$，与 ZF 预编码类似，为了获得 MMSE 预编码器矩阵 $\boldsymbol{P}_{MMSE}$，可求解如下优化问题来最小化收、发信号的 MSE[19]

$$\{\boldsymbol{P}_{MMSE}, \beta_{MMSE}\} = \arg \min_{\{\boldsymbol{P}, \beta\}} \mathbb{E}[\| \boldsymbol{s}_d - \beta^{-1} \boldsymbol{y}_d \|_2^2]$$

$$\text{s.t. } \mathbb{E}[\| \boldsymbol{Ps}_d \|_2^2] = E_t \tag{6-21}$$

于是，通过拉格朗日乘子法[20]，可求得的 MMSE 预编码器矩阵 $\boldsymbol{P}_{MMSE}$ 为[19]

$$\boldsymbol{P}_{MMSE} = \beta_{MMSE} \boldsymbol{H}^H (\boldsymbol{HH}^H + \varepsilon \boldsymbol{I}_{N_r})^{-1} \tag{6-22}$$

这里 $\varepsilon = \mathrm{Tr}(\boldsymbol{R}_n)/E_t = \sigma_n^2/E_t$，$\beta_{MMSE} = \sqrt{E_t / \mathrm{Tr}((\boldsymbol{HH}^H + \varepsilon \boldsymbol{I}_{N_r})^{-2}\boldsymbol{HH}^H)}$。注意到 MMSE 预编码器矩阵 $\boldsymbol{P}_{MMSE}$ 需要额外的噪声统计信息 σ_n^2，因此，其性能要优于

ZF 预编码器矩阵 $\boldsymbol{P}_{\text{ZF}}$。最终，用户端的接收信号 $\boldsymbol{y}_d$ 可表示为

$$\boldsymbol{y}_d = \beta_{\text{MMSE}}^{-1}(\boldsymbol{H}\boldsymbol{P}_{\text{MMSE}}\boldsymbol{s}_d + \boldsymbol{n}_d) = \beta_{\text{MMSE}}^{-1}(\boldsymbol{H}\beta_{\text{MMSE}}\boldsymbol{H}^{\text{H}}(\boldsymbol{H}\boldsymbol{H}^{\text{H}} + \varepsilon\boldsymbol{I}_{N_r})^{-1}\boldsymbol{s}_d + \boldsymbol{n}_d)$$
$$= \boldsymbol{s}_d + \beta_{\text{MMSE}}^{-1}\boldsymbol{n}_d \tag{6-23}$$

针对以上设计的 ZF/MMSE 预编码器 MATLAB 仿真程序详见附录 A 中的程序"Precoder_ZF_MMSE.m"。通过对该程序进行仿真可以得到如图 6.8 所示的发射端设计 ZF 和 MMSE 预编码方案的误比特率（Bit Error Rate，BER）性能比较。从图 6.8 中可看出，由于 MMSE 预编码方案考虑了噪声的影响，故其信号检测 BER 性能要明显优于 ZF 预编码方案。

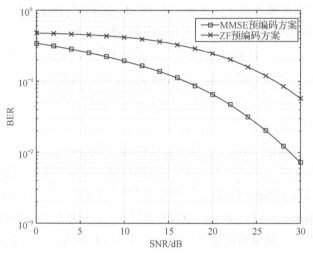

图 6.8　发射端设计 ZF 和 MMSE 预编码方案的 BER 性能比较

6.3.3　其他预编码方法

1）MF 预编码

由于发射机已知了完整的 CSI，还可以通过设计发射端的预编码器来最大化接收端的 SNR，可求解如下优化问题获得 MF 预编码器矩阵 $\boldsymbol{P}_{\text{MF}}$[19]

$$\boldsymbol{P}_{\text{MF}} = \arg\min_{\boldsymbol{P}} \mathbb{E}\left[\frac{\boldsymbol{s}_d^{\text{H}}\boldsymbol{y}_d}{\|\boldsymbol{n}_d\|_2^2}\right] \quad \text{s.t.} \quad \mathbb{E}[\|\boldsymbol{P}\boldsymbol{s}_d\|_2^2] = E_t \tag{6-24}$$

通过拉格朗日乘子法[20]，可求得的 MF 预编码器矩阵 $\boldsymbol{P}_{\text{MF}}$ 为[19]

$$\boldsymbol{P}_{\text{MF}} = \beta_{\text{MF}}\boldsymbol{H}^{\text{H}} \tag{6-25}$$

这里 $\beta_{\text{MF}} = \sqrt{E_t/\text{Tr}(\boldsymbol{H}^{\text{H}}\boldsymbol{H})}$。式（6-25）中的 $\boldsymbol{P}_{\text{MF}}$ 也就是式（6-16）中使用的 MF

预编码器。最终，用户端的接收信号 y_d 可表示为

$$y_d = \beta_{MF}^{-1}(HP_{MF}s_d + n_d) = \beta_{MF}^{-1}(H\beta_{MF}H^H s_d + n_d) = HH^H s_d + \beta_{MF}^{-1}n_d \qquad (6\text{-}26)$$

由式（6-6）的结论知当基站端天线数趋于无穷大时，$y_d \approx s_d + \beta_{MF}^{-1}n_d$。

2）正则化 ZF（Regularized ZF，RZF）预编码

由式（6-19）和式（6-22），考虑在其中的求逆项中添加一个正则项，那么，RZF 预编码器矩阵 P_{RZF} 为

$$P_{RZF} = \beta_{RZF}H^H(HH^H + \delta I_{N_r})^{-1} \qquad (6\text{-}27)$$

其中，β_{RZF} 为总发射功率归一化因子，$\delta > 0$ 为正则化因子，通过调整 δ 来设计出符合要求的预编码器。当 $\delta \to 0$ 时，RZF 预编码矩阵 P_{RZF} 即为式（6-19）中的 ZF 预编码器矩阵 P_{ZF}，而当 δ 取为发射 SNR 的倒数（$\delta = \varepsilon = \sigma_n^2/E_t$）时，$P_{RZF}$ 则为式（6-22）中的 MMSE 预编码器矩阵 P_{MMSE}，再者，当 $\delta \to \infty$ 时，P_{RZF} 则变成式（6-25）中的 MF 预编码器矩阵 P_{MF}。针对 RZF 预编码的性能分析可详见相关文献[19,21]。

3）非线性预编码

在大规模 MIMO 系统中，除了传统的线性预编码方法外，非线性预编码方法也能大幅度提升多用户 MIMO 系统的性能。常见的非线性预编码方法有脏纸编码（Dirty-Paper-Coding，DPC）[22]、Tomlinson-Harashima 预编码（Tomlinson-Harashima Precoding，THP）[23,24]、矢量扰动（Vector Perturbation，VP）预编码[25,26]、格基规约辅助（Lattice- Reduction-Aided，LRA）预编码[27]等。其中，DPC 通过在信号传输之前将发射机中一些已知的潜在干扰删除，可以实现系统的最大和速率（Maximum Sum Rate），而 THP 是 DPC 的一种简单有效的方法，通过反馈处理消除多用户之间的干扰，其复杂度更低，因此在实际实现中比 DPC 更具吸引力。

在一般的 MIMO 系统中，相比于线性预编码技术，非线性预编码技术尽管有着较高的复杂度，但也有着很大的性能提升。然而，在大规模 MIMO 系统中，基站端和用户端的天线数会显著增多，尤其是对于基站而言，通常采用大规模的天线阵列，而这会使得采用非线性预编码技术的系统有相当高的复杂度和难以承受的开销。此外，非线性预编码技术需要非常准确的 CSI，且对错误 CSI 有较高的敏感性，而在大规模 MIMO 系统中实现准确的信道估计和信道反馈也是一个巨大的挑战。同时，随着基站端天线数的增多，如 MF 和 ZF 这类线性预编码方法已经可以趋近于最优性能[4,5]。因此，在大规模 MIMO 系统中使用低复杂度的线性预编码技术将会是一种更实际的选择。

6.4　大规模 MIMO 技术中多用户信号检测方案

对于图 6.6 中的典型大规模 MU-MIMO 系统，基站端配备有 M 根天线，可同时服务 K 个单天线用户（$M \gg K$），考虑上行链路的大规模 MIMO 系统中多用户信号检测，如图 6.9 所示，多用户发射的信号向量为 $\boldsymbol{x}_u = [x_1, \cdots, x_K]^T \in \mathbb{C}^K$，信道矩阵为 $\boldsymbol{H} = [\boldsymbol{h}_1, \cdots, \boldsymbol{h}_K] \in \mathbb{C}^{M \times K}$，若采用信号检测矩阵 $\boldsymbol{W} \in \mathbb{C}^{M \times M}$ 对接收信号进行处理，则基站端接收信号 $\boldsymbol{y}_u \in \mathbb{C}^K$ 为

$$\boldsymbol{y}_u = \boldsymbol{W}(\boldsymbol{H}\boldsymbol{x}_u + \boldsymbol{n}_u) = \boldsymbol{W}\boldsymbol{H}\boldsymbol{x}_u + \boldsymbol{W}\boldsymbol{n}_u \tag{6-28}$$

其中，$\boldsymbol{n}_u \sim \mathcal{CN}(0, \sigma_n^2 \boldsymbol{I}_M)$，发射信号向量 $\boldsymbol{x}_u = [x_{u,1}, \cdots, x_{u,K}]$ 且 $x_{u,k}$ 为第 k 个用户的发射信号，其协方差矩阵满足 $\boldsymbol{R}_x = \mathbb{E}\{\boldsymbol{x}_u \boldsymbol{x}_u^H\} = \boldsymbol{I}_K$，相应地，$\boldsymbol{y}_u = [y_{u,1}, \cdots, y_{u,K}]$ 且 $y_{u,k}$ 为对应第 k 个用户的接收信号。

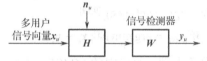

图 6.9　大规模 MIMO 系统中多用户信号检测示意图

6.4.1　ZF 多用户信号检测器

根据式（6-28），为了得到 ZF 信号检测矩阵 $\boldsymbol{W}_{ZF}$，需要优化如下问题[9,19]

$$\boldsymbol{W}_{ZF} = \arg\min_{\boldsymbol{W}} \mathbb{E}[\| \boldsymbol{W}\boldsymbol{n}_u \|_2^2] \tag{6-29}$$

$$\text{s.t. } \boldsymbol{W}\boldsymbol{H} = \boldsymbol{I}_M$$

通过拉格朗日乘子法[20]，可求得 $\boldsymbol{W}_{ZF}$ 为

$$\boldsymbol{W}_{ZF} = \boldsymbol{H}^\dagger = (\boldsymbol{H}^H \boldsymbol{H})^{-1} \boldsymbol{H}^H \tag{6-30}$$

最终，基站端的接收信号 $\boldsymbol{y}_u$ 可表示为

$$\boldsymbol{y}_u = \boldsymbol{W}_{ZF}(\boldsymbol{H}\boldsymbol{x}_u + \boldsymbol{n}_u) = \boldsymbol{x}_u + (\boldsymbol{H}^H \boldsymbol{H})^{-1} \boldsymbol{H}^H \boldsymbol{n}_u = \boldsymbol{x}_u + \tilde{\boldsymbol{n}}_{ZF} \tag{6-31}$$

其中，$\tilde{\boldsymbol{n}}_{ZF} = \boldsymbol{W}_{ZF} \boldsymbol{n}_u = (\boldsymbol{H}^H \boldsymbol{H})^{-1} \boldsymbol{H}^H \boldsymbol{n}_u$。由于信号检测的差错与噪声项 $\tilde{\boldsymbol{n}}_{ZF}$ 的功率（即 $\| \tilde{\boldsymbol{n}}_{ZF} \|_2^2$）直接相关，这里通过 SVD 来分析噪声功率的期望值。具体地，对信道矩阵 $\boldsymbol{H}$ 进行 SVD 得到 $\boldsymbol{H} = \boldsymbol{U}\boldsymbol{D}\boldsymbol{V}^H$，其中对角矩阵 $\boldsymbol{D}$ 的对角元素为奇异值 $\{\lambda_1, \lambda_2, \cdots, \lambda_K\}$，那么

$$\| \tilde{n}_{ZF} \|_2^2 = \|(H^H H)^{-1} H^H n_u \|_2^2 = \|(VD^2 V^H)^{-1} VDU^H n_u \|_2^2 \qquad (6\text{-}32)$$

$$= \| VD^{-2} V^H VDU^H n_u \|_2^2 = \| VD^{-1} U^H n_u \|_2^2 \overset{(a)}{=} \| D^{-1} U^H n_u \|_2^2$$

这里等式（a）成立是因为对于一个酉矩阵 Q，有 $\| Qx \|_2^2 = x^H Q^H Qx = x^H x = \| x \|_2^2$。于是，取 $\| \tilde{n}_{ZF} \|_2^2$ 的期望可得

$$\mathbb{E}\{\| \tilde{n}_{ZF} \|_2^2\} = \mathbb{E}\{\| D^{-1} U^H n_u \|_2^2\} = \mathbb{E}\{\mathrm{Tr}(D^{-1} U^H n_u n_u^H U D^{-1})\}$$

$$= \mathrm{Tr}(D^{-1} U^H \mathbb{E}\{n_u n_u^H\} U D^{-1}) = \mathrm{Tr}(\sigma_n^2 D^{-1} U^H U D^{-1}) \qquad (6\text{-}33)$$

$$= \sigma_n^2 \mathrm{Tr}(D^{-2}) = \sum_{k=1}^{K} \frac{\sigma_n^2}{\lambda_k^2}$$

6.4.2 MMSE 多用户信号检测器

根据图 6.9 及式（6-28）中的基站端接收信号 $y_u = WH x_u + W n_u$。与 ZF 多用户信号检测类似，MMSE 多用户信号检测矩阵 W_{MMSE} 可通过求解如下优化问题来获得，即最小化收、发信号的 MSE[9,19]

$$W_{MMSE} = \arg\min_{W} \mathbb{E}[\| x_u - y_u \|_2^2] \qquad (6\text{-}34)$$

于是，通过拉格朗日乘子法[20]，可求得的 MMSE 预编码矩阵 W_{MMSE} 为[19]

$$W_{MMSE} = (H^H H + \sigma_n^2 I_K)^{-1} H^H \qquad (6\text{-}35)$$

注意到这里 MMSE 预编码矩阵 W_{MMSE} 需要额外的噪声统计信息 σ_n^2。最终，基站端的接收信号 y_u 可表示为

$$y_u = W_{MMSE}(H x_u + n_u) = x_u + (H^H H + \sigma_n^2 I_K)^{-1} H^H n_u = x_u + \tilde{n}_{MMSE} \qquad (6\text{-}36)$$

其中，$\tilde{n}_{MMSE} = (H^H H + \sigma_n^2 I_K)^{-1} H^H n_u$。类似于 ZF 多用户信号检测，通过 SVD 来分析噪声功率的期望值。首先，噪声项 $\tilde{n}_{MMSE}$ 的功率为

$$\| \tilde{n}_{MMSE} \|_2^2 = \left\| (H^H H + \sigma_n^2 I_K)^{-1} H^H n_u \right\|_2^2 = \|(VD^2 V^H + \sigma_n^2 I_K)^{-1} VDU^H n_u \|_2^2$$

$$= \|(VD^2 V^H + \sigma_n^2 I_K)^{-1} (D^{-1} V^H)^{-1} U^H n_u \|_2^2 = \|(DV^H + \sigma_n^2 D^{-1} V^H)^{-1} U^H n_u \|_2^2$$

$$= \| V(D + \sigma_n^2 D^{-1})^{-1} U^H n_u \|_2^2 = \|(D + \sigma_n^2 D^{-1})^{-1} U^H n_u \|_2^2$$

$$(6\text{-}37)$$

于是，$\| \tilde{n}_{MMSE} \|_2^2$ 的期望为

$$\mathbb{E}\{\| \tilde{n}_{MMSE} \|_2^2\} = \mathbb{E}\{\|(D + \sigma_n^2 D^{-1})^{-1} U^H n_u \|_2^2\} = \mathbb{E}\{\mathrm{Tr}((D + \sigma_n^2 D^{-1})^{-1} U^H n_u n_u^H U(D +$$

$$\sigma_n^2 D^{-1})^{-1})\}$$

$$= \mathrm{Tr}((D + \sigma_n^2 D^{-1})^{-1} U^H \mathbb{E}\{n_u n_u^H\} U(D + \sigma_n^2 D^{-1})^{-1})$$

$$= \mathrm{Tr}(\sigma_n^2 (D + \sigma_n^2 D^{-1})^{-2})$$

$$= \sum_{k=1}^{K} \sigma_n^2 \left(\lambda_k + \frac{\sigma_n^2}{\lambda_k} \right)^{-2} = \sum_{k=1}^{K} \frac{\sigma_n^2 \lambda_k^2}{(\sigma_n^2 + \lambda_k^2)^2} \tag{6-38}$$

由式（6-33）和式（6-38）可看出，当信道矩阵 $\bm{H}$ 的条件数很大，也即其最小奇异值非常小时，ZF 和 MMSE 多用户信号检测器这类线性检测器会放大噪声造成的影响，且它们的影响分别为[17]

$$\text{ZF:}\ \mathbb{E}\{\|\tilde{\bm{n}}_{\text{ZF}}\|_2^2\} = \sum_{k=1}^{K} \frac{\sigma_n^2}{\lambda_k^2} \approx \frac{\sigma_n^2}{\lambda_{\min}^2} \tag{6-39a}$$

$$\text{MMSE:}\ \mathbb{E}\{\|\tilde{\bm{n}}_{\text{MMSE}}\|_2^2\} = \sum_{k=1}^{K} \frac{\sigma_n^2 \lambda_k^2}{(\sigma_n^2 + \lambda_k^2)^2} \approx \frac{\sigma_n^2 \lambda_{\min}^2}{(\sigma_n^2 + \lambda_{\min}^2)^2} \tag{6-39b}$$

其中，$\lambda_{\min} = \min\{\lambda_1, \lambda_2, \cdots, \lambda_K\}$。通过比较式（6-39a）和式（6-39b），可发现 ZF 信号检测器对噪声的放大影响比 MMSE 检测器的更显著。相反地，若 $\sigma_n^2 \ll \lambda_{\min}^2$，那么式（6-39b）中分母 $\sigma_n^2 + \lambda_{\min}^2 \approx \lambda_{\min}^2$，则两种信号检测器的效果是等价的。

针对以上接收端设计的 ZF/MMSE 多用户信号检测器 MATLAB 仿真程序详见附录 B 中的程序 "Detector_ZF_MMSE_Multi_User_Uplink.m"。通过对该程序进行仿真可得到如图 6.10 所示的 ZF 和 MMSE 多用户信号检测器的 BER 性能比较。

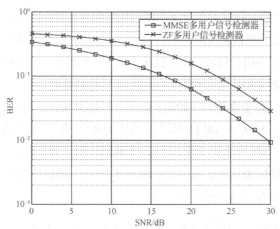

图 6.10　接收端设计 ZF 和 MMSE 多用户信号检测器的 BER 性能比较

6.4.3　下行多用户多天线信号检测方案

在多用户 MIMO 系统中，下行链路信道通常被称为广播信道（Broadcast Channel，BC）。对于下行链路的多用户多天线的信号检测，仍考虑图 6.6 中的典型大规模 MU-MIMO 系统，这时，基站端配备有 M 根天线，可服务于 K 个用户，且每个用户配备有 D 根天线。为了方便说明问题，基站端的天线数与用户端的总天线数满足 $M = K \times D$，那么，该多用户多天线 MIMO 系统下行链路 BC 的信号传输过程如图 6.11 所示。

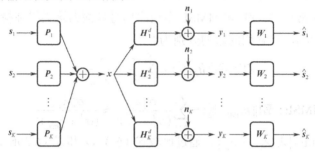

图 6.11　多用户多天线 MIMO 系统下行链路 BC 的信号传输过程

对于之前多用户上行传输的场景下，由于用户端只有一根天线，所以基站只需要处理接收天线间的干扰即可。而当多用户下行传输且用户端使用多天线时，用户端接收信号时不仅需要消除自身天线间的干扰，还需要考虑用户间的干扰问题。这时，若仍用 ZF 和 MMSE 多用户信号检测方法来处理，从目标用户的角度看，会使噪声增强变得更严重。在这种情况下，使用块对角化（Block Diagonalization，BD）预编码处理可以消除来自其他用户的信号干扰[28]，而对于每个用户的天线间干扰可通过 ZF 和 MMSE 多用户信号检测方法来消除[17]。下面将具体说明如何联合使用块对角化+ZF/MMSE 多用户信号检测方法进行信号检测处理。

参见图 6.11，对于多用户 MIMO 系统下行链路 BC 信号传输，基站端的原始发射信号为 $\boldsymbol{s} = [\boldsymbol{s}_1^{\mathrm{T}}, \boldsymbol{s}_2^{\mathrm{T}}, \cdots, \boldsymbol{s}_K^{\mathrm{T}}]^{\mathrm{T}} \in \mathbb{C}^M$，其中 $\boldsymbol{s}_k \in \mathbb{C}^D$ 是对应于第 k 个用户的信号，而 $\boldsymbol{P}_k \in \mathbb{C}^{M \times D}$ 为对应于第 k 个用户的预编码矩阵，$\boldsymbol{H}_k^d \in \mathbb{C}^{D \times M}$ 是基站端与第 k 个用户间的下行信道矩阵，$\boldsymbol{n}_k \sim \mathcal{CN}(\boldsymbol{0}, \sigma_n^2 \boldsymbol{I}_D) \in \mathbb{C}^D$ 是相应的噪声向量，那么，第 k 个用户的接收信号 $\boldsymbol{y}_k \in \mathbb{C}^D$ 为

$$\boldsymbol{y}_k = \boldsymbol{H}_k^d \boldsymbol{x} + \boldsymbol{n}_k = \boldsymbol{H}_k^d \sum_{i=1}^K \boldsymbol{P}_i \boldsymbol{s}_i + \boldsymbol{n}_k = \boldsymbol{H}_k^d \boldsymbol{P}_k \boldsymbol{s}_k + \sum_{i=1, i \neq k}^K \boldsymbol{H}_k^d \boldsymbol{P}_i \boldsymbol{s}_i + \boldsymbol{n}_k \qquad （6\text{-}40）$$

这里 $\boldsymbol{x} = \sum_{i=1}^K \boldsymbol{P}_i \boldsymbol{s}_i \in \mathbb{C}^M$ 是基站端的发射信号。简单来说，BD 预编码方法的思想是在发射端通过预编码处理来消除不同用户间的干扰，也就是通过设计式（6-40）中对应不同用户的预编码矩阵 $\{\boldsymbol{P}_i\}_{i=1}^K$ 以令来自其他用户的干扰项 $\sum_{i=1, i \neq k}^K \boldsymbol{H}_k^d \boldsymbol{P}_i \boldsymbol{s}_i = \boldsymbol{0}_D$[28]。

接下来具体说明 BD 预编码器的设计过程。集合所有 K 个用户的接收信号后，有

$$
\begin{bmatrix} \boldsymbol{y}_1 \\ \boldsymbol{y}_2 \\ \vdots \\ \boldsymbol{y}_K \end{bmatrix} = \begin{bmatrix} \boldsymbol{H}_1^d \boldsymbol{x} \\ \boldsymbol{H}_2^d \boldsymbol{x} \\ \vdots \\ \boldsymbol{H}_K^d \boldsymbol{x} \end{bmatrix} + \begin{bmatrix} \boldsymbol{n}_1 \\ \boldsymbol{n}_2 \\ \vdots \\ \boldsymbol{n}_K \end{bmatrix} = \begin{bmatrix} \boldsymbol{H}_1^d & \boldsymbol{H}_1^d & \cdots & \boldsymbol{H}_1^d \\ \boldsymbol{H}_2^d & \boldsymbol{H}_2^d & \cdots & \boldsymbol{H}_2^d \\ \vdots & \vdots & \ddots & \vdots \\ \boldsymbol{H}_K^d & \boldsymbol{H}_K^d & \cdots & \boldsymbol{H}_K^d \end{bmatrix} \begin{bmatrix} \boldsymbol{P}_1 \boldsymbol{s}_1 \\ \boldsymbol{P}_2 \boldsymbol{s}_2 \\ \vdots \\ \boldsymbol{P}_K \boldsymbol{s}_K \end{bmatrix} + \begin{bmatrix} \boldsymbol{n}_1 \\ \boldsymbol{n}_2 \\ \vdots \\ \boldsymbol{n}_K \end{bmatrix}
$$

$$
= \begin{bmatrix} \boldsymbol{H}_1^d \boldsymbol{P}_1 & \boldsymbol{H}_1^d \boldsymbol{P}_2 & \cdots & \boldsymbol{H}_1^d \boldsymbol{P}_K \\ \boldsymbol{H}_2^d \boldsymbol{P}_1 & \boldsymbol{H}_2^d \boldsymbol{P}_2 & \cdots & \boldsymbol{H}_2^d \boldsymbol{P}_K \\ \vdots & \vdots & \vdots & \vdots \\ \boldsymbol{H}_K^d \boldsymbol{P}_1 & \boldsymbol{H}_K^d \boldsymbol{P}_2 & \cdots & \boldsymbol{H}_K^d \boldsymbol{P}_K \end{bmatrix} \begin{bmatrix} \boldsymbol{s}_1 \\ \boldsymbol{s}_2 \\ \vdots \\ \boldsymbol{s}_K \end{bmatrix} + \begin{bmatrix} \boldsymbol{n}_1 \\ \boldsymbol{n}_2 \\ \vdots \\ \boldsymbol{n}_K \end{bmatrix}
\tag{6-41}
$$

其中，$\{\boldsymbol{H}_k^d \boldsymbol{P}_i\}_{k=1,i=1}^{K}$ 表示由基站端第 i 个用户的预编码器与第 k 个用户对应信道所组成的等效信道矩阵。从式（6-41）可看出，若 $\boldsymbol{H}_k^d \boldsymbol{P}_i \neq \boldsymbol{0}_{D \times D}, \forall i \neq k$，$\{\boldsymbol{H}_k^d \boldsymbol{P}_i\}_{i \neq k}$ 均会对第 k 个用户产生干扰。相反地，如果式（6-41）中的等效信道矩阵能被块对角化，即设计 $\{\boldsymbol{P}_i\}_{i=1}^{K}$ 来实现 $\boldsymbol{H}_k^d \boldsymbol{P}_i = \boldsymbol{0}_{D \times D}, \forall i \neq k$，系统就能实现多用户无干扰传输，这时，第 k 个用户的无干扰接收信号可表示为 $\boldsymbol{y}_k = \boldsymbol{H}_k^d \boldsymbol{P}_k \boldsymbol{s}_k + \boldsymbol{n}_k$，之后再结合 ZF/MMSE 多用户信号检测方法即可估计出其中对应第 k 个用户的原始信号 $\boldsymbol{s}_k$。在设计预编码器时，由于基站端已经获取了基站与各用户间的信道矩阵 $\{\boldsymbol{H}_k^d\}_{k=1}^{K}$，那么，可构建如下的信道矩阵 $\tilde{\boldsymbol{H}}_k^d \in \mathbb{C}^{(M-D) \times M}$

$$
\tilde{\boldsymbol{H}}_k^d = [(\boldsymbol{H}_1^d)^{\mathrm{H}}, \cdots, (\boldsymbol{H}_{k-1}^d)^{\mathrm{H}}, (\boldsymbol{H}_{k+1}^d)^{\mathrm{H}}, \cdots, (\boldsymbol{H}_K^d)^{\mathrm{H}}]^{\mathrm{H}}
\tag{6-42}
$$

该矩阵是由除第 k 个用户信道外其他所有用户信道矩阵所组成的。于是，通过设计 K 个预编码矩阵 $\{\boldsymbol{P}_k\}_{k=1}^{K}$ 来保证下式成立

$$
\tilde{\boldsymbol{H}}_k^d \boldsymbol{P}_k = \boldsymbol{0}_{(M-D) \times D}, \ k = 1, 2, \cdots, K
\tag{6-43}
$$

因此，设计好的第 k 个用户所对应的预编码矩阵 $\boldsymbol{P}_k$ 必须落在 $\tilde{\boldsymbol{H}}_k^d$ 的零空间[①]内。将式（6-43）代入式（6-41）中可得

$$
\begin{bmatrix} \boldsymbol{y}_1 \\ \boldsymbol{y}_2 \\ \vdots \\ \boldsymbol{y}_K \end{bmatrix} = \begin{bmatrix} \boldsymbol{H}_1^d \boldsymbol{P}_1 & \boldsymbol{0}_{D \times D} & \cdots & \boldsymbol{0}_{D \times D} \\ \boldsymbol{0}_{D \times D} & \boldsymbol{H}_2^d \boldsymbol{P}_2 & \cdots & \boldsymbol{0}_{D \times D} \\ \vdots & \vdots & \ddots & \vdots \\ \boldsymbol{0}_{D \times D} & \boldsymbol{0}_{D \times D} & \cdots & \boldsymbol{H}_K^d \boldsymbol{P}_K \end{bmatrix} \begin{bmatrix} \boldsymbol{s}_1 \\ \boldsymbol{s}_2 \\ \vdots \\ \boldsymbol{s}_K \end{bmatrix} + \begin{bmatrix} \boldsymbol{n}_1 \\ \boldsymbol{n}_2 \\ \vdots \\ \boldsymbol{n}_K \end{bmatrix}
\tag{6-44}
$$

---

① 一个矩阵 $\boldsymbol{A} \in \mathbb{C}^{m \times n}$ 的零空间是一组 n 维向量的集合，可定义为 $\mathrm{Null}(\boldsymbol{A}) = \{\boldsymbol{x} \in \mathbb{C}^n : \boldsymbol{A}\boldsymbol{x} = \boldsymbol{0}_m\}$，即线性方程组 $\boldsymbol{A}\boldsymbol{x} = \boldsymbol{0}_m$ 的所有解 $\boldsymbol{x}$ 的集合为 $\boldsymbol{A}$ 的零空间 $\mathrm{Null}(\boldsymbol{A})$。如果一个矩阵 $\boldsymbol{B} \in \mathbb{C}^{l \times n}$ 落入 $\boldsymbol{A} \in \mathbb{C}^{m \times n}$ 的零空间 $\mathrm{Null}(\boldsymbol{A})$ 中，这就意味着 $\boldsymbol{B}$ 的所有列向量都在 $\mathrm{Null}(\boldsymbol{A})$ 内。

具体来说，为了设计第 k 个用户所对应的预编码矩阵 $\boldsymbol{P}_k$，对信道矩阵 $\tilde{\boldsymbol{H}}_k^d \in \mathbb{C}^{(M-D)\times M}$（$M-D<M$）进行 SVD 处理，即

$$\tilde{\boldsymbol{H}}_k^d = \tilde{\boldsymbol{U}}_k \tilde{\boldsymbol{\Lambda}}_k \tilde{\boldsymbol{V}}_k^{\mathrm{H}} = \tilde{\boldsymbol{U}}_k \underbrace{[\tilde{\boldsymbol{\Lambda}}_k^{\text{non-zero}}, \boldsymbol{0}_{(M-D)\times D}]}_{\tilde{\boldsymbol{\Lambda}}_k} \underbrace{[\tilde{\boldsymbol{V}}_k^{\text{non-zero}}, \tilde{\boldsymbol{V}}_k^{\text{zero}}]}_{\tilde{\boldsymbol{V}}_k}^{\mathrm{H}} \qquad (6\text{-}45)$$

其中，$\tilde{\boldsymbol{\Lambda}}_k^{\text{non-zero}} \in \mathbb{C}^{(M-D)\times(M-D)}$ 是一个对角矩阵，其对角元素包含了 $\tilde{\boldsymbol{H}}_k^d$ 的所有 $(M-D)$ 个奇异值，$\tilde{\boldsymbol{V}}_k^{\text{non-zero}} \in \mathbb{C}^{M\times(M-D)}$ 和 $\tilde{\boldsymbol{V}}_k^{\text{zero}} \in \mathbb{C}^{M\times D}$ 分别是由非零奇异值和零奇异值对应的右奇异向量所组成的矩阵。那么，将 $\tilde{\boldsymbol{H}}_k^d$ 与 $\tilde{\boldsymbol{V}}_k^{\text{zero}}$ 相乘，可得以下关系式

$$\begin{aligned}
\tilde{\boldsymbol{H}}_k^d \tilde{\boldsymbol{V}}_k^{\text{zero}} &= \tilde{\boldsymbol{U}}_k \left[\tilde{\boldsymbol{\Lambda}}_k^{\text{non-zero}}, \boldsymbol{0}_{(M-D)\times D}\right] \begin{bmatrix} (\tilde{\boldsymbol{V}}_k^{\text{non-zero}})^{\mathrm{H}} \\ (\tilde{\boldsymbol{V}}_k^{\text{zero}})^{\mathrm{H}} \end{bmatrix} \tilde{\boldsymbol{V}}_k^{\text{zero}} \\
&= \tilde{\boldsymbol{U}}_k \tilde{\boldsymbol{\Lambda}}_k^{\text{non-zero}} (\tilde{\boldsymbol{V}}_k^{\text{non-zero}})^{\mathrm{H}} \tilde{\boldsymbol{V}}_k^{\text{zero}} \\
&= \tilde{\boldsymbol{U}}_k \tilde{\boldsymbol{\Lambda}}_k^{\text{non-zero}} \boldsymbol{0}_{(M-D)\times D} = \boldsymbol{0}_{(M-D)\times D}
\end{aligned} \qquad (6\text{-}46)$$

从式（6-46）可看出，矩阵 $\tilde{\boldsymbol{V}}_k^{\text{zero}}$ 处于 $\tilde{\boldsymbol{H}}_k^d$ 的零空间内，也就是说，可将 $\tilde{\boldsymbol{V}}_k^{\text{zero}}$ 作为第 k 个用户所对应的预编码矩阵 $\boldsymbol{P}_k$，即 $\boldsymbol{P}_k = \tilde{\boldsymbol{V}}_k^{\text{zero}}$，当原始信号 $\boldsymbol{s}_k$ 以 $\tilde{\boldsymbol{V}}_k^{\text{zero}}$ 方向发送时，第 k 个用户以外的其他所有用户根本接收不到该信号。于是，式（6-44）变为 $\boldsymbol{y}_k = \boldsymbol{H}_k^d \tilde{\boldsymbol{V}}_k^{\text{zero}} \boldsymbol{s}_k + \boldsymbol{n}_k, \ k=1,2,\cdots,K$。

为了消除用户端天线间的干扰，每个用户接收到的信号还需要经过信号检测及处理。若采用 ZF 多用户信号检测器，则图 6.11 中第 k 个用户的 ZF 多用户信号检测矩阵 $\boldsymbol{W}_k^{\text{ZF}} \in \mathbb{C}^{D\times D}$ 为

$$\boldsymbol{W}_k^{\text{ZF}} = (\boldsymbol{H}_k^d \tilde{\boldsymbol{V}}_k^{\text{zero}})^{\dagger} = ((\boldsymbol{H}_k^d \tilde{\boldsymbol{V}}_k^{\text{zero}})^{\mathrm{H}} (\boldsymbol{H}_k^d \tilde{\boldsymbol{V}}_k^{\text{zero}}))^{-1} (\boldsymbol{H}_k^d \tilde{\boldsymbol{V}}_k^{\text{zero}})^{\mathrm{H}} \qquad (6\text{-}47)$$

第 k 个用户的相应估计信号 $\hat{\boldsymbol{s}}_k^{\text{ZF}} \in \mathbb{C}^D$ 可表示为

$$\hat{\boldsymbol{s}}_k^{\text{ZF}} = \boldsymbol{W}_k^{\text{ZF}} (\boldsymbol{H}_k^d \tilde{\boldsymbol{V}}_k^{\text{zero}} \boldsymbol{s}_k + \boldsymbol{n}_k) = \boldsymbol{s}_k + \boldsymbol{W}_k^{\text{ZF}} \boldsymbol{n}_k \qquad (6\text{-}48)$$

若采用 MMSE 多用户信号检测器，则第 k 个用户的 $\boldsymbol{W}_k^{\text{MMSE}} \in \mathbb{C}^{D\times D}$ 为

$$\boldsymbol{W}_k^{\text{MMSE}} = ((\boldsymbol{H}_k^d \tilde{\boldsymbol{V}}_k^{\text{zero}})^{\mathrm{H}} (\boldsymbol{H}_k^d \tilde{\boldsymbol{V}}_k^{\text{zero}}) + \sigma_n^2 \boldsymbol{I}_K)^{-1} (\boldsymbol{H}_k^d \tilde{\boldsymbol{V}}_k^{\text{zero}})^{\mathrm{H}} \qquad (6\text{-}49)$$

那么，第 k 个用户的相应估计信号 $\hat{\boldsymbol{s}}_k^{\text{MMSE}} \in \mathbb{C}^D$ 可表示为

$$\hat{\boldsymbol{s}}_k^{\text{MMSE}} = \boldsymbol{W}_k^{\text{MMSE}} (\boldsymbol{H}_k^d \tilde{\boldsymbol{V}}_k^{\text{zero}} \boldsymbol{s}_k + \boldsymbol{n}_k) = \boldsymbol{s}_k + \boldsymbol{W}_k^{\text{MMSE}} \boldsymbol{n}_k \qquad (6\text{-}50)$$

对于以上下行链路基站端利用 BD 设计预编码器和用户端设计 ZF/MMSE 信号检测器的 MATLAB 仿真程序详见附录 C 中的程序"Detector_BD_ZF_MMSE_Multi_User_Downlink.m"。通过对该程序进行仿真可得到如图 6.12 所示的发送端设计 BD 预编码器，接收端设计 ZF 和 MMSE 多用户信号检测器的 BER 性能比较。

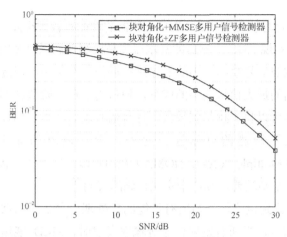

图 6.12　发送端设计 BD 预编码器，接收端设计 ZF 和
MMSE 多用户信号检测器的 BER 性能比较

6.4.4　其他多用户信号检测器

1）最大比合并（Maximum-Ratio Combining，MRC）多用户信号检测器

对于式（6-28），MRC 信号检测器矩阵 W_{MRC} 能最大化检测器处理信号的 SNR，可以通过求解如下优化问题来获得 W_{MRC}[9,19]

$$W_{\mathrm{MRC}} = \arg\min_{W} \mathbb{E}\left[\frac{x_u^{\mathrm{H}} y_u}{\|W n_u\|_2^2} \right] \tag{6-51}$$

于是，可求得的 MRC 信号检测器矩阵 W_{MRC} 为[9]

$$W_{\mathrm{MRC}} = H^{\mathrm{H}} \tag{6-52}$$

式（6-52）中的 W_{MRC} 也就是式（6-14）中使用的 MF 多用户检测器。最终，用户端的接收信号 y_u 可表示为

$$y_u = W_{\mathrm{MRC}}(H x_u + n_u) = H^{\mathrm{H}}(H x_u + n_u) = H H^{\mathrm{H}} x_u + H^{\mathrm{H}} n_u \stackrel{M \gg K}{\approx} x_u + H^{\mathrm{H}} n_u \tag{6-53}$$

2）非线性信号检测器

通常而言，相比于以上提到的线性信号检测器，非线性信号检测器的硬件实现复杂度较高，但其检测性能要比线性信号检测器好。常见的非线性信号检测技术有串行干扰消除（Successive Interference Cancelation，SIC）、最大似然检测（Maximum Likelihood Detection，MLD）、球形译码器（Sphere Decoder，SD）、格基规约辅助（Lattice-Reduction-Aided，LRA）等。

SIC 作为一项多用户检测技术[29]，早在第三代移动通信技术如 CDMA 中已被采用。与线性信号检测器相比，SIC 检测器的性能有较大提高，且其硬件改动不大，从而易于实现。SIC 检测器的基本原理是检测器通过对多用户接收信号进行数据判决，按照信号功率大小的顺序进行操作，在每个阶段逐步从接收信号中减去已检测出的最大信号功率的成分，使得用于后续阶段的剩余信号具有更少的干扰。这样可以将干扰降到最低，并且信号越弱，提供的性能增益越大，从而大大增加了检测的可靠性。此外，上行链路的非正交多址接入（Non-orthogonal Multiple Access，NOMA）在用户端采用非正交传输，主动引入干扰信息，并在基站端通过 SIC 来实现正确的解调[30]。

MLD 通过找到接收信号与所有可能的后处理信号之间的欧氏距离的最小值来检测发射信号，当所有发射信号等概率发射时，MLD 能达到最大后验概率（Maximum A Posteriori，MAP）检测的最佳性能[31]。然而，MLD 的复杂度会随着发射天线数（或用户数）的增加而显著上升。

MLD 复杂度高的原因在于它需要遍历搜索所有可能的候选符号，而作为准 MLD 的 SD 的目标是寻找具有最小 ML 度量的发射信号向量[32]，其主要思想是在给定半径的多维球体内，通过调整搜索半径寻找具有最小 ML 度量的发射信号向量，当给定多维球体内没有格点，则放大半径，而当给定多维球体内有多个格点则缩小半径；直到其内部只存在一个 ML 解向量，此向量即为最优解向量。由于 SD 不需要搜索所有可能的发射信号向量，因此其复杂度要明显低于 MLD。

由于传统线性检测器和 SIC 检测器在检测过程容易放大噪声的影响，当信道矩阵的条件数较大时，噪声的放大尤为明显，而格基规约辅助（Lattice-Reduction Aided，LRA）算法通过提高信道矩阵的正交性，能够有效减少信道矩阵的条件数，从而极大地提高了信号检测的性能。同时，LRA 还可以与各种信号检测方法联合使用，比如 LRA-ZF[33]，LRA-SIC[34,35]等。

与非线性预编码技术类似，在大规模 MIMO 系统中，随着基站端和用户端的天线数以及用户数量的显著增加，非线性信号检测器的高复杂度越发难以承受。如何降低大规模 MIMO 系统中非线性信号检测器的复杂度是一个关键问题[11]。

6.5 大规模 MIMO 技术中的信道估计

本节首先讨论大规模 MIMO 系统中 TDD 模式与 FDD 模式的区别，介绍正交导频与多小区导频污染的概念,同时,对一些信道估计方案作简单的介绍,最后介绍基于压缩感知(Compressive Sensing,CS)的信道估计方案。

6.5.1　TDD 与 FDD 信道估计差异

在一般的 MIMO 系统中,基站端需要知道完整的 CSI,以便能在下行链路中进行多用户预编码,以及在上行链路中完成信号检测。MIMO 系统获取 CSI 通常是在信道估计阶段,而信道估计所需的时频资源与发射天线的数量成正比,且与接收天线的数量无关。

对于一个采用 FDD 模式的 MIMO 系统来说,上、下行传输使用了不同的频带,因此,对应上、下行的 CSI 也是不同的。其中,上行信道估计是通过所有用户发送不同的导频序列给基站端并在基站端进行信道估计的,这时,上行导频传输所需的时间开销与基站端的天线数无关。然而,获得下行信道的 CSI 需要进行以下两个阶段,即首先基站发送导频符号给所有用户,然后所有用户(部分或者完全)反馈其估计到的下行信道 CSI 给基站。这时,系统发送下行导频符号所需的时间与基站端的天线数量成正比。也就是说,当基站端天线数量增大到一定程度时,系统使用的传统下行信道估计方案将不再适用。举一个简单的例子,考虑一个相干时间间隔为 1ms 的信道,且在该信道相干时间内,系统能够支持传输 100 个复符号,假如基站端装备有 100 根天线,同时每根天线对应的信道均采用正交导频波形,那么,所有的相干时间将被用于进行下行训练,而没有多余的时间用于进行数据传输。此外,用户端所估计的下行信道还须反馈至基站端进行后续包括波束赋形等的信号处理,所以,高维度下行 CSI 的反馈也会造成难以承受的信道反馈开销。如何有效地解决 FDD 模式下大规模 MIMO 系统的信道估计问题具有十分大的挑战性。

相比之下,采用 TDD 模式的 MIMO 系统中的信道估计方案能够很好地解决这个难题。根据信道互易性,系统只需要估计上行链路所对应 CSI 即可。如图 6.13 所示为一种 TDD 模式下多用户 MIMO 的帧结构[36]。根据该帧结构,首先所有小区中的所有用户同步地发送上行数据信号;接着用户发送导频序列,基站利用接收到的导频序列来估计对应于该小区内用户的 CSI;然后,基站利用估计到的 CSI 来检测上行数据,并产生波束赋形向量用于下行数据传输。然而,由于在有限的信道相干时间间隔内,相邻小区内用户所利用的导频

序列可能不再与本小区内的用户相互正交，这就引发了导频污染问题，这将在
6.5.2 节中详细讲述。此外，由于 RF 链路的校正误差和有限信道相干时间的影
响，TDD 系统根据上行链路估计的 CSI 来获得对应下行链路的 CSI 可能并不
精确[17]。同时，基于 FDD 模式的大规模 MIMO 系统可以提供比 TDD 系统更
低的系统时延。

上行数据	上行导频	基站处理	下行数据	下行数据	下行数据

图 6.13　TDD 模式下多用户 MIMO 的帧结构

6.5.2　基于正交导频信道估计的瓶颈与导频污染

上面已经讨论过大规模 MIMO 系统若采用 FDD 模式会导致过高的信道估
计开销和信道反馈开销，因此，TDD 模式更有可能应用在大规模 MIMO 系统
中。对于基于 TDD 的大规模 MIMO 传输系统而言，所有用户通过在上行链路
中发送导频序列来估计信道。在一般的单小区多用户 MIMO 系统中，假设小
区中所有用户使用的导频序列与其他小区所用导频序列是完全正交的。为了说
明基于正交导频的信道估计所遇到的瓶颈问题，可令多小区蜂窝网络中第 l 个
小区第 k 个用户使用的导频序列为 $\boldsymbol{x}_{k,l} = [x_{k,l}^{(1)}, \cdots, x_{k,l}^{(N)}]^{\mathrm{T}}$，这里 N 表示该导频序
列的长度，且每个导频符号的能量为 $\left| x_{k,l}^{(n)} \right| = 1$。理想情况下，在同一个小区内
的用户与相邻小区内的用户所使用的导频序列应该是相互正交的，也就是，

$$\boldsymbol{x}_{k,l}^{\mathrm{H}} \boldsymbol{x}_{j,l'} = \delta[k-j]\delta[l-l'], \ \delta[n] = \begin{cases} 1, n=0 \\ 0, 其他 \end{cases} \quad (6\text{-}54)$$

在这种情况下，基站可以获得无污染的信道向量的估计，即小区内不同用户和
不同小区内用户的信道向量是彼此不相关的。

然而，在给定信道相干时间间隔和系统带宽的情况下，正交导频序列的数
量是有限的，这反过来限制了多小区蜂窝网络能服务的用户数量[5,11]。这也就
形成了基于正交导频信道估计的瓶颈。为了能给更多的用户提供服务，相邻小
区内就需要使用非正交的导频序列，那么，对于不同小区内不同用户的导频序
列，有 $\boldsymbol{x}_{k,l}^{\mathrm{H}} \boldsymbol{x}_{j,l'} \neq 0$。因此，基站端估计到的某一用户的信道向量将会与估计到
的另一个（使用非正交导频序列的）用户的信道向量相关。如图 6.14 所示，
在多小区情形中，这种由不同小区中用户通过上行链路发送非正交导频序列给

目标基站而使得相邻小区内用户的信道估计过程彼此受影响的现象，被称为导频污染效应（Pilot Contamination Effect）[4,5,11]。另一方面，基站端根据受导频污染的接收信号来估计受污染的上行 CSI，而该 CSI 会影响上行数据检测的准确性。在下行传输过程中，导频污染的结果是基站利用估计到的受污染上行 CSI 进行下行链路的预编码处理，这样，处理后的下行信号不仅会传输给当前小区的用户，还会发送给相邻小区中使用了非正交导频序列的用户，相当于产生了一个较强的定向干扰源，且这种干扰与同小区内干扰不一样，它并不会随着基站端天线数的增多而逐渐消失；同时，上行链路的信号传输过程也会遭遇类似的干扰影响[4]。下面，采用一种简单的导频分配方法来具体说明导频污染问题[11,37,38]。

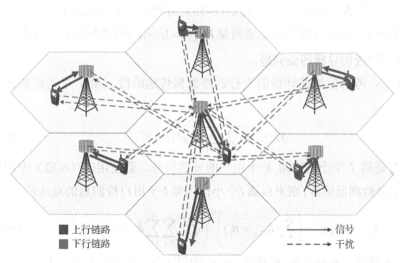

图 6.14 多小区蜂窝网络中的导频污染示意图

考虑一个有 L 个小区的多小区多用户蜂窝网络系统，每个小区的基站配备有 M 根天线，可服务于 K（$K \ll M$）个单天线用户。假设所有小区中的用户均复用相同的有着 K 组正交导频序列的集合，也就是 $\{x_1, \cdots, x_K\}$，这就意味着任一小区的第 k 个用户均使用导频序列 x_k，那么，分配相邻小区用户的相同导频序列将会相互干扰，也就导致了导频污染。K 组正交导频序列可组成一个维度为 $N \times K$ 的正交矩阵 $\boldsymbol{\Phi} = [x_1, \cdots, x_K]$，且 $\boldsymbol{\Phi}$ 满足 $\boldsymbol{\Phi}^H \boldsymbol{\Phi} = NI$。进一步，假设不同小区的导频传输是完全同步的，那么，在第 i 个基站的接收信号矩阵 $Y_i^p \in \mathbb{C}^{M \times N}$ 可表示为

$$Y_i^p = \sqrt{\rho_p} \sum_{l=1}^{L} H_{i,l} \Phi^{\mathrm{T}} + N_i^p \tag{6-55}$$

其中，ρ_p 为导频发射功率，$H_{i,l} = [h_{i,l,1}, \cdots, h_{i,l,K}] \in \mathbb{C}^{M \times K}$ 是从第 l 个小区内所有 K 个用户到第 i 个基站的信道矩阵，且 $h_{i,l,k}$ 为从第 l 个小区内第 k 个用户到第 i 个基站的信道向量，N_i^p 表示导频传输阶段在第 i 个小区处的噪声矩阵，其每一项服从 i.i.d.零均值单位方差的循环对称复高斯分布。为了估计对应第 i 个基站所服务用户的信道，只需要在 Y_i^p 的右边乘上正交导频矩阵的共轭 Φ^* 即可，所得信道矩阵的估计 $\hat{H}_{i,i}$ 为

$$\hat{H}_{i,i} = [\hat{h}_{i,i,1}, \cdots, \hat{h}_{i,i,K}] = \frac{1}{\sqrt{\rho_p} N} Y_i^p \Phi^* = H_{i,i} + \sum_{l \neq i} H_{i,l} + \frac{1}{\sqrt{\rho_p} N} N_i^p \Phi^* \tag{6-56}$$

其中，$\hat{h}_{i,i,k}$ 为 $\hat{H}_{i,i}$ 的第 k 列。从式（6-56）可看出，估计到的 $\hat{h}_{i,i,k}$ 是不同小区内使用相同导频序列用户的信道向量 $h_{i,l,k}(l = 1, \cdots, L)$ 的线性组合，这就产生了信道估计阶段的导频污染问题。

现在，考虑信道估计后的上行链路数据传输阶段，第 i 个基站的接收信号为

$$y_i^u = \sqrt{\rho_u} \sum_{l=1}^{L} \sum_{k=1}^{K} h_{i,l,k} x_{l,k}^u + n_i^u \tag{6-57}$$

这里 $x_{l,k}^u$ 是第 l 个小区内第 k 个用户的发送符号。若使用式（6-52）中的简单 MRC 信号检测器矩阵，则来自第 i 个小区内第 k 个用户检测后的发送符号 $\hat{x}_{i,k}^u$ 为

$$\hat{x}_{i,k}^u = \hat{h}_{i,i,k}^{\mathrm{H}} y_i^u = \left(\sum_{l=1}^{L} (h_{i,l,k} + \hat{n}_i) \right)^{\mathrm{H}} \left(\sqrt{\rho_u} \sum_{l=1}^{L} \sum_{k=1}^{K} h_{i,l,k} x_{l,k}^u + n_i^u \right) \tag{6-58}$$

其中，$\hat{n}_i$ 是式（6-56）中 $N_i^p \Phi^* / \sqrt{\rho_p} N$ 的第 i 列。从式（6-58）和式（6-11）可得出，当基站端天线数趋于无穷大（$M \to \infty$）时，对应第 i 个小区内第 k 个用户的上行 SINR 满足[5]

$$\lim_{M \to \infty} \mathrm{SINR}_{i,k}^u = \frac{d_{i,i,k}^2}{\sum_{l \neq i} d_{i,l,k}^2} \tag{6-59}$$

其中，$d_{i,l,k}$ 为第 l 个小区内第 k 个用户到第 i 个基站之间的大尺度衰落系数。从式（6-59）可知，SINR 只与信道的大尺度衰落系数有关，而随着基站端天线数的增多，小尺度衰落因子和噪声的影响均被平均消除了。此外，当相邻小区使用非正交导频时，当前小区内基站并不能区分估计到的信道向量是对

应于本小区用户还是其他小区用户的信道,因此,式(6-59)中的 SINR 并不会随着基站端天线数的增多而消失,也就是说由导频污染造成的干扰问题会限制 SINR 的上界[4,11]。系统采用 ZF 或 MMSE 多用户信号检测器也会得到类似的结论。

　　导频污染问题也影响着下行链路的数据传输。若直接使用式(6-56)作为下行数据传输的预编码向量,那么,从第 i 个小区内基站到其服务的第 k 个用户的 MF 预编码向量为

$$p_{i,k}^d = \frac{\hat{h}_{i,i,k}}{\|\hat{h}_{i,i,k}\|_2} = \frac{\hat{h}_{i,i,k}}{\sqrt{M}\alpha_{i,k}} \qquad (6-60)$$

这里标量 $\alpha_{i,k} = \|\hat{h}_{i,i,k}\|_2 / \sqrt{M}$ 是归一化因子。第 i 个小区内基站发送的 M 维信号向量为

$$x_i^d = \sum_{k=1}^{K} p_{i,k}^d s_{i,k}^d \qquad (6-61)$$

其中,$s_{i,k}^d$ 为发送给第 i 个小区内第 k 个用户的发送信号。于是,第 i 个小区内第 k 个用户的接收信号为

$$y_{i,k}^d = \sqrt{\rho_d} \sum_{l=1}^{L} h_{i,l,k}^T \sum_{k'=1}^{K} (p_{l,k'}^d)^* s_{i,k'}^d + n_{i,k}^d \qquad (6-62)$$

因此,当基站端天线数趋于无穷大($M \to \infty$)时,对应第 i 个小区内第 k 个用户的下行 SINR 趋于[11]

$$\lim_{M \to \infty} \mathrm{SINR}_{i,k}^d = \frac{d_{i,i,k}^2 / \alpha_{i,k}^2}{\sum_{l \neq i} d_{i,l,k}^2 / \alpha_{l,k}^2} \qquad (6-63)$$

其中,$\alpha_{i,k}^2 = \sum_{j=1}^{L} d_{l,j,k} + 1/\rho_p N$。在下行数据传输阶段,相邻小区间干扰主要是由相邻小区内的基站利用了受污染后的信道估计结果来作为下行传输的预编码器而造成的。

　　常用的消除导频污染方法有基于具体协议传输的方法[5,39]、预编码处理方法[40,41]、基于到达角(Angle-of-Arrival,AoA)的方法[42],以及盲方法[43]等。

6.5.3　基于压缩感知的信道估计方案

　　经典的奈奎斯特采样定理表明:当采样率大于信号最高频率的两倍时,

任何有限带宽信号都能被完美重构出来。然而，基站端数以百计的收、发天线及上百兆赫兹的传输带宽使得大规模 MIMO 系统面临着过大的系统开销和高维度样本所致的大能量消耗等挑战。另一方面，压缩感知理论表明：如果一个信号在某个变换域上存在着稀疏性，就可以利用该稀疏性从远低于经典奈奎斯特采样定理所需的采样样本中重构出原始的高维度稀疏信号。而大规模 MIMO 系统中的信号或者信道存在着明显的角度域/时延域稀疏性，因此可通过 CS 理论框架来挖掘和利用这些稀疏性[44]，也就为解决上述大系统开销和高能耗等难题提供了新的思路。

在现实世界中，绝大多数信号都具有一定的冗余性或相关性，同时，它们的有效的自由度也远远小于其维度[44]。也就是说，这类信号在某些变换域上呈现出明显的稀疏性。在这一背景下，CS 理论被提出以解决这些稀疏信号重构类问题。接下来简要介绍一下 CS 理论。

考虑一个原信号 $x \in \mathbb{C}^N$，观测信号为 $y = \boldsymbol{\Phi}x \in \mathbb{C}^M$，这里 $\boldsymbol{\Phi} \in \mathbb{C}^{M \times N}$ 为观测矩阵且 $M \ll N$。若给定 y 和 $\boldsymbol{\Phi}$，如何求其中的 x 是一个欠定问题，难以直接求解。一般来说，x 本身并不是稀疏性的，但是它在某些变换域上呈现稀疏性，即 $x = \boldsymbol{\Psi}s$，其中 $\boldsymbol{\Psi} \in \mathbb{C}^{N \times N}$ 是变换字典矩阵，$s \in \mathbb{C}^N$ 是稀疏度为 K 的稀疏信号（即 s 只存在 $K \ll N$ 个非零元素）。于是，标准的 CS 模型可表示如下[44]

$$y = \boldsymbol{\Phi}x = \boldsymbol{\Phi}\boldsymbol{\Psi}s = As \tag{6-64}$$

这里 $A = \boldsymbol{\Phi}\boldsymbol{\Psi} \in \mathbb{C}^{M \times N}$ 为感知矩阵。对于式（6-64），需要注意以下三点。

（1）稀疏变换域：在 CS 理论中如何选择出合适的变换字典矩阵 $\boldsymbol{\Psi}$ 十分重要，这关系到是否能将原始非稀疏的信号 x 变换成稀疏信号 s。

（2）稀疏信号压缩：观测矩阵 $\boldsymbol{\Phi}$（或感知矩阵 A）的设计需要尽可能减少原始高维稀疏信号的信息损失，同时还需要降低观测信号的维度。$\boldsymbol{\Phi}$（或 A）可通过相关性或有限等距性质（Restricted Isometry Property，RIP）来评估其性能。

（3）稀疏信号恢复：从低维度的观测信号 y 来可靠地重构出高维度的 x（或 s）需要有效的稀疏信号恢复算法，这些算法也是组成 CS 理论的一个重要部分。

此外，由式（6-64）中的标准 CS 模型可得到以下三种 CS 理论的扩展模型。这些模型可以通过挖掘和利用实际应用场景中稀疏信号特定的稀疏结构来获得更加可靠的稀疏信号压缩或重构性能。

（1）结构化稀疏重构模型：$y = As$，其中 s 呈现出结构化稀疏性，即

$$s = [\underbrace{s_1, \cdots, s_d}_{s^{\mathrm{T}}[1]}, \underbrace{s_{d+1}, \cdots, s_{2d}}_{s^{\mathrm{T}}[2]}, \cdots, \underbrace{s_{N-d+1}, \cdots, s_N}_{s^{\mathrm{T}}[L]}]^{\mathrm{T}} \tag{6-65}$$

这里 $N = dL$，也就是将维度为 N 的稀疏信号等分成 L 组，每组 d 个元素，$s^{\mathrm{T}}[l]$, $1 \le l \le L$，有着结构化的稀疏性，且具有至多 K 个非零的欧式范数。在结构化 CS 理论帮助下，可利用式（6-65）中 s 的结构化稀疏性，有效地提高稀疏信号的重构性能[44]。

（2）多重矢量观测（Multiple-Vector-Measurement，MMV）模型

$$[y_1, y_2, \cdots, y_P] = A[s_1, s_2, \cdots, s_P] \tag{6-66}$$

其中，y_p 和 s_p 分别是与第 p（$1 \le p \le P$）个观测相关的观测信号和稀疏信号，且 $\{s_p\}_{p=1}^{P}$ 具有完全（或者部分）相同的公共稀疏支撑集（支撑集为稀疏向量 s_p 中非零元素的索引构成的集合，通常用 $\mathrm{supp}\{s_p\}$ 表示）。若 $y_p = A_p s_p$, $1 \le p \le P$ 且 $\{A_p\}_{p=1}^{P}$ 各不相同，那么，可在分布式 CS 理论框架下使用该多样化感知矩阵 $\{A_p\}_{p=1}^{P}$ 带来的分集增益，能显著提高稀疏信号的重构性能[44]。

（3）分块稀疏模型：令 $A = [A_1, A_2, \cdots, A_P]$，$s = [s_1^{\mathrm{T}}, s_2^{\mathrm{T}}, \cdots, s_P^{\mathrm{T}}]^{\mathrm{T}}$，$A_p$ 和 s_p 分别表示第 p 个感知矩阵和稀疏信号，则观测信号为

$$y = \sum_{p=1}^{P} A_p s_p = As \tag{6-67}$$

对于该模型，可利用 $\{s_p\}_{p=1}^{P}$ 的稀疏信息来提高稀疏信号 s 的重构精度。

针对以上压缩感知模型，文献[45,46]在大规模 MIMO 系统中通过利用压缩感知理论（空—时二维结构化稀疏性）来进行信道估计，而文献[47]则是利用压缩感知理论中角度域稀疏性与时延域结构化稀疏性提出了基于空间共同稀疏性的信道估计方案。

6.5.4　其他信道估计方案进展

在大规模 MIMO 系统中，除了以上利用压缩感知理论进行信道估计来降低系统的训练开销及提高信道估计的准确性外，还有一些其他的关于大规模 MIMO 系统的信道估计方面的研究成果。文献[48]通过利用无线 MIMO 信道在时延域上的稀疏性和时域相关性，提出了一种基于 FDD 模式的大规模 MIMO 系统信道估计方案，可以有效地降低系统的训练开销。然而，大数量的发射天线会对不同发射天线的训练序列造成十分严重的干扰，进而降低系统的估计性

能。文献[50]利用时延域 MIMO 信道的空域相关性及稀疏性来降低信道估计的训练开销，但是这些信道估计方案需要已知信道稀疏度这一先验信息。文献[51]通过利用大规模 MIMO 信道的低秩特性，将基站端联合 CSI 恢复问题建模成一个低秩矩阵完成问题，并提出了一种基于奇异值投影的混合低秩矩阵完成算法来降低训练开销。文献[52]提出了一种开环和闭环信道估计方案来降低下行链路的训练开销，该方案在开环训练时利用了诸如时间和空间相关性以及先前信道估计的长期信道统计来连续地估计当前的信道；而在闭环训练时，用户基于信道预测和先前接收的训练信号反馈最佳训练信号给基站，但是这种方案的难点在于实际中用户难以获取信道的长期统计特性。文献[53]也提出了一种闭环信道测量向量设计方案来使得设计好的发射端波束赋形矩阵与真实的信道方向对齐，从而增加波束赋形增益。文献[54]利用阵列信号处理技术从瞬时上行链路 CSI 中提取信道的角度参数以及角度功率谱（Power Angular Spectrum，PAS），以便能重建上行链路信道的协方差矩阵，同时利用上、下行链路信道的角度互易性和 PAS 互易性（对 FDD 也适用）可以重建下行链路信道的协方差矩阵，最后针对用户的主要特征方向进行训练来获得下行瞬时 CSI。

此外，对于大规模 MIMO 系统中的信道估计，文献[55]和文献[56]提出了各自的半盲信道估计方案。其中文献[55]利用空间交替广义期望（Space-Alternating Generalized Expectation，SAGE）算法迭代地更新基于导频的 MMSE 估计，提出了半盲的迭代 SAGE 最大化信道估计器。该方法不需要额外的导频符号，仅使用数据符号便能提高估计的准确度；而文献[56]则利用期望最大化（Expectation Maximization，EM）算法来研究多用户 MIMO 系统中的半盲信道估计问题。针对单小区多用户的大规模 MIMO 系统，文献[57]提出了一种交错帧结构方案，保证不同用户能在非叠加时间内传输训练信号，使得用户不必严格同步发送训练导频，并且不需要正交导频，同时，还通过基于线性 MMSE 和基于正交投影 LS 的方法来抑制多用户间的干扰。文献[58]利用能灵活模拟实际发生的不同传播环境的隐马尔可夫模型（Hidden-Markov-Model，HMM）获取多用户大规模 MIMO 信道的结构化稀疏性，从而显著地降低下行链路信道估计时所需的导频/反馈开销。文献[59]到[61]将单小区的信道估计扩展到多小区多用户的信道估计问题，这时，导频污染将会成为影响系统性能的一个重要因素。具体来说，文献[59]研究了上行链路中的莱斯衰落信道，假设相同小区内用户的导频是正交的，而来自不同小区的相同索引用户的导频是相同的，那么，一个基站端所服务用户的可能到达角能利用信道的统计信息来获得。尽管这种传统的导频结构使得所得到的 CSI 包含了由导频污染引起的其他小区用户的 CSI，但当基站装备的天线数量较大时，目标用户的视距分量将是没有导频污染的，因此，该方案并没有直接对多小区的导频污染问题进行直接处理。为了解决导频污染的影响，文献[60]提出了一种基于块对角的格拉斯曼空间装箱（Grassmannian Line Packing，GLP）原理的方法。首先，基于 GLP 设计不同小区的特定序列，然后进行块对角化扩展到对不同小区中的用户形成叠加导频矩阵，最后，利用设计好的叠加导频矩阵又提出了一种基于 Tikhonov 正则化的迭代信道估计方法来降低数据间干扰的影响。文献[61]则利用因子分析（Factor Analysis，FA）将接收信号的协方差矩阵的空间分解为三个子空间，当基站端装备有大量天线时，便能建立无干扰的子空间，有效地解决了导频污染下的信道估计问题。此外，基于因子分析的方案还利用了空间相关性来降低计算复杂度。

6.6　总结和展望

本章简单介绍了大规模 MIMO 技术，主要包括五个方面。（1）大规模 MIMO 技术的主要优势及其面临的重大挑战。（2）具体分析了大规模 MIMO 技术应用在点对点 MIMO 及多用户 MIMO 情形下的系统容量。（3）介绍了多种预编码方法，比如 ZF、MMSE 等，并提供了相应的 MATLAB 仿真程序。（4）介绍了多种多用户信号检测方案，比如上行的 ZF、MMSE，以及下行的 BD+ZF/MMSE 等，也提供了相应的 MATLAB 仿真程序及结果。（5）重点详述了大规模 MIMO 技术中的信道估计问题，包括 TDD 模式与 FDD 模式的大规模 MIMO 系统在信道估计时的差异，多小区多用户场景下的导频污染问题，以及利用压缩感知理论进行信道估计的概述等。

大规模 MIMO 技术还面临着其他一些挑战和机遇。在信号的传播模型方面，目前大多数研究又进行了相应的局限性假设，比如，当天线数趋于无穷大时，各用户间信道将满足渐近正交性，或者假设 MIMO 信道是典型的瑞利衰落信道等。在调制方面，当基站端天线数量很大时，系统需要低成本高能效的 RF 前端和功放，采用 OFDM 调制会造成过高的峰均比（Peak-to-Average Power

Ratio，PAPR），这时，采用单载波传输也能获得近优的传输速率，因此，采用哪种调制方法还有待研究。在天线阵列设计方面，由于大规模 MIMO 系统中的天线设计对信道特性、阵列增益、分集增益，以及多路复用增益等多方面都有着很大的影响，如何在有限的物理尺寸内封装大量的天线达到近优的性能也需要继续研究。在双工模式方面，目前无线通信网络中主要是 TDD 和 FDD 两种双工模式，而大多数现有研究工作为了降低信道估计时所需的导频开销均假设为 TDD 模式的系统，此外，针对全双工系统（即上、下行传输同时进行）的研究也会逐步扩展到大规模 MIMO 系统。在蜂窝网络优化方面，关于多层异构网络、云无线接入网（Cloud-Radio Access Network，C-RAN）等方面的工作也是研究热点。

综上，大规模 MIMO 技术未来的 8 个主要研究方向为：（1）天线阵列配置（合理的天线部署）；（2）信道模型（信道测量与建模）；（3）信道估计（有效的导频复用估计算法）；（4）预编码和检测（低复杂度和高效率的预编码器和检测器）；（5）性能和限制（频谱效率、能量效率和可靠性以及其他限制因素）；（6）实际应用（网络部署与优化）；（7）资源管理（频率、时间和空间资源的管理）；（8）干扰控制（导频污染与干扰抑制技术）。

参考文献

[1] Stuber G L, Barry J R, Mclaughlin S W, et al. Broadband MIMO-OFDM wireless communica- tions [J]. Proceedings of the IEEE, 2004, 92(2):271-294.

[2] 尤肖虎, 潘志文, 高西奇, 等. 5G 移动通信发展趋势与若干关键技术 [J]. 中国科学:信息科学, 2014, 44(5):551-563.

[3] Sesia S, Toufik I, Baker M. LTE-The UMTS long term evolution: From theory to practice [M]. New Jersey, SA: John Wiley & Sons, 2009.

[4] Rusek F, Persson D, Lau B K, et al. Scaling up MIMO: Opportunities and challenges with very large arrays [J]. IEEE Signal Processing Magazine, 2013, 30(1):40-60.

[5] Marzetta T L. Noncooperative cellular wireless with unlimited numbers of base station antennas [J]. IEEE Transactions on Wireless Communications, 2010, 9(11):3590-3600.

[6] Boccardi F, Heath R W, Lozano A, et al. Five disruptive technology directions for 5G [J].

IEEE Communications Magazine, 2014, 52(2):74-80.

[7] Larsson E G, Edfors O, Tufvesson F, et al. Massive MIMO for next generation wireless systems [J]. IEEE Communications Magazine, 2014, 52(2):186-195.

[8] Bjornson E, Larsson E G, Marzetta T L. Massive MIMO: Ten myths and one critical question [J]. IEEE Communications Magazine, 2016, 54(2):114-123.

[9] Ngo H Q, Larsson E G, Marzetta T L. Energy and spectral efficiency of very large multiuser MIMO systems [J]. IEEE Transactions on Communications, 2013, 61(4):1436-1449.

[10] Shepard H C, Anand N. Argos: Practical many-antenna base stations [C]. Proceedings of Mobile computing and networking (MobiCom), 2012 International Conference on, 2012: 53-64.

[11] Lu L, Li G Y, Swindlehurst A L, et al. An overview of massive MIMO: Benefits and challenges [J]. IEEE Journal of Selected Topics in Signal Processing, 2014, 8(5):742-758.

[12] Rao X, Lau V K N. Distributed compressive CSIT estimation and feedback for FDD multi-user massive MIMO systems [J]. IEEE Transactions on Signal Processing, 2014, 62(12):3261-3271.

[13] Bjornson E, Matthaiou M, Debbah M. Massive MIMO with non-ideal arbitrary arrays: Hardware scaling laws and circuit-aware design [J]. IEEE Transactions on Wireless Communications, 2015, 14(8):4353-4368.

[14] Renzo M D, Haas H, Ghrayeb A, et al. Spatial modulation for generalized MIMO: Challenges, opportunities, and implementation [J]. Proceedings of the IEEE, 2014, 102(1):56–103.

[15] Rappaport T S, Sun S, Mayzus R, et al. Millimeter wave mobile communications for 5G cellular: It will work! [J]. IEEE Access, 2013, 1:335-349.

[16] Alkhateeb A, Mo J, Gonzalez-Prelcic N, et al. MIMO precoding and combining solutions for millimeter-wave systems [J]. IEEE Communications Magazine, 2014, 52(12):122–131.

[17] Y Cho W Y, Kang C. MIMO-OFDM Wireless Communications with MATLAB [M]. John Wiley & Sons (Asia) Pte Ltd, 2010.

[18] Matthaiou M, Mckay M R, Smith P J, et al. On the condition number distribution of complex wishart matrices [J]. IEEE Transactions on Communications, 2010, 58(6):1705-1717.

[19] Joham M, Utschick W, Nossek J A. Linear transmit processing in MIMO communications

systems [J]. IEEE Transactions on Signal Processing, 2005, 53(8):2700-2712.

[20] Fletcherwrited R. Practical methods of optimization [M]. New Jersey, SA: John Wiley & Sons, 1981.

[21] Yang H, Marzetta T L. Performance of conjugate and zero-forcing beamforming in large-scale antenna systems [J]. IEEE Journal on Selected Areas in Communications, 2013, 31(2):172-179.

[22] Costa M. Writing on dirty paper [J]. IEEE Transactions on Information Theory, 1983, 29 (3):439-441.

[23] Liavas A P. Tomlinson-Harashima precoding with partial channel knowledge [J]. IEEE Transactions on Communications, 2005, 53(1):5-9.

[24] Huang M, Zhou S, Wang J. Analysis of Tomlinson–Harashima precoding in multiuser MIMO systems with imperfect channel state information [J]. IEEE Transactions on Vehicular Technology, 2008, 57(5):2856-2867.

[25] Peel C B, Hochwald B M, Swindlehurst A L. A vector-perturbation technique for near-capacity multiantenna multiuser communication-part I: channel inversion and regularization [J]. IEEE Transactions on Communications, 2005, 53(1):195-202.

[26] Hochwald B M, Peel C B, Swindlehurst A L. A vector-perturbation technique for near-capacity multiantenna multiuser communication-part Ⅱ: Perturbation [J]. IEEE Transactions on Communica- tions, 2005, 53(3):537-544.

[27] Windpassinger C, Fischer R F H, Huber J B. Lattice-reduction-aided broadcast precoding [J]. IEEE Transactions on Communications, 2004, 52(12):2057-2060.

[28] Ni W, Dong X. Hybrid block diagonalization for massive multiuser MIMO systems [J]. IEEE Transactions on Communications, 2015, 64(1):201-211.

[29] Foschini G J, Golden G D, Valenzuela R A, et al. Simplified processing for high spectral efficiency wireless communication employing multi-element arrays [J]. IEEE Journal on Selected Areas in Communications, 1999, 17(11):1841-1852.

[30] Xia B, Wang J, Xiao K. Outage performance analysis for the advanced SIC receiver in wireless NOMA systems [J]. IEEE Transactions on Vehicular Technology, 2018, 67(7): 6711-6715.

[31] Riera-Palou F, Femenias G, Ramis J. On the design of uplink and downlink group-orthogonal ulticarrier wireless systems [J]. IEEE Transactions on Communications, 2008,

56(10):1656-1665.

[32] Hochwald B M, Ten Brink S. Achieving near-capacity on a multiple-antenna channel [J]. IEEE Transactions on Communications, 2003, 51(3):389-399.

[33] Yao H, Wornell G W. Lattice-reduction-aided detectors for MIMO communication systems [C]. Proceedings of Global Telecommunications Conference. 2002 IEEE, 2002: 424-428.

[34] Ying H G, Cong L, Mow W H. Complex lattice reduction algorithm for low-complexity full-diversity MIMO detection [J]. IEEE Transactions on Signal Processing, 2009, 57(7):2701-2710.

[35] Choi J, Nguyen H X. Low complexity SIC-based MIMO detection with list generation in the LR domain [C]. Proceedings of Global Telecommunications Conference. 2009 IEEE, 2009: 1-6.

[36] Marzetta T L. How much training is required for multiuser MIMO? [C]. Proceedings of Signals, Systems & Computers, 2006 IEEE Conference on, 2006: 359-363.

[37] Hoydis J, Brink S, Debbah M. Massive MIMO in the UL/DL of cellular networks: How many antennas do we need? [J]. IEEE Journal on Selected Areas in Communications, 2013, 31(2):160-171.

[38] Ngo H Q, Larsson E G, Marzetta T L. The multicell multiuser MIMO uplink with very large antenna arrays and a finite-dimensional channel [J]. IEEE Transactions on Communications, 2013, 61(6):2350-2361.

[39] Li Y, Nam Y H, Ng B, et al. A non-asymptotic throughput for massive MIMO cellular uplink with pilot reuse [C]. Proceedings of Global Telecommunications Conference, 2012 IEEE. 2012: 4500-4504.

[40] Jose J, Ashikhmin A, Marzetta T L, et al. Pilot contamination and precoding in multi-cell TDD systems [J]. IEEE Transactions on Wireless Communications, 2009, 10(8):2640-2651.

[41] Huh H, Moon S H, Kim Y T, et al. Multi-cell MIMO downlink with cell cooperation and fair scheduling: A large-system limit analysis [J]. IEEE Transactions on Information Theory, 2011, 57(12):7771-7786.

[42] Yin H, Gesbert D, Filippou M, et al. A coordinated approach to channel estimation in large-scale multiple-antenna systems [J]. IEEE Journal on Selected Areas in Communications, 2012, 31(2):264-273.

[43] Müller R R, Cottatellucci L, Vehkaperä M. Blind pilot decontamination [J]. IEEE Journal of

Selected Topics in Signal Processing, 2014, 8(5):773-786.

[44] Eldar Y, Kutyniok G. Compressed sensing: Theory and applications [M]. UK: Cambridge University Press, 2012.

[45] Gao Z, Dai L, Wang Z. Structured compressive sensing based superimposed pilot design in downlink large-scale MIMO systems [J]. Electronics Letters, 2014, 50(12):896-898.

[46] Gao Z, Dai L, Bai W, et al. Structured compressive sensing-based spatio-temporal joint channel estimation for FDD massive MIMO [J]. IEEE Transactions on Communications, 2015, 64(2):601-617.

[47] Gao Z, Dai L, Wang Z, et al. Spatially common sparsity based adaptive channel estimation and feedback for FDD massive MIMO [J]. IEEE Transactions on Signal Processing, 2015, 63(23):6169-6183.

[48] Dai L, Wang Z, Yang Z. Spectrally efficient time-frequency rraining OFDM for mobile large-scale MIMO systems [J]. IEEE Journal on Selected Areas in Communications, 2013, 31(2):251-263.

[49] Gao Z, Dai L, Lu Z, et al. Super-Resolution Sparse MIMO-OFDM Channel Estimation Based on Spatial and Temporal Correlations [J]. IEEE Communications Letters, 2014, 18(7):1266-1269.

[50] Qi C, Wu L. Uplink channel estimation for massive MIMO systems exploring joint channel sparsity [J]. Electronics Letters, 2014, 50(23):1770-1772.

[51] Shen W, Dai L, Shim B, et al. Joint CSIT acquisition based on low-rank matrix completion for FDD massive MIMO systems [J]. IEEE Communications Letters, 2015, 19(12): 2178-2181.

[52] Choi J, Love D J, Bidigare P. Downlink training techniques for FDD massive MIMO mystems: Open-loop and closed-loop rraining with memory [J]. IEEE Journal of Selected Topics in Signal Processing, 2014, 8(5):802-814.

[53] Duly A J, Kim T, Love D J, et al. Closed-loop beam alignment for massive MIMO channel estimation [J]. IEEE Communications Letters, 2014, 18(8):1439-1442.

[54] Xie H, Gao F, Jin S, et al. Channel estimation for TDD/FDD massive MIMO systems with channel covariance computing [J]. IEEE Transactions on Wireless Communications, 2018, 17(6):4206 -4218.

[55] Mawatwal K, Sen D, Roy R. A semi-blind channel estimation algorithm for massive MIMO

systems [J]. IEEE Wireless Communications Letters, 2017, 6(1):70-73.

[56] Nayebi E, Rao B D. Semi-blind channel estimation for multiuser massive MIMO systems [J]. IEEE Transactions on Signal Processing, 2018, 66(2):540-553.

[57] Kong D, Qu D, Luo K, et al. Channel estimation under staggered frame structure for uplink massive MIMO system [J]. IEEE Transactions on Wireless Communications, 2016, 15(2):1469-1479.

[58] Liu A, Lian L, Lau V K N, et al. Downlink channel estimation in multiuser massive MIMO with hidden Markovian sparsity [J]. IEEE Transactions on Signal Processing, 2018, 66(18):4796-4810.

[59] Wu L, Zhang Z, Dang J, et al. Channel estimation for multicell multiuser massive MIMO uplink over rician fading channels [J]. IEEE Transactions on Vehicular Technology, 2017, 66(10): 8872-8882.

[60] Jing X, Li M, Liu H, et al. Superimposed pilot optimization design and channel estimation for multiuser massive MIMO systems [J]. IEEE Transactions on Vehicular Technology, 2018, 67(12):11818-11832.

[61] Xiao W, Wei P, Da C, et al. Uplink channel estimation in massive MIMO systems using factor analysis [J]. IEEE Communications Letters, 2018, 22(8):1620-1623.

第7章

毫米波多天线技术

7.1 背景介绍

随着全球移动互联网、物联网、三维全息及虚拟现实等前沿技术的迅猛发展，移动流量业务呈现出爆炸式增长的趋势[1,2]。在这一背景下，毫米波多天线技术也称毫米波大规模 MIMO 技术，被学术界和工业界广泛认为是实现5G/Beyond 5G 移动通信网络千倍容量提升这一极具挑战性愿景的物理层关键技术之一[3,4]。

目前大多数的移动蜂窝网络系统进行无线传输时的工作频率是低于 6GHz的，这是因为高频段的毫米波通信因相对较强的路径损失和易受遮挡所导致的高通信中断概率而难以被广泛应用在传统的移动蜂窝网络中[4]。迄今为止，IEEE 802.11ad[5]和 IEEE 802.15.3c 无线个域网（Wireless Personal Area Network，WPAN）、无线高清（Wireless HD）等无线通信传输协议虽然标准化了免授权60GHz 毫米波频段基于模拟波束赋形的相关物理层传输技术，但其应用场景还仅限于室内的短距离高速率的无线传输[6]。而近年来，越来越多的实验结果表明，在密集城市的室外非视距路径（Non-Line-of-Sight，NLoS）场景下，对于位于低功率基站（Base Station, BS）或距离接入点 200 米半径范围内的接收机，经过额外波束赋形增益补偿的毫米波通信链路的路径损耗并不比传统低频段蜂窝网络通信链路的差[4]。也就是说，毫米波无线通信在 200 米左右的距离范围内仍然可以保持较为可靠的传输，这使得业界重新将毫米波纳入移动蜂窝网络通信的考虑范畴之内[7,8]。

毫米波频段通常指的是 30GHz 至 300GHz 的频率范围，也称为极高频（Extremely High Frequency，EHF），这是频率最高的电磁辐射无线电频段，其波长范围为 1～10mm[9]。在未来的 5G/Beyond 5G 移动蜂窝网络中使用毫米波进行通信有着以下三个方面的优势：

（1）首先，毫米波频段（30～300GHz）具有丰富的频谱资源，包括 28～30GHz 的本地多点分布式业务（Local Multipoint Distribution Service，LMDS）、60GHz 免授权频段、授权相对廉价的 71～76GHz 和 81～86GHz 的 E 频段，以及 92～95GHz[8,10]。大量的频谱资源可为通信系统提供高达数吉赫兹的传输带宽，因此数据的传输速率能达到每秒千兆比特（Gigabit Per Second，Gbit/s）的量级。这样就有效地缓解了当前 3GHz 以下的低频段频谱资源非常短缺的问题。

（2）其次，由于天线尺寸与传播电磁波波长正相关，因此，毫米波频段电磁波的短波长（60GHz 电磁波对应的波长为 5 毫米）可使得天线的物理尺寸非常小，从而能将众多天线阵元集成到相对小的芯片或印刷电路板上来构建复杂的天线阵列[4,8]。另外，大规模天线阵列可以为毫米波通信提供足够大的天线阵列增益，以弥补毫米波信号传输时面临的严重自由空间路径损耗所造成的低信噪比[11]。因此，毫米波与大规模天线阵列有着天然的契合性。

（3）最后，相比于 6GHz 以下的低频段通信，高频段的毫米波通信随传输距离的增加，其路径损耗会更为严重，即呈现高路损特性；而另外，非视距路径下的传播信号在经过散射体后能量的衰减较为明显，即呈现易遮挡特性[6,12]。因此，毫米波通信中的高路损易遮挡特性可使得相同的频率能在较短距离内重复使用，便于部署毫米波基站以便形成超密集组网，即在毫米波蜂窝网络的单位面积内，覆盖半径小的各小区能保证其蜂窝网络覆盖范围内毫米波信号的传播路损维持在一个可以接受的范围内。此外，毫米波 MIMO 系统中大规模的天线阵列能发射相对窄的定向波束。因此，有限的传输范围和窄波束使得毫米波通信有着极高的安全性和隐私性。

综上所述，毫米波多天线技术被广泛认为是显著提升 5G/Beyond 5G 移动通信网络系统数据吞吐率的物理层关键技术之一。

然而，从现有 6GHz 以下频段的 MIMO 系统转换到毫米波 MIMO 系统还需要解决以下几个通信理论和工程领域的挑战。

1）毫米波系统中信息论问题

正如第 6 章中提到的，根据随机矩阵理论（Random Matrix Theory，RMT），当基站端天线数量趋于无穷大时信道的特性逐渐趋于确定性的，且不同用户对应的信道呈现出渐近正交性[13]。这时，系统参数对系统性能的影响可以很容易利用 RMT 推导出来。另外，对于基站天线较多但有限的情形下的毫米波 MIMO 系统的信息理论还有待进一步发展，同时，还需要在频谱效率（比特/（秒·赫兹），bit/（s·Hz）和能量效率（比特/焦耳，bit/J）之间做出必要的权衡。与当前 6GHz 以下频段的蜂窝网络相比，每个毫米波小区在有限的覆盖面积可能支持更少的终端，且毫米波信道的相干时间也会更短（这是因为毫米波频段高，其多普勒效应的影响更加明显）。此外，在分析各种容量界时必须要考虑受噪声污染的信道状态信息的影响[14]。

2）毫米波系统中信号处理的复杂度问题

在低频段 MIMO 系统中，天线阵列的天线数通常为 1～8 根，这时，接收端很容易获取 CSI，从而更易于实现空间复用。然而，在毫米波 MIMO 系统中，天线阵列通常为装备有 8～256 根甚至更多天线的线性阵列或者三维（3-Dimension，3D）阵列，此时，在接收端就难以获取 CSI[4,12]。同时，由于过多的天线数量，数字波束赋形和空间复用也需要付出相当高的硬件成本和功耗[15]。

3）毫米波系统中 3D 信道建模问题

采用随机几何理论的传统方法通常将所有收、发机均建模在一个二维（Two-Dimension，2D）平面上，而在实际的城市环境中，通信网络系统往往不是这种绝对平坦的。随着城市和地区的人口和密度及通过蜂窝网络连接的无线设备数量的迅速增长，越来越多的设备将被用于复杂的城市环境中[16]。尽管随机几何的许多原理可以扩展到 3D 城市建模，但由于用户和众多基础设施呈现出非均匀分布的规律，使得这种扩展仍然具有挑战性。同时，还需要考虑毫米波通信对于阻挡效应的敏感性，以及使用高方向性的 3D 波束图案的影响。因此，需要新的数学工具和模型来重新分析城市的几何形状，以便能在实际城市环境中发挥 3D 波束赋形的潜在优势。

4）毫米波系统中新的波形设计和多址接入方式

蜂窝网络移动通信的无线接入技术通常以多址方案来表征，例如，第一代蜂窝网络移动通信（First Generation，1G）的频分多址（Frequency Division Multiple Access，FDMA）、2G 的时分多址（Time Division Multiple Access，TDMA）、3G 的码分多址（Code Division Multiple Access，CDMA）和 4G 的正交频分多址（Orthogonal Frequency Division Multiple Access，OFDMA）。目前，

OFDMA 是一种实现分组域服务良好的系统级吞吐量性能的合理选择。但对于未来 5G/Beyond 5G 的毫米波 MIMO 系统，如滤波频带多载波（Filter-Band Multi-Carrier，FBMC）这类更先进的波形以及如非正交多址（Non-orthogonal Multiple Access，NOMA）这类多址接入方案可能更具吸引力。

5）毫米波系统的信道估计技术

由于毫米波信道的相干时间比低频段的更短，这限制了多个毫米波小区中在信道估计阶段可使用的正交训练序列的数量，当这些小区都需要服务大量用户时就可能导致严重的导频污染，且这种干扰正如第 6 章提到的，并不会随着基站端天线数量趋于无穷大而消失[11,13]。另外，毫米波通信的高路损和近似视距路径传播的现象又有利于减弱导频污染效应的影响。此外，对于频分双工模式下的毫米波 MIMO 系统，由于其训练开销过高（与 BS 天线的数量成正比），下行链路的信道估计将极具挑战性。这时，可利用毫米波 MIMO 信道的稀疏特性或低秩特性来设计基于压缩感知的信道估计方案，以便能显著降低信道估计和反馈时所需的训练开销[12,17,18]。此外，由于毫米波信道的相干时间很短，系统需要更加频繁地估计时变信道以及更新波束赋形设计。同时，采用上百兆赫兹甚至数吉赫兹传输带宽的毫米波 MIMO 系统会引入大量的热噪声，从而严重降低了系统的接收信噪比[4]。由于毫米波信道较强的传输方向性，波束赋形前较低的信噪比会严重恶化信道估计的性能，进而恶化后续波束赋形的性能[6]。因此，相比于传统的低频段 MIMO 系统，毫米波 MIMO 系统中的信道估计和波束赋形难度更大。

6）毫米波系统的调制方式与能量效率

高能效是毫米波多天线技术的关键优势之一。然而，目前的正交频分复用调制方式有着很高的峰均比，这并不利于提高能效，甚至可能降低下行链路的性能。与 OFDM 调制方式相比，单载波调制具有更好的峰均比性能甚至能设计出恒定包络的调制波形[19]。但是，在大带宽的毫米波 MIMO 系统中使用单载波调制需要保证非常严格的时序约束，这一点非常重点。因此，在毫米波 MIMO 系统中使用 OFDM 或者 SCM 调制需要进一步的研究来进行权衡。

7）毫米波系统的媒体接入控制层设计

与低频段 MIMO 系统不同，毫米波 MIMO 系统有着大量的天线、特殊的传输特性和硬件要求等特点，所以，它在 MAC 上面临着三个主要的挑战：（1）控制信道架构；（2）初始接入、移动性管理和切换；（3）资源分配和干扰管理。此外，由于毫米波通信中的信道相干时间较短以及阻挡效应的影响，系统需要更频繁地做出 MAC 层决策。

8）毫米波系统的干扰管理问题

毫米波 MIMO 系统自身的几个特性有利于进行干扰管理[8]：（1）毫米波信号的高路损意味着毫米波小区具有有限的覆盖面积，从而允许更频繁的频率重用；（2）近乎于视距路径传输的阴影效应会减少泄漏到相邻小区的功率；（3）利用大规模 MIMO 阵列中的波束赋形技术，能使波束宽度很窄，具有高空间选择性，这相当于将信号定向地发送给目标用户，从而限制了非预期接收机接收到信号的机会。因此，潜在的减轻干扰的方法可以根据大规模 MIMO 阵列中可用的大量自由度来使用基于子空间的干扰对齐方法[20]。

9）毫米波系统的移动性问题

由于毫米波 MIMO 系统的信道相干时间很短，当用户端（User Equipment，UE）较快移动时，系统必须频繁地估计信道来使基站发射的窄波束能时刻对准用户的位置。在 FDD 模式下，这样的信道估计所需的估计和反馈开销以及延迟要求都是难以承受的；同样地，在 TDD 模式下也会受到信道相干时间的限制[21]。因此，如何解决毫米波 MIMO 系统的移动性问题是未来研究的一大难题。

10）毫米波系统的无线回程（Backhaul）问题

对某些安装有线光纤连接成本太高的地区，毫米波 MIMO 系统可以利用大规模天线阵列在多个小区之间来回传递信息，能提供非常高的回程吞吐量。与传统采用抛物面天线和物理天线对准的微波回程链路相比，这种方法具有相当大的优势[12]。同时，考虑到环境的变化，协作的大规模天线阵列可通过电子可控的方式来自适应地改变发射波束，而不需要对天线阵列进行物理上的重新调整，并且这些大规模天线阵列还可以同时与多个无线回程站进行通信。

接下来，将针对毫米波多天线技术中收/发机的结构、波束赋形技术、信道估计技术等几个方面进行详细介绍。

7.2　毫米波多天线收/发机结构

目前，MIMO 技术已经被标准化并广泛应用于 6GHz 以下频率的如 IEEE 802.11n/ac 的商用无线局域网（Wireless Local Area Network，WLAN），以及如 IEEE 802.16e/m，3GPP（Third Generation Partnership Project）LTE/LTE Advanced 的蜂窝网络通信系统[22,23]。这些标准可支持少量天线（最多 8 根，通常使用 1~2 根天线）。在毫米波 MIMO 系统中，天线阵列中的天线阵元个数通常为 32 到 256 个，甚至可达上千，但由于单个阵元的尺寸较小，所有整个阵列仍然占据较小的物理尺寸。因此，6GHz 以下频率与毫米波频率下的 MIMO 系统之间存在着很大的架构差异。从信号处理和硬件实现的角度来看，波束赋形设计可分为：（1）基带数字波束赋形；（2）射频模拟波束赋形；（3）混合模—数波束赋形。

在低频段 MIMO 系统中，所有的信号处理操作均在数字基带完成，也就是说传统 MIMO 即为数字信号处理的一种实现。基带全数字波束赋形通过修改复合基带信号的同相（In-phase）和正交（Quadrature）分量来调整基带处的天线权重，利用强大的数字信号处理技术，可以灵活地应对信道变化，同时，还能实现有效的空间多路复用。然而，基带全数字波束赋形架构中天线阵列的每个阵元都需要有一根专用的 RF 链路来支持。采用基带全数字波束赋形架构的传统 MIMO 系统收/发机结构（6GHz 以下频率）如图 7.1 所示，每根 RF 链路包含了模/数转换器（Analog-to-Digital Converter，ADC）、数/模转换器（Digital-to-Analog Converter，DAC）、混频器，以及功率放大器（Power Amplifier，PA）/低噪放大器（Low Noise Amplifier，LNA），其中在高载波频率和信号带宽的情况下，ADC/DAC 往往需要较高的精度和速率，使得 RF 链路的功耗和成本都很高，这就限制了实际收/发机中 RF 链路的数量。因此，在毫米波 MIMO 系统中使用基带全数字波束赋形架构有着以下两个硬件上的限制条件：（1）与每根天线相连的 RF 链路中所有的 PA/LNA、ADC/DAC，以及混频器都必须封装在天线阵元的后面，且所有天线元器件彼此紧邻，使得天线部分的硬件尺寸过大，这就限制了每根天线都配备有专用的 RF 链路[24]；（2）毫米波 MIMO 系统功耗也是一大限制因素，因为 PA/LNA、ADC/DAC 都是耗电设备，同时，若每根天线都配备专用 RF 链路会在数字转换阶段并行处理每秒数以千兆的采样数据流，其功耗也是巨大的[25]。综上所述，在毫米波 MIMO 系统中使用基带全数字波束赋形架构会在硬件复杂性、成本和功耗方面都有着很大的局限性。

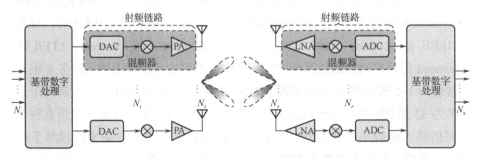

图 7.1　采用基带全数字波束赋形架构的传统 MIMO 系统收/发机结构（6GHz 以下频率）

除了采用基带全数字波束赋形架构外，下面将介绍两种可应用于毫米波 MIMO 系统收/发机结构的权衡设计方案，即 RF 模拟波束赋形架构和混合模—数波束赋形架构。

7.2.1　RF 模拟波束赋形架构

为了克服基带全数字波束赋形架构的局限性，一种直接的解决方案就是在 RF 模拟端使用相移网络（Phase Shift Network，PSN）来实现波束赋形，而相移网络中每个移相器的权重都可以利用数字信号处理进行自适应调整，并通过特定的方法来控制发射/接收波束对准主要的传播路径方向，以便能满足最大化接收端的信号功率[4,26]，如图 7.2 所示。

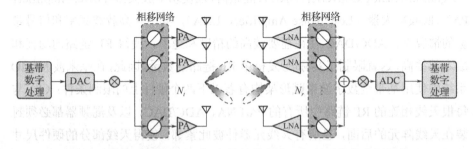

图 7.2　采用 RF 模拟波束赋形架构的毫米波 MIMO 系统收/发机结构

RF 模拟波束赋形是应用于毫米波 MIMO 系统中最简单的方法之一，也是在无线通信传输协议 IEEE 802.11ad（60GHz 频段）中所支持的解决方案。在 IEEE 802.11ad 中，RF 模拟波束赋形方案通过多阶段波束训练来迭代联合设计各个方向上相移网络的权值，以便能构建出波束赋形矢量，而这些训练阶段包括通过扇区扫描来确定最佳的服务扇区、细化发射/接收波束，以及随时间推移调整波束方向实现波束跟踪[5]。而在 IEEE 802.15.3c WPAN 中，毫米波 MIMO 系统通过利用二进制式波束训练算法对分层的多分辨率波束赋形码本进行依次搜索来逐层细化目标波束[27]。

　　然而，在毫米波 MIMO 系统中使用 RF 模拟波束赋形也有局限性：（1）使用单个波束形成器的 RF 模拟波束赋形仅支持单用户单数据流的数据传输，且并不能直接将其扩展为多数据流或多用户的应用场景。这也就意味着这种架构并不能获得 MIMO 系统在多数据流或多用户方面的空间多路复用增益[26]。（2）相移网络中的移相器通常具有有限的分辨率，导致天线阵列难以灵活地形成多方向的波束，这使得精细地调整波束旁瓣或控制零点更具挑战性[4]。（3）RF 移相器可以采用主动式的或者被动式的，其中主动式的有源移相器会因为移相器损耗、噪声和非线性失真等因素而性能下降；而被动式的无源移相器尽管具有较低的功耗且不会引入非线性失真，但会占用更大的面积并引起更大的插入损耗[28]。

7.2.2　混合模—数波束赋形架构

　　由于基带全数字波束赋形架构和 RF 模拟波束赋形架构都有着各自的优、劣势，混合模拟—数字波束赋形架构能在毫米波频段下获得 MIMO 通信系统的空间多路复用增益，是权衡系统性能和硬件复杂度后的一个折中方案。如图 7.3 所示，混合模—数波束赋形架构通过将 MIMO 基带数字优化处理拆分为模拟域和数字域两个部分，目的是用 RF 模拟移相网络来完成高维度的 RF 模拟波束赋形过程，而用少量的 RF 链路实现低维度的基带数字处理来进一步抑制冗余的多数据流或多用户间干扰[4,12,29~32]。在混合模—数波束赋形架构中，发射/接收端的天线数 N_t / N_r，RF 链路个数 N_{RF}^t / N_{RF}^r，以及数据流数 N_s 须满足以下条件：$N_s \leq N_{RF}^t \leq N_t$ 且 $N_s \leq N_{RF}^r \leq N_r$。若 $N_s > 1$，混合模—数波束赋形架构则能实现空间复用和多用户 MIMO；若 $N_{RF}^t = N_{RF}^r = N_s = 1$，则以上混合模—数波束赋形架构将退化为如图 7.2 所示 RF 模拟波束赋形架构。混合模—数波束赋形架构一开始是在低频段进行研究的[33,34]，其一般意义上的概念可直接应用于毫米波 MIMO 系统中，但是，这些工作对于波束赋形处理算法所使用的信道模型并不能完全反映毫米波有限散射和大规模阵列的特点。针对毫米波的混合模—数波束赋形方案与一般混合波束赋形算法的性能和复杂性比较是当前研究的一个热点问题。图 7.3 中混合模—数波束赋形架构的 RF 模拟波束赋形及天线部分可以通过不同方式来实现，比如由移相器组成的相移网络、由开关组成的开关网络，以及透镜天线等。

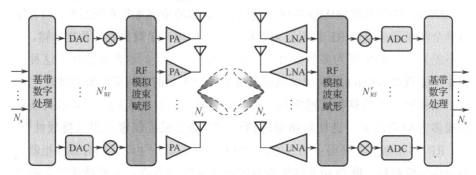

图 7.3　采用混合模—数波束赋形架构的毫米波 MIMO 系统收/发机结构

图 7.4 为接收机中采用混合模—数波束赋形架构的模拟处理部分。

首先，对于基于相移网络的混合结构[35,36]，图 7.4（a）所示基于 RF 相移网络的全连接结构保证了每个 RF 链路都与所有天线相连接，若天线数为 N_r，RF 链路数为 N_{RF}^r，则相移网络中移相器的个数为 $N_p = N_r N_{RF}^r$；而图 7.4（b）所示的 RF 相移网络的子连接结构对所有天线进行分组，共分为 N_{RF}^r 组，每组 M_r 根天线，则相移网络中移相器的个数为 $N_r = N_{RF}^r M_r$。相比于全连接结构，子连接结构通过拆分为多个子阵列尽管可以降低硬件的复杂度，但其代价是减少了整个阵列的灵活性。

其次，对于基于开关网络的混合结构[37]，图 7.4（c）中的全连接结构可使得每个 RF 链路均通过开关与天线相连接；而图 7.4（d）中的子连接结构将天线进行分组连接。基于开关网络的混合结构的损耗比较小，能进一步降低基于移相器的混合模—数波束赋形架构的复杂性和功耗，可通过利用毫米波信道的稀疏性来实现接收信号的压缩空间采样。这种结构的接收端模拟波束赋形矩阵是由子集天线选择算法来设计的，而不同于通过优化所有量化相位值来获得。若天线阵列尺寸较小，则每个 RF 链路所对应的开关可以连接到所有天线，而对于较大尺寸的天线阵列，则每个开关仅连接到天线的子集上。

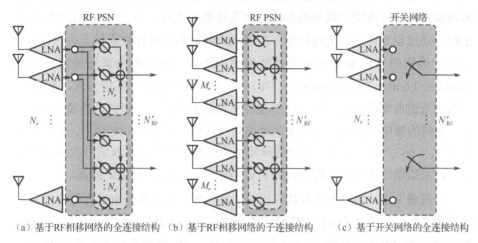

（a）基于RF相移网络的全连接结构　（b）基于RF相移网络的子连接结构　（c）基于开关网络的全连接结构

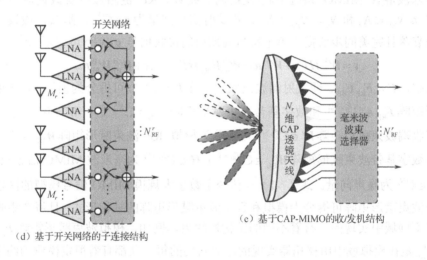

（d）基于开关网络的子连接结构

（e）基于CAP-MIMO的收/发机结构

图 7.4　采用混合模—数波束赋形架构中的模拟处理部分

最后，对于数据流 $N_s > 1$ 的毫米波 MIMO 系统，模拟波束赋形也可以在 RF 前端采用透镜天线来实现。基于透镜天线的模拟波束赋形本质上是利用透镜来计算空间傅里叶变换，从而直接将实际物理信道转换到波束域上[38]。基于连续孔径相位（Continuous Aperture Phased，CAP）MIMO 的收/发机结构如图 7.4（e）所示。相比于传统全数字波束赋形，基于 CAP-MIMO 的波束赋形能显著降低硬件复杂度，给出了实现在毫米波频率下高维度 MIMO 收/发机的实用方案。观察图 7.3，可发现其中的天线和 RF 模拟波束赋形可由图 7.4（e）中的连续孔径相位透镜天线和毫米波波束选择器来代替。基于 CAP-MIMO 的波束赋形通过设置在透镜天线焦面上的馈电天线阵列直接在波束域上进行采样，而基于透镜的 RF 前端实质上是波束赋形矩阵（可理解为离散傅里叶变换（Discrete Fourier Transformation，DFT）矩阵）的一种模拟实现方式，利用收/发端的透镜前端即可将实际物理信道转化为波束域信道。通过适当设计 RF 前端，不同的馈电天线将产生覆盖区域内的（近似）正交空间波束[38]。若数据流数为 $N_s = p$，那么，毫米波波束选择器将特定数据流的毫米波信号映射到表示相应波束的馈送天线上，即通过映射 $L = O(p)$ 来发送 L 个正交波束。

　　一般意义上，如果不进行特殊说明的话，混合模—数波束赋形架构通常指的是图 7.4（a）中基于 RF 相移网络的全连接混合 MIMO 结构。由前文已知，毫米波混合 MIMO 系统中收/发机的天线数、RF 链路数以及数据流数满足 $N_s \le N_{RF}^t \le N_t$ 和 $N_s \le N_{RF}^r \le N_r$。若发射信号向量为 $s \in \mathbb{C}^{N_s}$，那么，假设在平坦衰落且完美同步前提下单个符号周期内的接收信号 $y \in \mathbb{C}^{N_r}$ 可表示为[39]

$$y = W^H HFs + W^H n = W_{BB}^H W_{RF}^H HF_{RF} F_{BB} s + W_{BB}^H W_{RF}^H n \tag{7-1}$$

其中，$F = F_{RF} F_{BB}$，即发射端波束赋形矩阵 $F \in \mathbb{C}^{N_t \times N_s}$ 可拆分为模拟 RF 波束赋形矩阵 $F_{RF} \in \mathbb{C}^{N_t \times N_{RF}^t}$ 和数字基带波束赋形矩阵 $F_{BB} \in \mathbb{C}^{N_{RF}^t \times N_s}$；$W = W_{RF} W_{BB}$，即接收端波束赋形矩阵 $W \in \mathbb{C}^{N_r \times N_s}$ 可拆分为模拟 RF 波束赋形矩阵 $W_{RF} \in \mathbb{C}^{N_r \times N_{RF}^r}$ 和数字基带波束赋形矩阵 $W_{BB} \in \mathbb{C}^{N_{RF}^r \times N_s}$；$H \in \mathbb{C}^{N_r \times N_t}$ 为毫米波 MIMO 信道矩阵；$n \in \mathbb{C}^{N_r}$ 为噪声向量。式（7-1）与传统全数字大规模 MIMO 信号模型的区别在于波束赋形矩阵可拆分为模拟和数字波束赋形矩阵的乘积形式，且每个矩阵是在不同域中实现的，有着不同的结构性约束。例如，模拟波束赋形矩阵 F_{RF} 和 W_{RF} 是在模拟域中由移相器实现的，故它们的每一项都有着恒定模值的约束，且其相位值通常取自有限的量化相位集合。

　　由于混合模—数波束赋形架构所需的 RF 链路数量远小于天线数，能显著节约成本以及提高能量效率。与全数字无约束的解决方案相比，混合模—数波束赋形架构的性能受 RF 链路数的限制，比如，通信链路的复用增益（可支持的数据流数）由基站和用户端的 RF 链路数的最小值决定。然而，毫米波 MIMO 系统往往在角度域上是稀疏的，故可在设计混合波束赋形矩阵时利用这种稀疏性来减少全数字架构和混合架构之间的性能差距。此外，对于信道矩阵的秩小于或等于有效路径数的情形，当 RF 链路数等于信道秩时，混合模—数波束赋形架构的性能可以与全数字波束赋形架构的性能相同，即混合 MIMO 架构能在毫米波 MIMO 系统中实现接近最优的数据速率性能[26,29]。而与 RF 模拟波束赋形相比，由于可进行额外的数字波束赋形处理，混合模—数波束赋形架构在设计波束赋形矩阵方面更加自由，也能执行更复杂的处理，同时可支持多数据流复用以及多用户传输。此外，附加的数字域处理使毫米波 MIMO 系统能更鲁棒地处理宽带信道（比如宽带系统中的频域空时均衡处理）。综上所述，混合模—数波束赋形架构为毫米波 MIMO 系统在硬件复杂性和性能增益之间提供了折中方案。

7.3　毫米波通信中的波束赋形技术

第 6 章已经介绍了大规模 MIMO 系统中的几种常用预编码和信号检测技术。由于预编码（或波束赋形）的基本原理与载波频率无关，这些技术可直接应用于毫米波 MIMO 系统中作为全数字波束赋形方案。然而，由于实际的硬件复杂性、成本以及功耗等方面的局限性，毫米波 MIMO 系统更偏向于使用混合波束赋形架构。毫米波 MIMO 系统中的波束赋形设计有以下三个特点[4]：（1）由于全数字基带处理模块被拆分为 RF 模拟和基带数字处理两部分，这时需要设计不同的算法来配置适合于混合架构中模拟和数字模块的系统参数；（2）从数字信号处理的角度来看混合波束赋形，信道与收/发机的模拟波束赋形模块可以被联合当作等效低维度的 MIMO 信道；（3）由于毫米波 MIMO 系统使用了大尺寸且阵元紧密排列的天线阵列以及大传输带宽，其信道通常存在明显的稀疏性和结构性等特点，因此，在设计混合波束赋形算法时，可以利用这些特点来提高系统的性能或者降低设计算法的复杂度。

本节首先介绍模拟波束赋形方案的设计，然后具体详述几种现阶段关于混合波束赋形的最新设计方案。

7.3.1　模拟波束赋形设计

模拟波束赋形适用于具有大型天线阵列的点对点毫米波系统，通过使用一个 RF 链路来发送单个数据流，并利用模拟的波束赋形技术来控制原始信号的相位，以便能获得最大化的天线阵列增益和接收端有效的信噪比（Signal-to-Noise Ratio，SNR）。模拟波束赋形通常有两种设计方式：（1）当已知目标用户的方向时，将模拟波束赋形向量设计为阵列响应矢量（或者导向矢量）的波束控制方法；（2）对于更实际的系统，当完美的 CSI 不可知时，可通过一些波束训练方案来获得最优的模拟波束赋形向量[40]。

1. 波束控制

对于图 7.2 中采用模拟波束赋形架构的单用户毫米波 MIMO 系统，天线数为 N_t 的基站端仅利用一个 RF 链路（ $N_{RF}^t = 1$ ）将单个数据流传输给天线数为 N_r 且 RF 链路数为 $N_{RF}^r = 1$ 的用户，那么，式（7-1）中的信号传输模型将转变为

$$y = w^H Hfs + w^H n \tag{7-2}$$

其中， $f \in \mathbb{C}^{N_t}$ 和 $w \in \mathbb{C}^{N_r}$ 分别为基站端和用户端的模拟波束赋形向量。为了说明问题，根据扩展的 Saleh-Valenzuela 模型[41]，窄带平坦衰落的毫米波 MIMO 信道矩阵 $H \in \mathbb{C}^{N_r \times N_t}$ 可建模为 L 个传播路径的总和，即[4,26,29,30]

$$H = \sqrt{\frac{N_t N_r}{L}} \sum_{l=1}^{L} \alpha_l a_r(\theta_l^r, \varphi_l^r) a_t^H(\theta_l^t, \varphi_l^t) \tag{7-3}$$

其中， α_l 是第 l 条路径的复增益，向量 $a_r(\theta_l^r, \varphi_l^r)$ 和 $a_t(\theta_l^t, \varphi_l^t)$ 分别表示接收机和发射机在方位角（俯仰角） $\theta_l^r(\varphi_l^r)$ 和 $\theta_l^t(\varphi_l^t)$ 上的归一化阵列响应矢量， $\theta_l^r(\varphi_l^r)$ 和 $\theta_l^t(\varphi_l^t)$ 分别为到达角/离开角（Angles of Arrival/Departure，AoAs/AoDs）的方位角（俯仰角）。阵列响应矢量是与收/发机上的天线阵列紧密相关的，对于一个装备有 N 个阵元的均匀线性阵列（Uniform Linear Array，ULA）来说，阵列响应矢量 $a_{ULA}(\theta) \in \mathbb{C}^N$ 可表示成

$$a_{ULA}(\theta) = \frac{1}{\sqrt{N}} \left[1, e^{j\frac{2\pi}{\lambda} d \sin(\theta)}, \cdots, e^{j\frac{2\pi}{\lambda}(N-1)d\sin(\theta)} \right]^T \tag{7-4}$$

其中， λ 为载波波长， d 为相邻天线间间隔。而对于一个在水平和垂直方向上分别装备有 M_1 和 M_2 （ $N = M_1 M_2$ ）个阵元的均匀平面阵列（Uniform Planar Array，UPA）而言，阵列响应矢量 $a_{UPA}(\theta, \varphi) \in \mathbb{C}^N$ 可表示成[29]

$$a_{UPA}(\theta, \varphi) = \frac{1}{\sqrt{N}} \left[1, e^{j\frac{2\pi}{\lambda}d(m_1\sin(\theta)\sin(\varphi)+m_2\cos(\theta))}, \cdots, e^{j\frac{2\pi}{\lambda}d((M_1-1)\sin(\theta)\sin(\varphi)+(M_2-1)\cos(\theta))} \right]^T$$

$$\tag{7-5}$$

其中， $0 \leqslant m_1 \leqslant M_1 - 1$ 及 $0 \leqslant m_2 \leqslant M_2 - 1$ 。由于 UPA 一方面能够将大规模天线元器件封装在合理尺寸的阵列中使得天线阵列的尺寸更小，另外 UPA 还能充

分利用实际 3D 空间的复用增益,同时在方位角域和俯仰角域上实现 3D(或称全维(Full- Dimensional,FD))波束赋形,因此,实际的毫米波 MIMO 系统更倾向于使用 UPA。

这里的目的是通过设计 f 和 w 来最大化有效地接收 SNR,也就是通过解决下面的优化问题来获得

$$(f^{opt}, w^{opt}) = \arg\max |w^H H f|^2$$
$$\text{s.t. } w_m = e^{j\phi_m}/\sqrt{N_r}, \ \phi_m \in \mathcal{Q}, \ \forall m \tag{7-6}$$
$$f_n = e^{j\psi_n}/\sqrt{N_t}, \ \psi_n \in \mathcal{Q}, \ \forall n$$

这里约束条件表示模拟波束赋形向量 f 和 w 中的每一项都必须满足恒模约束,且其相位值取自一个具有有限分辨率的量化相位集合 $\mathcal{Q}$。定义信道矩阵 H 的奇异值分解(Singular Values Decomposition,SVD)为 $H = U\Sigma V^H$,那么式(7-6)中的无约束最优解可取为 $f^{opt} = U_{\{:,1\}}$ 和 $w^{opt} = V_{\{:,1\}}$,但是它们并不满足模值约束。由于波束赋形算法往往是在固定数量的预定波束方向上进行搜索,一种可能的方法是通过设计满足幅值约束的实际解 f 和 w 来使其尽可能地接近最优无约束解 f^{opt} 和 w^{opt}。考虑到毫米波 MIMO 信道是由多个路径叠加而成的,那么,最优的 SVD 波束赋形向量可以近似地等于最强路径增益方向所对应的阵列响应矢量[40]。于是,利用式(7-4)和式(7-5),通过选择 $f = a_t(\theta_{k^*}^t, \varphi_{k^*}^t)$ 和 $w = a_r(\theta_{k^*}^r, \varphi_{k^*}^r)$ 且 $k^* = \arg\max_l |\alpha_l|^2$ 来控制波束指向最强路径增益的方向。对于大规模天线阵列来说,这种波束控制方法可以获得近优的性能。

2. 波束训练

由于毫米波 MIMO 系统的收、发端天线阵列维度巨大且仅采用有限个 RF 链路,实际的系统不可能在收、发端都完美已知 CSI。因此,当没有完美的 CSI 时,波束赋形问题可转变为一般的基于波束训练的子空间采样问题[42],那么,在波束训练期间,基站和用户通过相互协作来从预定义的码本中搜索出发射端和接收端所对应的最佳波束形成向量对。具体可利用阵列响应矢量产生所需要的量化角度域码本,即[43,44]

$$f \in \mathcal{F} = \{a_t(\bar{\theta}_1^t, \bar{\varphi}_1^t), a_t(\bar{\theta}_2^t, \bar{\varphi}_2^t), \cdots, a_t(\bar{\theta}_{|\mathcal{F}|_c}^t, \bar{\varphi}_{|\mathcal{F}|_c}^t)\}$$
$$w \in \mathcal{W} = \{a_r(\bar{\theta}_1^r, \bar{\varphi}_1^r), a_t(\bar{\theta}_2^r, \bar{\varphi}_2^r), \cdots, a_t(\bar{\theta}_{|\mathcal{W}|_c}^r, \bar{\varphi}_{|\mathcal{W}|_c}^r)\} \tag{7-7}$$

其中,$\bar{\theta}_i^t(\bar{\varphi}_i^t)$ 和 $\bar{\theta}_i^r(\bar{\varphi}_i^r)$ 分别是量化的离开角和到达角的方位角(俯仰角),其

量化方式可采用对离开角和到达角的角度范围进行均匀量化。最直观也是最佳的波束训练方法是基于最大化有效 SNR 准则，也就是通过穷举的方式搜索所有可能的 $|\mathcal{F}|_c|\mathcal{W}|_c$ 个发射端和接收端的模拟波束赋形向量对。然而，由于毫米波 MIMO 系统中天线数量巨大且对波束赋形增益的要求也高，因此，发射端与接收端对应的量化角度域码本 $|\mathcal{F}|_c$ 和 $|\mathcal{W}|_c$ 也非常大，这就意味着穷举搜索可能会产生难以承受的训练开销。解决这个问题可采用文献[45]中的分层波束训练方案。

图 7.5 所示为基于分层码本的波束训练方案。首先，构建一系列分层码本，共 K 层，即 $\mathcal{F}_1, \mathcal{F}_2, \cdots, \mathcal{F}_K (\mathcal{W}_1, \mathcal{W}_2, \cdots, \mathcal{W}_K)$，其对应的分辨率越来越高。其次，基站端和用户端通过发送训练数据来联合训练第一层（最低分辨率码本 $\mathcal{F}_1(\mathcal{W}_1)$）的波束，具体的第一层训练阶段包括以下三个步骤：（1）基站端从码本 $\mathcal{F}_1$ 中选择一个可能的波束赋形向量来发送训练数据给用户端，而用户端利用式（7-6）来确定接收端的最佳波束赋形向量；（2）用户端和基站端相互交换角色，由基站端确定发射端的最佳波束赋形向量；（3）基站端和用户端相互反馈所选择的波束赋形向量的码本索引。最后，在更高分辨率的码本重复以上三个步骤（图 7.5 中的（b）（c）（d）），一直训练到最高分辨率码本 $\mathcal{F}_K(\mathcal{W}_K)$。这样，与穷举搜索的方法相比，分层波束训练可以有效地降低训练开销，同时，由于波束逐渐对准使得阵列增益逐渐增大，下一层训练时使用的训练序列会越来越短。

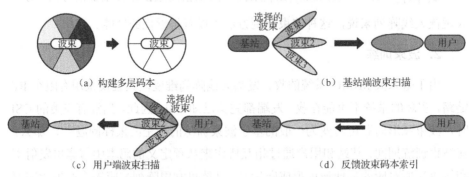

（a）构建多层码本　　　　　　　　　　　（b）基站端波束扫描

（c）用户端波束扫描　　　　　　　　　　（d）反馈波束码本索引

图 7.5　基于分层码本的波束训练方案

7.3.2　混合波束赋形设计

目前混合波束赋形设计已有较多的方案提出。具体而言，在单载波窄带平衰落信道下，文献[29]通过利用毫米波传输信道的稀疏特性，提出一种基于压缩感知的正交匹配追踪（Orthogonal Matching Pursuit，OMP）混合波束赋形设计，但这仅仅考虑了单用户通信场景。为了支持毫米波多用户系统，文献[46]提出了一种相位迫零（Phased Zero Forcing，PZF）混合波束赋形设计，但其系统局限于单用户的通信场景。此外，文献[47]和文献[48]分别提出了一种两阶段混合波束赋形设计和一种启发式的混合波束赋形设计来支持多用户且用户多天线的通信情景，但每个用户只能支持单数据流传输。可以支持多用户且用户支持多数据流传输的混合波束赋形方案相对较少。最近，文献[49]提出了一种基于块对角化（block diagonalization，BD）的混合波束赋形设计，它可以支持多用户且用户多数据流传输的通信场景。而另一方面，前面大多数工作都是通过最大化频谱效率去设计混合波束赋形方案的，很少有通过降低误比特率来进行混合波束赋形设计的，同时通常考虑理想的 ULA 而没有考虑实际的 UPA。为了解决这些问题，文献[50]通过降低系统误比特率，并考虑多用户且用户支持多数据流传输的通信场景和更符合实际情况的 UPA，提出了一种基于过采样码本的单载波（窄带）混合波束赋形设计方案，接下来将对该方案进行详细介绍。

1）系统模型

在文献[50]中，考虑毫米波多用户 MIMO 系统的下行信道，假设基站装配了 N_t 根天线，$M_t(M_t \ll N_t)$ 条 RF 链路，可以同时服务 K 个用户，每个用户装配 N_r 根天线，M_r 条 RF 链路，同时支持 N_s 个数据流传输（$N_s \leq M_t \ll N_t$ 且 $N_s \leq M_r \ll N_r$）。那么在下行链路传输时，第 k 个用户接收到的信号 y_k 可以表示为

$$y_k = W_k^{\mathrm{H}}(\gamma H_k Fs + n_k) \tag{7-8}$$

其中，$F = F_{\mathrm{RF}}F_{\mathrm{BB}}$ 和 $W_k = W_{\mathrm{RF}}^k W_{\mathrm{BB}}^k$ 分别表示在基站和第 k 个用户的混合波束赋形矩阵，而 γ 是其中数字波束赋形矩阵的功率归一化因子，满足 $\gamma^2 \mathrm{Tr}(FF^{\mathrm{H}}) = P_t$，其中 P_t 为基站发射功率，H_k 表示基站到第 k 个用户的信道矩阵，这里采用前面提到的扩展 Saleh-Valenzuela 信道模型[41]，s 和 n_k 分别表示基站发送给 K 个用户的信号向量和第 k 个用户对应的加性白噪声。

为了最小化系统在信号检测时的误比特特性，可以通过设计基站端和用户端的数字和模拟波束赋形矩阵，来最小化接收机估计到的信号与实际信号的均方误差，也就是求解如下最优化问题

$$(\boldsymbol{F}^{\text{opt}}, \{\boldsymbol{W}_k^{\text{opt}}\}_{k=1}^K) = \arg\min \sum_{k=1}^K \| \hat{\boldsymbol{s}}_k - \boldsymbol{s}_k \|_2^2$$

$$\text{s.t. } [\boldsymbol{W}_{\text{RF}}^k]_{m,n} = \mathrm{e}^{\mathrm{j}\phi}/\sqrt{N_r}, \ \phi \in \mathcal{Q}, \ \forall m, n, k \qquad (7\text{-}9)$$

$$[\boldsymbol{F}_{\text{RF}}]_{m,n} = \mathrm{e}^{\mathrm{j}\psi}/\sqrt{N_t}, \ \psi \in \mathcal{Q}, \ \forall m, n$$

$$\gamma^2 \text{Tr}(\boldsymbol{F}^{\text{opt}}(\boldsymbol{F}^{\text{opt}})^{\text{H}}) = P_t$$

其中，$\hat{\boldsymbol{s}}_k = \boldsymbol{y}_k / \gamma$ 表示用户估计到的信号，$\boldsymbol{F}^{\text{opt}}$ 和 $\boldsymbol{W}_k^{\text{opt}}$ 分别表示在基站和第 k 个用户最优的混合波束赋形矩阵，而三个约束条件表明，收、发端的模拟波束赋形矩阵中的每个元素须满足恒模约束，同时发射端也有总发射功率的要求。

2）设计用户端和基站端的数字波束赋形矩阵

为解决上述问题，可以先考虑设计数字部分。这里将模拟部分和实际信道看为等效基带信道，有 $\boldsymbol{H}_{\text{eff}}^k = (\boldsymbol{W}_{\text{RF}}^k)^{\text{H}} \boldsymbol{H}_k \boldsymbol{F}$。由于每个用户是单独工作的，因此可单独设计每个用户的数字波束赋形矩阵，即考虑优化问题 $\boldsymbol{W}_{\text{BB}}^k = \arg\min \xi_k$，其中 $\xi_k = \| \hat{\boldsymbol{s}}_k - \boldsymbol{s}_k \|_2^2$。那么可以考虑 ξ_k 关于 $\boldsymbol{W}_{\text{BB}}^k$ 求梯度并令其等于 0，则可以获得第 k 个用户的数字波束赋形矩阵

$$\boldsymbol{W}_{\text{BB}}^k = (\boldsymbol{H}_{\text{eff}}^k \boldsymbol{F}_{\text{BB}} \boldsymbol{F}_{\text{BB}}^{\text{H}} (\boldsymbol{H}_{\text{eff}}^k)^{\text{H}} + \frac{\sigma^2}{\gamma^2} (\boldsymbol{W}_{\text{RF}}^k)^{\text{H}} \boldsymbol{W}_{\text{RF}}^k)^{-1} \boldsymbol{H}_{\text{eff}}^k \boldsymbol{F}_{\text{BB}}^k \qquad (7\text{-}10)$$

其中，σ^2 是噪声功率，且 $\boldsymbol{F}_{\text{BB}} = [\boldsymbol{F}_{\text{BB}}^1, \boldsymbol{F}_{\text{BB}}^2, \cdots, \boldsymbol{F}_{\text{BB}}^K]$。另一方面，基站则需要考虑所有用户的均方误差和 $\xi = \sum_{k=1}^K \xi_k$，即考虑优化问题 $\boldsymbol{F}_{\text{BB}} = \arg\min \xi$。同样地，考虑 ξ 关于 $\boldsymbol{F}_{\text{BB}}$ 求梯度并令其等于 0，则可以获得基站端的数字波束赋形矩阵

$$\boldsymbol{F}_{\text{BB}} = (\boldsymbol{H}_{\text{eff}}^{\text{H}} \boldsymbol{W}_{\text{BB}} \boldsymbol{W}_{\text{BB}}^{\text{H}} \boldsymbol{H}_{\text{eff}})^{-1} \boldsymbol{H}_{\text{eff}}^{\text{H}} \boldsymbol{W}_{\text{BB}} \qquad (7\text{-}11)$$

其中，$\boldsymbol{H}_{\text{eff}} = [(\boldsymbol{H}_{\text{eff}}^1)^{\text{T}}, (\boldsymbol{H}_{\text{eff}}^2)^{\text{T}}, \cdots, (\boldsymbol{H}_{\text{eff}}^K)^{\text{T}}]^{\text{T}}$，$\boldsymbol{W}_{\text{BB}} = \text{Bdiag}(\boldsymbol{W}_{\text{BB}}^1, \boldsymbol{W}_{\text{BB}}^2, \cdots, \boldsymbol{W}_{\text{BB}}^K)$。但由于式（7-10）中用户端的数字波束赋形矩阵和式（7-11）中基站端的数字波束赋形矩阵存在相互嵌套的关系，并不能直接求解。这时，考虑采用预先生成的初始矩阵 $\boldsymbol{W}_{\text{ini}}$ 作为所有用户的数字波束赋形矩阵的初始解。在生成 $\boldsymbol{W}_{\text{ini}}$ 时，须满足 $\boldsymbol{W}_{\text{BB}}^{\text{H}} \boldsymbol{H}_{\text{eff}} \boldsymbol{F}_{\text{BB}} \approx \mu \boldsymbol{I}$ 来消除各个数据流之间的干扰，那么该初始矩阵可取 $\boldsymbol{W}_{\text{ini}} = \text{Bdiag}(\boldsymbol{W}_{\text{ini}}^1, \boldsymbol{W}_{\text{ini}}^2, \cdots, \boldsymbol{W}_{\text{ini}}^K)$，其中 $\boldsymbol{W}_{\text{ini}}^k$ 可以是任意酉矩阵[50]。于是，便可先利用式（7-11）求得基站端的数字波束赋形矩阵，然后利用式（7-10）进一步求解各个用户的数字波束赋形矩阵。

3）设计用户端和基站端的模拟波束赋形矩阵

对于模拟部分设计，先将已设计好的数字部分 $\boldsymbol{W}_{\text{BB}}^{\text{H}} \boldsymbol{H}_{\text{eff}} \boldsymbol{F}_{\text{BB}} \approx \mu \boldsymbol{I}$ 代入均方误

差和 $\xi = \sum_{k=1}^{K} \xi_k$ 中，并化简可得

$$\xi \approx (\mu^2 - 2\mu + 1)KN_s + \frac{KN_s\mu^2\sigma^2}{P_t}\mathrm{Tr}((\boldsymbol{H}_{\mathrm{eff}}^{\mathrm{H}}\boldsymbol{H}_{\mathrm{eff}})^{-1}) \tag{7-12}$$

通过最小化式（7-12）中的 $\mathrm{Tr}((\boldsymbol{H}_{\mathrm{eff}}^{\mathrm{H}}\boldsymbol{H}_{\mathrm{eff}})^{-1})$ 能进一步降低均方误差和 ξ，因此，基站端和每个用户的模拟波束赋形矩阵设计可以写成如下的优化问题

$$(\boldsymbol{F}_{\mathrm{RF}}, \{\boldsymbol{W}_{\mathrm{RF}}^k\}_{k=1}^K) = \arg\min \mathrm{Tr}((\boldsymbol{H}_{\mathrm{eff}}\boldsymbol{H}_{\mathrm{eff}}^{\mathrm{H}})^{-1})$$

$$\mathrm{s.t.}\ [\boldsymbol{W}_{\mathrm{RF}}^k]_{m,n} = \mathrm{e}^{\mathrm{j}\phi}/\sqrt{N_r},\ \phi \in \mathcal{Q},\ \forall m,n,k \tag{7-13}$$

$$[\boldsymbol{F}_{\mathrm{RF}}]_{m,n} = \mathrm{e}^{\mathrm{j}\psi}/\sqrt{N_t},\ \psi \in \mathcal{Q},\ \forall m,n$$

上述优化问题并不容易求解，所以仍需要进一步简化该优化问题。首先，考虑等效基带信道矩阵 $\boldsymbol{H}_{\mathrm{eff}}$ 的 SVD，即 $\boldsymbol{H}_{\mathrm{eff}} = \boldsymbol{U}\boldsymbol{\Sigma}\boldsymbol{D}^{\mathrm{H}}$，其中 $\boldsymbol{\Sigma} = \mathrm{diag}(\sigma_1, \sigma_2, \cdots, \sigma_N)$，而 $N = KN_s$ 为基站同时能支持的数据流数，那么 $\mathrm{Tr}((\boldsymbol{H}_{\mathrm{eff}}^{\mathrm{H}}\boldsymbol{H}_{\mathrm{eff}})^{-1}) = \sum_{n=1}^{N}\sigma_n^{-2}$，当这些奇异值尽可能相等时，也就是 $\boldsymbol{H}_{\mathrm{eff}}$ 的条件数尽可能大时，可通过最大化 $\mathrm{Tr}(\boldsymbol{H}_{\mathrm{eff}}^{\mathrm{H}}\boldsymbol{H}_{\mathrm{eff}})$ 来设计收、发端的模拟波束赋形矩阵，同时考虑到 $\mathrm{Tr}(\boldsymbol{H}_{\mathrm{eff}}^{\mathrm{H}}\boldsymbol{H}_{\mathrm{eff}}) = \|\boldsymbol{H}_{\mathrm{eff}}\|_F^2 \leqslant \sum_{i=1}^{N}|h_i|^2$，其中 $\{h_i\}_{i=1}^N$ 是 $\boldsymbol{H}_{\mathrm{eff}}$ 的主对角元素。值得注意的是，$\boldsymbol{H}_{\mathrm{eff}}$ 是主对角元素占优的矩阵，即表示 $\boldsymbol{H}_{\mathrm{eff}}$ 的主要能量集中在主对角元素上，那么，可通过最大化 $\boldsymbol{H}_{\mathrm{eff}}$ 主对角元素的平方和来设计收、发端的模拟波束赋形矩阵，那么模拟部分设计的优化问题可写成如下形式

$$(\boldsymbol{F}_{\mathrm{RF}}, \{\boldsymbol{W}_{\mathrm{RF}}^k\}_{k=1}^K) = \arg\max \sum_{i=1}^{N}|h_i|^2$$

$$\mathrm{s.t.}\ \boldsymbol{W}_{\mathrm{RF}\{:,m\}}^k \in \mathcal{D}_r,\ \forall m,k \tag{7-14}$$

$$\boldsymbol{F}_{\mathrm{RF}\{:,n\}} \in \mathcal{D}_t,\ \forall n$$

其中，$\mathcal{D}_t$ 和 $\mathcal{D}_r$ 表示基站和用户的码本，这里为了降低计算复杂度，假定收、发端的模拟波束赋形矩阵的每一列均来自预先设计的码本 $\mathcal{D}_t$ 和 $\mathcal{D}_r$。由于 DFT 码本为保证选取的波束是正交无干扰的而导致其空间分辨率有限，所以，这里考虑采用引入一定干扰的过采样码本，这种过采样码本是在原先的空间弧度下先进行过采样再量化而得到的。传统 DFT 码本设计与过采样码本设计对比如图 7.6 所示，图中给出空间正交波束为 4 的示例（码本中每个码字仅用相位向量表示），从中可看出通过设置合适的过采样因子 ρ，过采样码本可以获得更

多的码字，此外，随着天线数量的增加，过采样码本也会获得更多码字。因此，与 DFT 码本相比，过采样码本能显著地提高系统的空间分辨率。

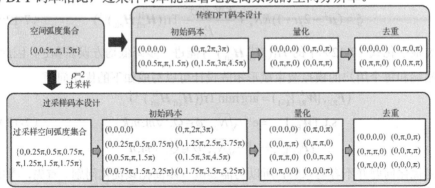

图 7.6　传统 DFT 码本设计与过采样码本设计对比（正交波束为 4）

　　模拟部分设计可以通过贪婪迭代算法选择合适的码本，即通过就进行多次迭代，在每次迭代中选出使等效信道矩阵 $\boldsymbol{H}_{\text{eff}}$ 中主对角元素能量最大的码字。但需要注意的是，不同于 DFT 码本，这里的过采样码本引入了非正交波束，可能会产生波束间干扰。当波束间干扰存在时，$\boldsymbol{H}_{\text{eff}}$ 的条件数就会降低，系统性能也会随之下降，因此，需要在每次迭代完成后去除存在干扰的波束。具体可以通过设置自相关因子 β，在每次迭代过程中进行筛选，使得选中的码字满足 $\boldsymbol{a}^{\text{H}}\boldsymbol{b} \leqslant \beta$，其中 $\boldsymbol{a}$ 和 $\boldsymbol{b}$ 表示在同一码本中任意两个被选中的码字。

　　图 7.7 给出了过采样码本方案和其他方案的对比仿真。

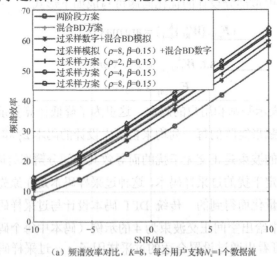

（a）频谱效率对比，$K=8$，每个用户支持 $N_s=1$ 个数据流

图 7.7　过采样码本方案和其他方案的对比仿真

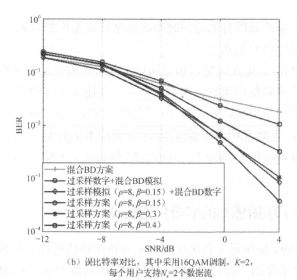

（b）误比特率对比，其中采用16QAM调制，$K=2$，
每个用户支持$N_s=2$个数据流

图 7.7　过采样码本方案和其他方案的对比仿真（续）

由仿真结果可以看出，与两阶段方案和混合 BD 方案相比，过采样码本方案具有更好的性能，特别是误比特率性能。同时随着过采样因子 ρ 的增大，系统性能会进一步提高，但这会增加系统复杂度。此外，自相关因子 β 也会影响系统性能，但是若 β 太小可能会导致无法选出足够多的码字。

7.4　毫米波通信中的信道估计技术

在毫米波 MIMO 系统中，信道估计对后续模拟和数字波束赋形设计起着至关重要的作用[39]。然而，传统 MIMO 系统中的信道估计技术难以直接应用在混合毫米波 MIMO 系统中。一方面，因为接收端接收到的数字基带测量是由模拟和数字波束赋形与信道相互交织在一起的，而不是如全数字系统般直接接收到信道矩阵的各项。另一方面，若从低维度的基带观测重构出高维度的 CSI，直接应用传统的信道估计方法由于较小的 RF 链路数可能需要很大的训练开销来获得大阵列所对应的信道系数，同时由于波束赋形前的大带宽和低信噪比也会导致训练序列很长[4]。因此，传统的信道估计技术难以应用在需要频繁进行估计的快速时变信道中。尽管 7.3.1 节中的模拟波束赋形设计可用来避免直接估计大维度的毫米波 MIMO 信道，但这些波束训练方法并不能提供足够的信息来实现更复杂的诸如多用户 MIMO 信号检测及干扰消除等收/发机设计算法，同时这类方法可能需要反复迭代才能找到好的波束配置。如何降低信道估计过程中所需的训练开销的同时准确地估计高维度的毫米波 MIMO 信道是当前毫米波通信研究的热点之一。

毫米波 MIMO 信道在时延域和空间域上都有着固有的稀疏性[27,51]，因此，利用信道稀疏性来降低信道估计所需开销是一种切实可行的方法。为此，本节首先总结几种利用信道稀疏性的基于压缩感知（Compressive Sensing，CS）的信道估计方案，之后介绍基于借助旋转不变技术估计信号参数（Estimating Signal Parameters via Rotational Invariance Techniques，ESPRIT）的超分辨率信道估计方法。

7.4.1 基于压缩感知的窄带信道估计

毫米波 MIMO 系统通常利用压缩感知理论来解决稀疏的毫米波 MIMO 信道估计问题。这里介绍一种针对频率平坦 MIMO 信道的基于 OMP 算法的开环波束训练方法[52]。

1）系统模型

混合毫米波 MIMO 系统中的开环波束训练信道估计如图 7.8 所示。毫米波 MIMO 系统中发送端和接收端的天线数分别为 N_T 和 N_R，且都装备有 $N_{RF} \ll \min(N_T, N_R)$ 个 RF 链路。假设 N_T 和 N_R 是 N_{RF} 的整数倍，那么，定义 $N_T^{Block} = N_T/N_{RF}$ 及 $N_R^{Block} = N_R/N_{RF}$，且 RF 模拟波束赋形矩阵均由 PSN 来实现。

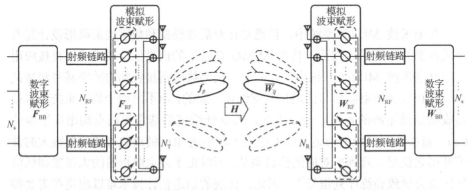

图 7.8　混合毫米波 MIMO 系统中的开环波束训练信道估计

在信道估计阶段，发射端使用 $N_T^{Beam} \leq N_T$ 个波束赋形向量 $f_p \in \mathbb{C}^{N_T}, p=1,\cdots,N_T^{Beam}$，接收端则使用 $N_R^{Beam} \leq N_R$ 个波束赋形向量

$w_q \in \mathbb{C}^{N_R}$，$q = 1, \cdots, N_R^{\text{Beam}}$，且 N_T^{Beam} 和 N_R^{Beam} 也为 N_{RF} 的整数倍。在训练期间，由于接收端能同时产生 N_{RF} 个接收波束，因此，对于第 p 个发射波束，第 $\bar{q}$（$\bar{q} = 1, \cdots, N_R^{\text{Beam}}/N_{\text{RF}}$）个接收信号向量 $y_{\bar{q},p} \in \mathbb{C}^{N_{\text{RF}}}$ 为

$$y_{\bar{q},p} = \bar{W}_{\bar{q}}^{\text{H}} H f_p x_p + \bar{W}_{\bar{q}}^{\text{H}} n_{\bar{q},p} \tag{7-15}$$

其中，x_p 为发射的训练符号，$W_{\bar{q}} = [w_{(\bar{q}-1)N_{\text{RF}}+1} \cdots w_{\bar{q}N_{\text{RF}}}] \in \mathbb{C}^{N_R \times N_{\text{RF}}}$，$H \in \mathbb{C}^{N_R \times N_T}$ 为信道矩阵，$n_{\bar{q},p} \in \mathbb{C}^{N_R} \sim \mathcal{CN}(0, \sigma_n^2 I_{N_R})$ 是噪声向量。那么，集合所有 $\bar{q} = 1, \cdots, N_R^{\text{Beam}}/N_{\text{RF}}$ 组成一个列向量 $y_p \in \mathbb{C}^{N_R^{\text{Beam}}}$，即

$$y_p = W^{\text{H}} H f_p x_p + \text{Bdiag}(\bar{W}_1^{\text{H}}, \cdots, \bar{W}_{N_R^{\text{Beam}}/N_{\text{RF}}}^{\text{H}})[n_{1,p}^{\text{T}}, \cdots, n_{N_R^{\text{Beam}}/N_{\text{RF}},p}^{\text{T}}]^{\text{T}} \tag{7-16}$$

其中，$W = [\bar{W}_1^{\text{H}}, \cdots, \bar{W}_{N_R^{\text{Beam}}/N_{\text{RF}}}^{\text{H}}] \in \mathbb{C}^{N_R \times N_R^{\text{Beam}}}$。之后，再收集所有 N_T^{Beam} 个发射波束为 $Y \in \mathbb{C}^{N_R^{\text{Beam}} \times N_T^{\text{Beam}}}$，$Y = [y_1, \cdots, y_{N_T^{\text{Beam}}}] = W^{\text{H}} H F X + N$，其中 $F = [f_1, \cdots, f_{N_T^{\text{Beam}}}] \in \mathbb{C}^{N_T \times N_T^{\text{Beam}}}$，且 $N \in \mathbb{C}^{N_R^{\text{Beam}} \times N_T^{\text{Beam}}}$ 为相应的噪声矩阵。由于发射训练符号矩阵 $X = \text{diag}(x_1, \cdots, x_{N_T^{\text{Beam}}})$ 是一个对角阵，那么，可假设 x_p 为单位训练符号，即满足 $X = \sqrt{P} I_{N_T^{\text{Beam}}}$，且 P 为发射训练信号功率。在混合 MIMO 架构下，式（7-16）可写为

$$Y = \sqrt{P} W^{\text{H}} H F + N = \sqrt{P} W_{\text{BB}}^{\text{H}} W_{\text{RF}}^{\text{H}} H F_{\text{RF}} F_{\text{BB}} + N \tag{7-17}$$

其中，$F = F_{\text{RF}} F_{\text{BB}}$，$W = W_{\text{RF}} W_{\text{BB}}$，且 $F_{\text{RF}} \in \mathbb{C}^{N_T \times N_T}$ 和 $W_{\text{RF}} \in \mathbb{C}^{N_R \times N_R}$ 分别为发射和接收 RF 模拟波束赋形矩阵，而 $F_{\text{BB}} \in \mathbb{C}^{N_T \times N_T^{\text{Beam}}}$ 和 $W_{\text{BB}} \in \mathbb{C}^{N_R \times N_R^{\text{Beam}}}$ 分别为发射和接收基带数字波束赋形矩阵。这些矩阵 F_{RF}、F_{BB}、W_{RF}，以及 W_{BB} 在设计时须满足以下条件：（1）F_{RF} 和 W_{RF} 是酉矩阵，且它们的每一项均满足恒模约束；（2）N_T 个发射端 RF 训练波束是由 F_{RF} 的列向量产生的，能覆盖离开角的所有范围 $[-\pi, \pi]$，而 N_R 个接收端 RF 训练波束是由 W_{RF} 的列向量产生的，能覆盖到达角的所有范围 $[-\pi, \pi]$；（3）由于收/发端均有 N_{RF} 个 RF 链路，模拟波束赋形矩阵 F_{RF} 和 W_{RF} 可分别拆分为 N_T^{Beam} 和 N_R^{Beam} 个子 RF 波束，即 $F_{\text{RF}} = [F_{\text{RF},1}, \cdots, F_{\text{RF},N_T^{\text{Beam}}}]$ 和 $W_{\text{RF}} = [W_{\text{RF},1}, \cdots, W_{\text{RF},N_R^{\text{Beam}}}]$，且 $F_{\text{RF},\bar{p}} \in \mathbb{C}^{N_T \times N_{\text{RF}}}$，$W_{\text{RF},\bar{q}} \in \mathbb{C}^{N_R \times N_{\text{RF}}}$。类似地，块对角阵 $F_{\text{BB}} = \text{Bdiag}(F_{\text{BB},1}, \cdots, F_{\text{BB},N_T^{\text{Beam}}})$ 及 $W_{\text{BB}} = \text{Bdiag}(W_{\text{BB},1}, \cdots, W_{\text{BB},N_R^{\text{Beam}}})$，且 $F_{\text{BB},\bar{p}} \in \mathbb{C}^{N_{\text{RF}} \times (N_T^{\text{Beam}}/N_T^{\text{Block}})}$，$W_{\text{BB},\bar{q}} \in \mathbb{C}^{N_{\text{RF}} \times (N_R^{\text{Beam}}/N_R^{\text{Block}})}$。因此 $F = F_{\text{RF}} F_{\text{BB}} = [F_1, \cdots, F_{N_T^{\text{Block}}}]$，其中 $F_{\bar{p}} = F_{\text{RF},\bar{p}} F_{\text{BB},\bar{p}}$，$1 \leq \bar{p} \leq N_T^{\text{Block}}$，而 $W = W_{\text{RF}} W_{\text{BB}} = [W_1, \cdots, W_{N_R^{\text{Block}}}]$，其中 $W_{\bar{q}} = W_{\text{RF},\bar{q}} W_{\text{BB},\bar{q}}$，$1 \leq \bar{q} \leq N_R^{\text{Block}}$。

毫米波 MIMO 信道可采用参数信道模型 $H \in \mathbb{C}^{N_R \times N_T}$ 为[29,30,40,61]

$$H = \sqrt{\frac{N_T N_R}{L}} \sum_{l=1}^{L} \alpha_l \boldsymbol{a}_R(\theta_l) \boldsymbol{a}_T^H(\varphi_l) \tag{7-18}$$

其中，L 为信道的多径个数且 $L < \min(N_T, N_R)$，$\alpha_l \sim \mathcal{CN}(0, \sigma_a^2)$ 为路径复增益，θ_l 和 φ_l 分别为第 l 个路径对应的到达角和离开角。$\boldsymbol{a}_T(\varphi_l) \in \mathbb{C}^{N_T}$ 和 $\boldsymbol{a}_R(\theta_l) \in \mathbb{C}^{N_R}$ 分别为发射端和接收端的阵列响应矢量，其具体形式见式（7-4）。式（7-18）可写为更紧凑的形式

$$H = A_R D A_T^H \tag{7-19}$$

其中，$A_R = [\boldsymbol{a}_R(\theta_1), \cdots, \boldsymbol{a}_R(\theta_L)] \in \mathbb{C}^{N_R \times L}$，$A_T = [\boldsymbol{a}_T(\varphi_1), \cdots, \boldsymbol{a}_T(\varphi_L)] \in \mathbb{C}^{N_T \times L}$，且对角阵 $D = \mathrm{diag}(\boldsymbol{d}) = \sqrt{N_T N_R / L} \mathrm{diag}(\alpha_1, \cdots, \alpha_L)$ 且 $\boldsymbol{d} = \sqrt{N_T N_R / L} [\alpha_1, \cdots, \alpha_L]^T$。若将式（7-19）转化为向量形式 $\boldsymbol{h} \in \mathbb{C}^{N_T N_R}$，有 $\boldsymbol{h} = \mathrm{vec}(H) = (A_T^* \otimes A_R) \cdot \mathrm{vec}(D) = (A_T^* \odot A_R) \cdot \boldsymbol{d}$。

2）最小二乘（Least Squares，LS）及先验估计器说明

对式（7-18）中的接收信号矩阵 Y 进行向量化得向量 $\bar{\boldsymbol{y}} \in \mathbb{C}^{N_T^{\mathrm{Beam}} N_R^{\mathrm{Beam}}}$

$$\bar{\boldsymbol{y}} = \mathrm{vec}(Y) = \sqrt{P}((F_{RF} F_{BB})^T \otimes (W_{BB}^H W_{RF}^H)) \cdot \mathrm{vec}(H) + \bar{\boldsymbol{n}} = \sqrt{P} Q \cdot \mathrm{vec}(H) + \bar{\boldsymbol{n}} \tag{7-20}$$

其中，$Q = (F_{RF} F_{BB})^T \otimes (W_{BB}^H W_{RF}^H) \in \mathbb{C}^{N_T^{\mathrm{Beam}} N_R^{\mathrm{Beam}} \times N_T N_R}$，$\bar{\boldsymbol{n}} = \mathrm{vec}(N)$。对于式（7-20），估计其中 $\mathrm{vec}(H)$ 的最简单方法是直接利用 LS，即 $\mathrm{vec}(H^{LS}) = (Q^H Q)^{-1} Q^H \bar{\boldsymbol{y}} / \sqrt{P}$。由于其中有矩阵求逆运算，$Q^H Q$ 需要满足满秩条件，即 $N_T^{\mathrm{Beam}} N_R^{\mathrm{Beam}} \geq N_T N_R$。然而，由于毫米波 MIMO 系统中天线阵列的维度巨大，也就是说数值巨大的 $N_T N_R$ 使得求逆运算基本无法实现。相比之下，压缩感知类方法通过将需要估计的项压缩到正比于稀疏度 L（$L \ll N_T N_R$）的维度来解决这个计算难题。以先验估计器（假设到达角/离开角完美已知，仅须估计路径增益的估计器）为例，由于 A_R 和 A_T 已知，可将式（7-20）进一步变为

$$\bar{\boldsymbol{y}} = \sqrt{P} Q \cdot (A_T^* \odot A_R) \cdot \boldsymbol{d} + \bar{\boldsymbol{n}} = \sqrt{P} Q_o \cdot \boldsymbol{d} + \bar{\boldsymbol{n}} \tag{7-21}$$

这里 $Q_o = Q \cdot (A_T^* \odot A_R) = (F_{BB}^T F_{RF}^T A_T^*) \otimes (W_{BB}^H W_{RF}^H A_R) \in \mathbb{C}^{N_T^{\mathrm{Beam}} N_R^{\mathrm{Beam}} \times L}$。那么，LS 估计为

$$\boldsymbol{d}_o = (Q_o^H Q_o)^{-1} Q_o^H \bar{\boldsymbol{y}} / \sqrt{P} \tag{7-22}$$

这里仅须 $N_T^{\mathrm{Beam}} N_R^{\mathrm{Beam}} \geq L$ 即可保证 $Q_o^H Q_o$ 为满秩的。最后，先验估计信道矩阵 H_o 为 $H_o = A_R \mathrm{diag}(\boldsymbol{d}_o) A_T^H$。这种先验估计器可作为基于压缩感知估计器的性能评估下界。

3）压缩感知最优化问题建模

首先，需要建立一个冗余的字典矩阵，也称量化角度网格 $\mathcal{G}$，定义为

$$\mathcal{G} = \{\psi_g : \psi_g \in [-\pi/2, \pi/2],\ g = 1, \cdots, G\} \tag{7-23}$$

这里 G 表示网格的大小。接下来，对式（7-4）阵列响应矢量中的 $\sin(\psi_g)$ 的取值范围 $[-1,1)$ 进行等分，即 $\sin(\psi_g) = 2(g-1)/G,\ g = 1, \cdots, G$，进而可确定每一个量化角度。注意到这样的角度分配过后，量化的角度格点在角度范围 $[-\pi/2, \pi/2]$ 内是非均匀的，还有一种分配方法是直接对 $\psi_g \in [-\pi/2, \pi/2]$ 进行等分，这在之后的压缩感知方法中有具体的应用。为了保证压缩感知理论中字典的冗余性，需满足 $G \geqslant \max(N_T, N_R)$。将以上确定的量化角度代入式（7-4）后可分别获得对应于接收端和发射端阵列响应矩阵的冗余字典矩阵 $\bar{A}_R = [a_R(\psi_1), \cdots, a_R(\psi_G)] \in \mathbb{C}^{N_R \times G}$ 和 $\bar{A}_T = [a_T(\psi_1), \cdots, a_T(\psi_G)] \in \mathbb{C}^{N_T \times G}$。

对于信道矩阵 H，可做如下合理假设

$$H = \bar{A}_R \bar{D} \bar{A}_T^H + E = \bar{H} + E \tag{7-24}$$

其中，$\bar{H} = \bar{A}_R \bar{D} \bar{A}_T^H$ 为量化信道矩阵，定义为量化角度域上的近似信道矩阵，且 $\bar{D} \in \mathbb{C}^{G \times G}$ 为 L 稀疏度的稀疏矩阵，仅在对应于到达角/离开角的位置上有 L 个非零元素值，而矩阵 E 表示量化过程引起的误差。注意，这里 $\bar{D}$ 是稀疏的而不是对角矩阵，式（7-19）中的矩阵 D 是对角矩阵。那么，信道向量为 $h = \text{vec}(H) = (\bar{A}_T^* \otimes \bar{A}_R) \cdot \text{vec}(\bar{D}) + \text{vec}(E)$，代入式（7-20）中可得

$$\bar{y} = \sqrt{P}Q(\bar{A}_T^* \otimes \bar{A}_R) \cdot \text{vec}(\bar{D}) + \sqrt{P}Q\text{vec}(E) + \bar{n} = \sqrt{P}\bar{Q} \cdot \text{vec}(\bar{D}) + \sqrt{P}Q\text{vec}(E) + \bar{n} \tag{7-25}$$

其中，$\bar{Q} = Q(\bar{A}_T^* \otimes \bar{A}_R) = (F_{BB}^T F_{RF}^T \bar{A}_T^*) \otimes (W_{BB}^H W_{RF}^H \bar{A}_R) \in \mathbb{C}^{N_T^{\text{Beam}} N_R^{\text{Beam}} \times G^2}$。对于式（7-25），由于 $(\bar{A}_T^* \otimes \bar{A}_R) \in \mathbb{C}^{N_T N_R \times G^2}$ 及 $L < \max\{N_T, N_R\} \leqslant G$，估计 L 稀疏度的向量 $\text{vec}(\bar{D}) \in \mathbb{C}^{G^2}$ 是一个具有冗余字典的压缩感知稀疏信号恢复问题。在式（7-25）中，$Q = (F_{RF}F_{BB})^T \otimes (W_{BB}^H W_{RF}^H)$ 是观测矩阵，$\bar{A}_T^* \otimes \bar{A}_R$ 为变换字典矩阵，而 $\bar{Q} = Q(\bar{A}_T^* \otimes \bar{A}_R)$ 为感知矩阵。对于变换字典矩阵 $(\bar{A}_T^* \otimes \bar{A}_R) \in \mathbb{C}^{N_T N_R \times G^2}$，当 $G = N_T = N_R$ 时，冗余字典将退化为正交字典矩阵。以上压缩感知稀疏信号恢复问题可表示为如下的最优化问题

$$\text{vec}(\bar{D}^{\text{CS}}) = \arg\min_{\bar{D}} \| \bar{y} - \sqrt{P}\bar{Q} \cdot \text{vec}(\bar{D}) \|_2$$
$$\text{s.t.}\ \text{vec}(\bar{D}) = \| \text{vec}(\bar{D}) \|_0 = L \tag{7-26}$$

这里 $\bar{D}^{\text{CS}}$ 表示 $\bar{D}$ 的 CS 估计。假设估计到了 $\bar{D}^{\text{CS}}$，则利用关系 $\text{vec}(\bar{H}) =$

$(\bar{A}_{\mathrm{T}}^{*} \otimes \bar{A}_{\mathrm{R}}) \cdot \mathrm{vec}(\bar{D})$ 来反推出量化的矩阵 $\bar{H}$ 的估计 $\bar{H}^{\mathrm{CS}} = \bar{A}_{\mathrm{R}} \bar{D}^{\mathrm{CS}} \bar{A}_{\mathrm{T}}^{\mathrm{H}}$。然而，式（7-26）是一个难以直接求解 l_0 范数的非凸问题，可通过最常见也是最简单的贪婪 CS 算法——OMP 算法来求解。

4）利用 OMP 算法的信道估计

算法 7.1 基于 OMP 的毫米波信道估计器总结了求解式（7-26）的 OMP 算法。算法说明：在第 t 次迭代时，OMP 算法从 $\bar{Q}$ 中选择出与上一次迭代的残差 r_{t-1} 有着最强相关性的列（步骤 3），并更新到列索引集合中（步骤 4）。列索引集合中的每个索引值对应了量化格点上的一个到达角/离开角对。之后，信道增益可通过步骤 5 中的 LS 求解获得，而在步骤 6 中，从观测向量 $\bar{y}$ 中减去选择的列向量所做的贡献来更新残差 r_t。重复以上过程直到前后两次残差的 l_2 范数差 $\| r_{t-1} \|_2^2 - \| r_{t-2} \|_2^2$ 小于预先设定的阈值 δ。注意这里的迭代终止条件一般有两种设置方式：（1）这里所用的方法，其缺点是有可能很难达到阈值 δ，导致迭代的次数过多；（2）当稀疏度 L 已知时，可选择迭代 L 次即可终止迭代，其缺点是式（7-24）中做了量化假设，所以实际的稀疏矩阵 $\bar{D}$ 不一定是 L 稀疏度，仅迭代 L 次的估计性能会很差。

算法 7.1 基于 OMP 的毫米波信道估计器

输入：观测向量 $\bar{y}$，感知矩阵 $\bar{Q}$，阈值 δ

输出：稀疏矩阵 $\bar{D}$

1: 定义 $\mathcal{I}_0 = \varnothing$，残差 $r_{-1} = 0$，$r_0 = \bar{y}$，$t = 1$，$\hat{h} = 0_{G^2}$

2: **while** $\| r_{t-1} \|_2^2 - \| r_{t-2} \|_2^2 > \delta$ **do**

3: $\quad j = \arg\max_{i=1,\cdots,G^2} | \bar{Q}_{:,i}^{\mathrm{H}} r_{t-1} |$ % 寻找最匹配的到达角/离开角对应的索引值

4: $\quad \mathcal{I}_t = \mathcal{I}_t \bigcup \{j\}$ % 更新列索引集合

5: $\quad h_t = \arg\min_h \| \bar{y} - \sqrt{P} \bar{Q}_{:,\mathcal{I}_t} \cdot h \|_2$ % 估计索引集合对应的信道增益

6: $\quad r_t = \bar{y} - \sqrt{P} \bar{Q}_{:,\mathcal{I}_t} \cdot h$ % 更新残差

7: $\quad t = t + 1$

8: **end while**

9: $\hat{h}_{\{\mathcal{I}_{t-1}\}} = h_{t-1}$ % 利用支撑集赋值稀疏向量

10: **return** $\bar{D} = \mathrm{mat}(\hat{h}_{\{\mathcal{I}_{t-1}\}})$

7.4.2 基于压缩感知的宽带信道估计

本节中主要介绍文献[53]中基于 OMP 算法来估计的宽带频率选择性衰落

信道。注意文献[53]提出了三种基于压缩感知的信道估计方案，包括时域、频域，以及联合时频域，这里只对频域上的压缩感知信道估计方案进行说明。

1）系统模型

如图 7.9 所示的单用户点对点宽带毫米波 MIMO 系统收/发机结构示意图。

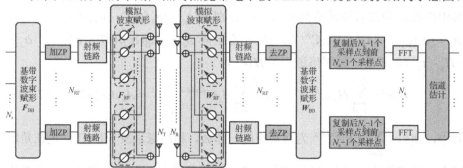

图 7.9　宽带毫米波 MIMO 系统收/发机结构示意图

发射端和接收端分别装备有 N_T 和 N_R 根天线，且均为 N_{RF}（$N_{RF} \ll \min(N_T, N_R)$）个 RF 链路和 N_s（$N_s \leqslant N_{RF}$）个数据流，那么，基于 OFDM（K 个子载波）的混合 MIMO 系统的接收端在第 k（$0 \leqslant k \leqslant K-1$）个子载波上的接收信号向量 $y[k] \in \mathbb{C}^{N_s}$ 为

$$y[k] = W^H[k]H[k]F[k]s[k] + W^H[k]e[k] \tag{7-27}$$

其中，$W[k] = W_{RF}W_{BB}[k] \in \mathbb{C}^{N_R \times N_s}$ 和 $F[k] = F_{RF}F_{BB}[k] \in \mathbb{C}^{N_T \times N_s}$ 分别是接收端和发射端的混合波束赋形矩阵，$W_{RF} \in \mathbb{C}^{N_R \times N_{RF}}$（$F_{RF} \in \mathbb{C}^{N_T \times N_{RF}}$）和 $W_{BB}[k] \in \mathbb{C}^{N_{RF} \times N_s}$（$F_{BB}[k] \in \mathbb{C}^{N_{RF} \times N_s}$）分别是接收端（发射端）RF 模拟和基带数字波束赋形矩阵，发射信号 $s[k] \in \mathbb{C}^{N_s}$ 满足 $\mathbb{E}\{s[k]s^H[k]\} = I_{N_s}/N_s$，而 $e[k] \in \mathbb{C}^{N_R} \sim \mathcal{CN}(0, \sigma_n^2 I_{N_R})$ 是噪声向量。由于系统采用的是全连接的相移网络，因此，收、发端的 RF 模拟混合波束赋形矩阵中每个元素须满足恒模约束，而其相位值考虑取自以下有着 N_Q 角度量化比特的量化相位集合 $\mathcal{A}$

$$\mathcal{A} = \left\{ -\pi, -\pi + \frac{2\pi}{2^{N_Q}}, -\pi + 2 \cdot \frac{2\pi}{2^{N_Q}}, \cdots, \pi - \frac{2\pi}{2^{N_Q}} \right\} \tag{7-28}$$

因此，$[W_{RF}]_{i,j} = e^{j\vartheta_{i,j}}/\sqrt{N_T}$，$\vartheta_{i,j} \in \mathcal{A}$ 和 $[F_{RF}]_{i,j} = e^{j\phi_{i,j}}/\sqrt{N_T}$，$\phi_{i,j} \in \mathcal{A}$。式（7-48）中的频域信道矩阵 $H[k] \in \mathbb{C}^{N_R \times N_T}$ 是时域信道矩阵的 DFT 变换，而第 d（$0 \leqslant d \leqslant N_c - 1$）个时延抽头的时域信道矩阵 $H_d \in \mathbb{C}^{N_R \times N_T}$ 为

$$H_d = \sum_{l=1}^{L} \alpha_l p(dT_s - \tau_l) a_R(\theta_l) a_T^H(\varphi_l) \tag{7-29}$$

其中，L 表示路径数，$p(\tau)$ 为带限脉冲成形滤波器在时刻 τ 的响应，T_{s} 表示符号周期，$\theta_l \in [-\pi/2, \pi/2]$ 和 $\varphi_l \in [-\pi/2, \pi/2]$ 分别为第 l 个路径对应的接收端和发射端的到达角和离开角。接收端和发射端的阵列响应矢量 $\boldsymbol{a}_{\mathrm{R}}(\theta_l)$ 和 $\boldsymbol{a}_{\mathrm{T}}(\varphi_l)$ 的具体形式见式(7-4)。进一步将式（7-29）表示为更紧凑的形式为 $\boldsymbol{H}_d = \boldsymbol{A}_{\mathrm{R}} \boldsymbol{\Delta}_d \boldsymbol{A}_{\mathrm{T}}^{\mathrm{H}}$，其中接收端和发射端的阵列响应矩阵分别为 $\boldsymbol{A}_{\mathrm{R}} = [\boldsymbol{a}_{\mathrm{R}}(\theta_1), \cdots, \boldsymbol{a}_{\mathrm{R}}(\theta_L)] \in \mathbb{C}^{N_{\mathrm{R}} \times L}$ 和 $\boldsymbol{A}_{\mathrm{T}} = [\boldsymbol{a}_{\mathrm{T}}(\varphi_1), \cdots, \boldsymbol{a}_{\mathrm{T}}(\varphi_L)] \in \mathbb{C}^{N_{\mathrm{T}} \times L}$，而对角矩阵 $\boldsymbol{\Delta}_d = \mathrm{diag}(\alpha_1 p(dT_{\mathrm{s}} - \tau_1), \cdots, \quad \alpha_L p(dT_{\mathrm{s}} - \tau_L))$。于是，频域信道矩阵 $\boldsymbol{H}[k]$ 为

$$\boldsymbol{H}[k] = \sum_{d=0}^{N_c-1} \boldsymbol{H}_d \mathrm{e}^{-\mathrm{j}2\pi kd/K} = \boldsymbol{A}_{\mathrm{R}} \left(\sum_{d=0}^{N_c-1} \boldsymbol{\Delta}_d \mathrm{e}^{-\mathrm{j}2\pi kd/K} \right) \boldsymbol{A}_{\mathrm{T}}^{\mathrm{H}} = \boldsymbol{A}_{\mathrm{R}} \boldsymbol{\Delta}[k] \boldsymbol{A}_{\mathrm{T}}^{\mathrm{H}} \qquad (7\text{-}30)$$

其中，$\boldsymbol{\Delta}[k] = \sum_{d=0}^{N_c-1} \boldsymbol{\Delta}_d \mathrm{e}^{-\mathrm{j}2\pi kd/K}$ 为对角矩阵。那么，利用毫米波 MIMO 信道在角度域上的稀疏特性，可对角度范围 $[-\pi/2, \pi/2]$ 进行等分，发射端和接收端的量化网格点大小分别为 G_{T} 和 G_{R}，而它们相对应的量化角度分别为 $\overline{\theta}_{g_{\mathrm{T}}}, 1 \leqslant g_{\mathrm{T}} \leqslant G_{\mathrm{T}}$ 和 $\overline{\varphi}_{g_{\mathrm{R}}}, 1 \leqslant g_{\mathrm{R}} \leqslant G_{\mathrm{R}}$，之后可分别获得发射端和接收端对应的冗余字典矩阵 $\overline{\boldsymbol{A}}_{\mathrm{T}} = [\boldsymbol{a}_{\mathrm{T}}(\overline{\theta}_1), \cdots, \boldsymbol{a}_{\mathrm{T}}(\overline{\theta}_{G_{\mathrm{T}}})] \in \mathbb{C}^{N_{\mathrm{T}} \times G_{\mathrm{T}}}$ 和 $\overline{\boldsymbol{A}}_{\mathrm{R}} = [\boldsymbol{a}_{\mathrm{R}}(\overline{\varphi}_1), \cdots, \boldsymbol{a}_{\mathrm{R}}(\overline{\varphi}_{G_{\mathrm{R}}})] \in \mathbb{C}^{N_{\mathrm{R}} \times G_{\mathrm{R}}}$。忽略量化误差的影响，式（7-30）等价于

$$\boldsymbol{H}[k] \approx \overline{\boldsymbol{A}}_{\mathrm{R}} \overline{\boldsymbol{\Delta}}[k] \overline{\boldsymbol{A}}_{\mathrm{T}}^{\mathrm{H}} \qquad (7\text{-}31)$$

这里 $\overline{\boldsymbol{\Delta}}[k]$ 是一个 L 稀疏度的但非对角矩阵。再对 $\boldsymbol{H}[k]$ 进行向量化有 $\boldsymbol{h}[k] \in \mathbb{C}^{N_{\mathrm{T}} N_{\mathrm{R}}}$

$$\boldsymbol{h}[k] = \mathrm{vec}(\boldsymbol{H}[k]) \approx \left(\overline{\boldsymbol{A}}_{\mathrm{T}}^* \otimes \overline{\boldsymbol{A}}_{\mathrm{R}} \right) \overline{\boldsymbol{d}}[k] \qquad (7\text{-}32)$$

其中 $\overline{\boldsymbol{d}}[k] = \mathrm{vec}(\overline{\boldsymbol{\Delta}}[k]) \in \mathbb{C}^{G_{\mathrm{T}} G_{\mathrm{R}}}$ 是一个 L 稀疏度的向量。

2）基于 OMP 的频域 CS 信道估计

由于收、发端的 RF 后均为数字处理，因此，不考虑式（7-27）中基带数字波束赋形矩阵 $\boldsymbol{F}_{\mathrm{BB}}[k]$ 和 $\boldsymbol{W}_{\mathrm{BB}}[k]$，定义发射端和接收端的第 m（$1 \leqslant m \leqslant M$）个 OFDM 符号对应的 RF 模拟波束赋形矩阵分别为 $\boldsymbol{F}_m$ 和 $\boldsymbol{W}_m$，那么式（7-27）可表示为

$$\boldsymbol{y}_m[k] = \boldsymbol{W}_m^{\mathrm{H}} \boldsymbol{H}[k] \boldsymbol{F}_m \boldsymbol{s}_m[k] + \boldsymbol{W}_m^{\mathrm{H}} \boldsymbol{e}_m[k] \qquad (7\text{-}33)$$

对信号向量 $\boldsymbol{y}_m[k] \in \mathbb{C}^{N_{\mathrm{RF}}}$ 进行向量化，有

$$\boldsymbol{y}_m[k] = ((\boldsymbol{F}_m \boldsymbol{s}_m[k])^{\mathrm{T}} \otimes \boldsymbol{W}_m^{\mathrm{H}}) \mathrm{vec}(\boldsymbol{H}[k]) + \overline{\boldsymbol{e}}_m[k] \qquad (7\text{-}34)$$

其中，$\overline{\boldsymbol{e}}_m[k] = \boldsymbol{W}_m^{\mathrm{H}} \boldsymbol{e}_m[k]$。可将式（7-34）表示为

$$y_m[k] = ((F_m s_m[k])^{\mathrm{T}} \otimes W_m^{\mathrm{H}})(\overline{A}_{\mathrm{T}}^* \otimes \overline{A}_{\mathrm{R}})\overline{d}[k] + \overline{e}_m[k] = \Phi_m[k]\Psi\overline{d}[k] + \overline{e}_m[k]$$

$$(7\text{-}35)$$

其中，$\Phi_m[k] = (F_m s_m[k])^{\mathrm{T}} \otimes W_m^{\mathrm{H}} \in \mathbb{C}^{N_{\mathrm{RF}} \times N_{\mathrm{T}} N_{\mathrm{R}}}$，$\Psi = \overline{A}_{\mathrm{T}}^* \otimes \overline{A}_{\mathrm{R}} \in \mathbb{C}^{N_{\mathrm{T}} N_{\mathrm{R}} \times G_{\mathrm{T}} G_{\mathrm{R}}}$ 为变换矩阵。将 M 个 OFDM 符号（每个 OFDM 符号对应不同的发射端和接收端的模拟波束赋形矩阵对）的接收信号向量堆叠成一个更高维度的向量 $y_m[k] = [y_1^{\mathrm{T}}[k], \cdots, y_M^{\mathrm{T}}[k]]^{\mathrm{T}} \in \mathbb{C}^{MN_{\mathrm{RF}}}$ 可得第 k 个子载波对应的稀疏问题表示

$$\overline{y}[k] = [\Phi_1^{\mathrm{T}}[k], \cdots, \Phi_M^{\mathrm{T}}[k]]^{\mathrm{T}}\Psi\overline{d}[k] + \overline{e}[k] = \Phi[k]\Psi\overline{d}[k] + \overline{e}[k] \qquad (7\text{-}36)$$

其中，$\Phi[k] = [\Phi_1^{\mathrm{T}}[k], \cdots, \Phi_M^{\mathrm{T}}[k]]^{\mathrm{T}} \in \mathbb{C}^{MN_{\mathrm{RF}} \times N_{\mathrm{T}} N_{\mathrm{R}}}$ 为观测矩阵，$\overline{e}[k] = [\overline{e}_1^{\mathrm{T}}[k], \cdots, \overline{e}_M^{\mathrm{T}}[k]]^{\mathrm{T}}$。

对于式（7-36），可通过解决以下的最优化问题来求解

$$\min \|\overline{d}[k]\|_1 \quad \text{s.t.} \ \|\overline{y}[k] - \Phi[k]\Psi\overline{d}[k]\|_2 \leqslant \epsilon \qquad (7\text{-}37)$$

这里 ϵ 表示一个预先设定的阈值。这里可通过 OMP 算法（详见 7.4.1 节中**算法 7.1**）来估计出 $\overline{d}[k]$ 中对应具体到达角/离开角的支撑集 $\mathcal{S}$，且 $\overline{d}[k]$ 中由支撑集 $\mathcal{S}$ 确定的非零元素项即为相应的信道系数[54]。这里迭代终止的阈值可通过两种方式来确定：（1）当稀疏度 L 已知时，可设定 OMP 算法仅迭代 L 次即可；（2）当稀疏度本身就是一个估计问题时，通常采用残差低于某个阈值来终止递归 OMP 算法，因此，在存在噪声的情况下，可选择噪声方差来作为终止阈值，即令 $\epsilon = \mathbb{E}(\overline{e}^{\mathrm{H}}[k]\overline{e}[k]) = \sigma_n^2 \sum_{m=1}^{M} \|W_m\|_F^2$。此外，由于 OMP 算法的性能取决于观测矩阵的性质，如各元素间相干性及有限等距性质 RIP 等，因此，在这种情况下，可考虑采用独立同高斯分布的随机观测矩阵[55,56]，也就是观测矩阵 $\Phi[k]$ 中 $\{F_m, W_m\}_{m=1}^{M}$ 的每一项均随机地从量化相位集合 $\mathcal{A}$ 中选取。

利用 OMP 算法可获得 $\overline{d}[k]$ 的估计 $\hat{d}^{\mathrm{OMP}}[k]$（只有对应支撑集 $\mathcal{S}$ 的项非零），那么，第 k 个子载波对应的频域信道矩阵 $H[k]$ 的估计为 $\hat{H}^{\mathrm{OMP}}[k] = \overline{A}_{\mathrm{R}}\hat{d}^{\mathrm{OMP}}[k]\overline{A}_{\mathrm{T}}^{\mathrm{H}}$。若要完全在频域上表征频率选择性衰落的毫米波 MIMO 信道，就需要对所有 K 个子载波完全重复地执行以上操作，或者，可以利用频域相关来估计其中几个子载波所对应的频域信道，然后通过内插方法来获得所有 K 个子载波的信道估计。

7.5 其他技术简介

根据信息理论表明，目前主要有三种关键方法来提高移动通信网络容量：

（1）采用大规模 MIMO 技术来提高频谱效率；（2）增大系统带宽，如采用带宽大的毫米波频段；（3）使用超密集组网（Ultra-Dense Networks，UDNs）来提高网络覆盖面积。如图 7.10 所示，由超密集组网形成的基于毫米波 MIMO 的异构网络架构，可作为未来 5G/Beyond 5G 的通信网络架构。在这种异构网络架构中，通过大规模部署不同类型的小区（如宏小区、微小区、微微小区和毫微微小区等），利用密集化网络来提高网络容量、覆盖性能以及能量效率，且现有的无线蜂窝网络（LTE-A 系统）已经采用了这种密集化小区网络的方法[57]。此外，对于无线的异构网络，还可以利用远程无线电头（Remote Ratio Head，RRH）以及无线中继来进一步提高网络的性能，这就涉及云无线接入网（Cloud-Radio Access Network，C-RAN）网络结构以及无线回程/前传（Wireless Backhaul/Fronthaul）技术的应用[12,40,58]。

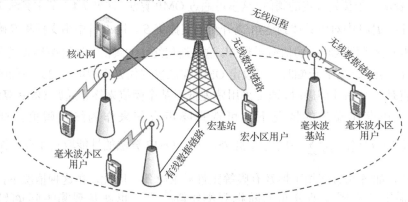

图 7.10 基于毫米波 MIMO 的异构网络架构

C-RAN 网络通过将 RRH（对应于传统收/发机结构中收/发天线和 RF 链路）和基带处理单元（Building Baseband Unit，BBU）分离，并对 BBU 进行集中化和云化。C-RAN 网络通常包含三个部分[58]：（1）由天线和 RRH 单元组成的分布式无线网络；（2）连接低成本、低功耗的 RRH 单元的高带宽、低时延的光纤或无线回程/前传传输网；（3）由高性能通用处理器和实时虚拟技术组成的集中式 BBU 池。与传统的分布式基站不同，C-RAN 网络打破了 RRH 单元和 BBU 之间的固定连接关系，其每个 RRH 单元不属于任何一个 BBU 实体，且每个 RRH 上发送和接收信号的处理都是在一个虚拟的基带基站完成的，而这个虚拟基站的处理能力是由实时虚拟技术分配基带池中的部分处理器构成的。未来针对 C-RAN 网络的理论研究与实际实现将会是实现基于毫米波

MIMO 的异构网络架构的关键点之一。

对于全数字情形下的毫米波 MIMO 系统（不考虑混合架构），低分辨率 ADC 有着迫切的需求。在传统低频段的 MIMO 接收机设计时往往期望 ADC 具有高分辨率（比如 6bit 甚至更多）。然而，在毫米波 MIMO 系统中，ADC 的采样率会随着系统带宽的增大而变大，同时高分辨率 ADC 带来的成本和功耗也是巨大的，例如，对于具有闪存架构的理想 b 比特 ADC 而言，共有 $2^b - 1$ 个比较器，其功耗随分辨率呈指数增长[39]。因此，接收端由高分辨率 ADC 引起的高功耗将是毫米波 MIMO 系统应用的瓶颈，这对于仅由电池供电的移动用户端而言尤为重要。可能的解决方案是通过使用不同的 ADC 结构来降低 ADC 的采样率或通过对 ADC 分辨率进行量化，甚至两者同时采用。对于低分辨率 ADC（1～3bit），可将 1bit ADC 用于每个同相和正交基带接收信号[39,40]，这种结构的主要优点是 ADC 不仅可以通过单个比较器来完成，从而实现了极低的功耗，还简化了电路在自动增益控制（Automatic Gain Control，AGC）方面的复杂度。然而，与混合接收波束赋形处理相比，低分辨率 ADC 的接收器仍需要更多的 RF 链路，同时，其在理论上能达到的性能也是有限的。

在无线通信网络中，TDD 和 FDD 是两种基本的双工模式。由于有限数量的正交导频序列，采用 FDD 模式的毫米波 MIMO 系统较难实现，因此，当前大多数与毫米波大规模 MIMO 相关的研究均假设为 TDD 模式（便于利用 TDD 系统的信道互易性）。而全双工系统[59]，即上行链路与下行链路同时进行传输，对于毫米波 MIMO 系统也是一个不错的选择。但是，目前对于全双工系统的初步研究和测试还仅限于使用少量的几根天线，将全双工研究扩展到毫米波 MIMO 系统可能是将来感兴趣的研究主题之一。

7.6　总结

本章简单介绍了毫米波 MIMO（多天线）技术，主要包括以下四个方面：（1）介绍了毫米波通信在未来 5G/Beyond 5G 中应用的优势，及其在实现过程中所面临的诸多挑战；（2）详细比较了毫米波 MIMO 系统中的 RF 模拟波束赋形架构和混合模—数波束赋形架构的区别；（3）对于毫米波通信中的波束赋形技术，首先介绍了常用的模拟波束赋形设计方案，其次，针对三种具体的混合波束赋形设计方案进行详细说明；（4）对于毫米波通信中的信道估计技术，详细介绍了基于压缩感知的信道估计方案。本章还概述了毫米波 MIMO 系统中的异构网络、C-RAN 网络、无线回程/前传以及全双工模式。为了实现未来的 5G/Beyond 5G，针对毫米波 MIMO 系统中诸如混合波束赋形、信道估计等关键技术还有待进一步的研究。

7.7 参考文献

[1] Wang C X, Haider F, Gao X, et al. Cellular architecture and key technologies for 5G wireless communication networks [J]. IEEE Communications Magazine, 2014, 52(2):122-130.

[2] Andrews J G, Buzzi S, Choi W, et al. What will 5G be? [J]. IEEE Journal on Selected Areas in Communications, 2014, 32(6): 1065-1082.

[3] Rappaport T S, Xing Y, Maccartney G R, et al. Overview of millimeter wave communications for fifth-generation (5G) wireless networks-with a focus on propagation models [J]. IEEE Transactions on Antennas & Propagation, 2017, 65(12):6213-6230.

[4] Heath R W, Gonzalez-Prelcic N, Rangan S, et al. An overview of signal processing techniques for millimeter wave MIMO systems [J]. IEEE Journal of Selected Topics in Signal Processing, 2016, 10(3):436-453.

[5] Wireless LAN Medium Access Control (MAC) and Physical Layer (PHY) Specifications. Amendment 3: Enhancements for Very High Throughput in the 60GHz Band, IEEE Std. 802.11ad, 2012.

[6] Kong L, Ye L, Wu F, et al. Autonomous relay for millimeter-wave wireless communications [J]. IEEE Journal on Selected Areas in Communications, 2017, 35(9):2127-2136.

[7] Rappaport T S, Sun S, Mayzus R, et al. Millimeter wave mobile communications for 5G cellular: It will work! [J]. IEEE Access, 2013, 1:335-349.

[8] Wei L, Hu R, Qian Y, et al. Key elements to enable millimeter wave communications for 5G wireless systems [J]. IEEE Wireless Communications, 2014, 21(6):136-143.

[9] Pi Z, Khan F. An introduction to millimeter-wave mobile broadband systems [J]. Communications Magazine IEEE, 2011, 49(6):101-107.

[10] Boccardi F, Heath R W, Lozano A, et al. Five disruptive technology directions for 5G [J]. IEEE Communications Magazine, 2013, 52(2):74-80.

[11] Rusek F, Persson D, Lau B K, et al. Scaling up MIMO: Opportunities and challenges with

very large arrays [J]. IEEE Signal Processing Magazine, 2013, 30(1):40-60.

[12] Gao Z, Dai L, Mi D, et al. MmWave massive-MIMO-based wireless backhaul for the 5G ultra-dense network [J]. IEEE Wireless Communications, 2015, 22(5):13-21.

[13] Marzetta T L. Noncooperative cellular wireless with unlimited numbers of base station antennas [J]. IEEE Transactions on Wireless Communications, 2010, 9(11):3590-3600.

[14] Furrer S, Dahlhaus D. Multiple-antenna signaling over fading channels with estimated channel state information: Capacity analysis [J]. IEEE Transactions on Information Theory, 2007, 53(6): 2028-2043.

[15] Gao X, Dai L, Han S, et al. Energy-efficient hybrid analog and digital precoding for mmWave MIMO systems with large antenna arrays [J]. IEEE Journal on Selected Areas in Communications, 2016, 34(4):998-1009.

[16] Lien S Y, Chen K C, Lin Y. Toward ubiquitous massive accesses in 3GPP machine-to-machine communications [J]. IEEE Communications Magazine, 2011, 49(4): 66-74.

[17] Dai L, Wang Z, Yang Z, et al. Spectrally efficient time-frequency training OFDM for mobile large-scale MIMO systems [J]. IEEE Journal on Selected Areas in Communications, 2013, 31(2):251-263.

[18] Shen W, Dai L, Shim B, et al. Joint CSIT acquisition based on lowrank matrix completion for FDD massive MIMO systems [J]. IEEE Communications Letters, 2015, 19(12): 2178-2181.

[19] Pitarokoilis A, Mohammed S K, Larsson E G. On the optimality of single-carrier transmission in large-scale antenna systems [J]. IEEE Wireless Communications Letters, 2012, 1(4):276-279.

[20] Swindlehurst A L, Ayanoglu E, Heydari P, et al. Millimeter-wave massive MIMO: The next wireless revolution? [J]. IEEE Communications Magazine, 2014, 52(9):56-62.

[21] Hur S, Kim T, Love D J, et al. Millimeter wave ceamforming for wireless backhaul and access in small cell networks [J]. IEEE Transactions on Communications, 2013, 61(10):4391-4403.

[22] Kim J, Lee I. 802.11 WLAN: History and new enabling MIMO techniques for next generation standards [J]. IEEE Communications Magazine, 2015, 53(3):134-140.

[23] Li Q, Li G, Lee W, et al. MIMO techniques in WiMAX and LTE: A feature overview [J]. IEEE Communications Magazine, 2010, 48(5):86-92.

[24] Zhang J, Huang X, Dyadyuk V, et al. Massive hybrid antenna array for millimeter-wave cellular communications [J]. IEEE Wireless Communications, 2015, 22(1):79-87.

[25] Do-Hong T, Russer P. Signal processing for wideband smart antenna array applications [J]. IEEE Microwave Magazine, 2004, 5(1):57-67.

[26] Alkhateeb A, Ayach O E, Leus G, et al. Channel estimation and hybrid precoding for millimeter wave cellular systems [J]. IEEE Journal of Selected Topics in Signal Processing, 2014, 8(5): 831–846.

[27] Wang J, Lan Z, Pyo C W, et al. Beam codebook based beamforming protocol for multi-Gbit/s millimeter-wave WPAN systems [J]. IEEE Journal on Selected Areas in Communications, 2009, 27(8):1390-1399.

[28] Poon A S Y, Taghivand M. Supporting and enabling circuits for antenna arrays in wireless communications [J]. Proceedings of the IEEE, 2012, 100(7):2207-2218.

[29] Ayach O E, Rajagopal S, Abu-Surra S, et al. Spatially sparse precoding in millimeter wave MIMO systems [J]. IEEE Transactions on Wireless Communications, 2014, 13(3): 1499-1513.

[30] Alkhateeb A, Leus G, Robert W H. Limited deedback hybrid precoding for multi-user millimeter wave systems [J]. IEEE Transactions on Wireless Communications, 2014, 14(11):6481-6494.

[31] Wang Z, Li M , Tian X , et al. Iterative hybrid precoder and combiner design for mmWave multiuser MIMO systems [J]. IEEE Communications Letters, 2017, 21(7):1581-1584.

[32] Gao X, Dai L, Sayeed A M. Low RF-complexity technologies to enable millimeter-wave MIMO with large antenna array for 5G wireless communications [J]. IEEE Communications Magazine, 2018, 56(4):211-217.

[33] Zhang X, Molisch A F, Kung S Y. Variable-phase-shift-based RF-baseband codesign for MIMO antenna selection [J]. IEEE Transactions on Signal Processing, 2005, 53(11):4091-4103.

[34] Venkateswaran V, Veen A J V D. Analog beamforming in MIMO communications with phase shift networks and online channel estimation [J]. IEEE Transactions on Signal Processing, 2010, 58(8):4131-4143.

[35] Hajimiri A, Hashemi H, Natarajan A, et al. Integrated phased array systems in silicon [J]. Proceedings of the IEEE, 2005, 93(9):1637-1655.

[36] Han S, Chih-Lin I, Xu Z, et al. Large-scale antenna systems with hybrid analog and digital beamforming for millimeter wave 5G [J]. IEEE Communications Magazine, 2015, 53(1):186-194.

[37] Roi M-R, Rusu C, Nuria G-P, et al. Hybrid MIMO architectures for millimeter wave communications: Phase shifters or switches? [J]. IEEE Access, 2015, 4:247-267.

[38] Brady J, Behdad N, Sayeed A M. Beamspace MIMO for millimeter-wave communications: System architecture, modeling, analysis and measurements [J]. IEEE Transactions on Antennas and Propagation, 2013, 61(7):3814-3827.

[39] Alkhateeb A, Mo J, Gonzalez-Prelcic N, et al. MIMO precoding and combining solutions for millimeter-wave systems [J]. IEEE Communications Magazine, 2014, 52(12):122-131.

[40] Shahid Mumtaz, Rodriguez J, Dai L. mmWave Massive MIMO: A Paradigm for 5G [M]. London, UK: Academic Press, Elsevier, 2016.

[41] Y Cho W Y, Kang C. MIMO-OFDM Wireless Communications with MATLAB [M]. John Wiley & Sons (Asia) Pte Ltd, 2010.

[42] Wang J, Lan Z, Pyo C W, et al. Beam codebook based beamforming protocol for multi-Gbit/s millimeter-wave WPAN systems [J]. IEEE Journal on Selected Areas in Communications, 2009, 27(8):1390-1399.

[43] Zhao L, Ng D W K, Yuan J. Multiuser precoding and channel estimation for hybrid millimeter wave MIMO systems [J]. IEEE Journal on Selected Areas in Communications, 2017, 35(7): 1576-1590.

[44] Zhao L, Geraci G, Yang T, et al. A tone-cased AoA estimation and multiuser precoding for millimeter wave massive MIMO [J]. IEEE Transactions on Communications, 2017, 65(12): 5209-5225.

[45] Wang J, Lan Z, Pyo C W, et al. Beam codebook based beamforming protocol for multi-Gbit/s millimeter-wave WPAN systems [J]. IEEE Journal on Selected Areas in Communications, 2009, 27(8):1390-1399.

[46] Liang L, Xu W, Dong X. Low-complexity hybrid precoding in massive multiuser MIMO systems [J]. IEEE Wireless Communications Letters, 2014, 3(6):653-656.

[47] Alkhateeb A, Leus G, Jr R W H. Limited feedback hybrid precoding for multi-user millimeter wave systems [J]. IEEE Transactions on Wireless Communications, 2014, 14(11):6481-6494.

[48] Sohrabi F, Yu W. Hybrid digital and analog beamforming design for large-scale antenna arrays [J]. IEEE Journal of Selected Topics in Signal Processing, 2016, 10(3): 501-513.

[49] Ni W, Dong X. Hybrid block diagonalization for massive multiuser MIMO systems [J]. IEEE Transactions on Communications, 2016, 64(1):201-211.

[50] Mao J, Gao Z, Wu Y, et al. Over-sampling codebook-based hybrid minimum sum-mean-square-error precoding for millimeter-wave 3D-MIMO [J]. IEEE Wireless Communications Letters, 2018, 7(6):938-941.

[51] Sulyman A I, Nassar A M T, Samimi M K, et al. Radio propagation path loss models for 5G cellular networks in the 28GHz and 38GHz millimeter-wave bands [J]. IEEE Communications Magazine, 2014, 52(9):78-86.

[52] Lee J, Gil G T, Lee Y H. Channel estimation via orthogonal matching pursuit for hybrid MIMO systems in millimeter wave communications [J]. IEEE Transactions on Communications, 2016, 64(6):2370-2386.

[53] Venugopal K, Alkhateeb A, Prelcic N G, et al. Channel estimation for hybrid architecture-based wideband millimeter wave systems [J]. IEEE Journal on Selected Areas in Communications, 2017, 35(9):1996-2009.

[54] Taubock G, Hlawatsch F, Eiwen D, et al. Compressive estimation of doubly selective channels in multicarrier systems: Leakage effects and sparsity-enhancing processing [J]. IEEE Journal of Selected Topics in Signal Processing, 2010, 4(2):255-271.

[55] Eldar Y, Kutyniok G. Compressed sensing: Theory and applications [M]. UK: Cambridge University Press, 2012.

[56] Gao Z, Dai L, Hu C, et al. Channel estimation for millimeter-wave Massive MIMO with hybrid precoding over frequency-selective fading channels [J]. IEEE Communications Letters, 2016, 20(6):1259-1262.

[57] Hossain E, Rasti M, Tabassum H, et al. Evolution toward 5G multi-tier cellular wireless networks: An interference management perspective [J]. IEEE Wireless Communications, 2014, 21(3):118-127.

[58] Cunhua P, Maged E, Jiangzhou W, et al. User-centric C-RAN architecture for ultra-dense 5G networks: Challenges and methodologies [J]. IEEE Communications Magazine, 2018, 56(6):14-20.

[59] Zhang X, Cheng W, Zhang H. Full-duplex transmission in PHY and MAC layers for 5G mobile wireless networks [J]. IEEE Wireless Communications, 2015, 22(5):112-121.

第8章

频谱共享技术

无线频谱资源在无线通信中是非常重要并且稀缺的资源，特别是在下一代 5G 移动通信网络中，为了适应各种不同类型空口需求，无线频谱将变得非常拥挤。为满足这一需求，美国联邦通信委员会（FCC）等机构将频谱扩充到了非授权（Unlisensed）频段。然而，由于传统无线通信系统已采用静态的方式使用 FCC 划分的频段，所以频段的分配和使用缺乏足够的灵活性和适配性。同时，诸多研究表明虽然某些频段上的频谱被大量使用，但是其他一些频段在大部分时间内并没有使用。上述这些潜在的频谱空洞导致不能有效利用已有的可用频谱资源。

近年来软件定义无线电和认知无线电的技术概念被提出，旨在用于增强下一代无线通信与移动计算系统中的频谱利用效率。软件定义无线电可以通过嵌入式软件支持多种传输协议、多频段工作，来提升无线通信收/发机的性能。认知无线电就是一种典型的可以通过软件定义无线电实现的技术。认知无线电技术可以通过观测、学习、优化和智能适应以实现频谱的最优利用。通过动态频谱接入技术，认知无线电节点能够在变化的射频环境中动态自适应地发送和接收数据。因此，信道测量、学习以及优化技术对于设计不同通信要求下认知无线电的动态频谱接入方案十分重要。

基于动态频谱接入的认知无线电技术已成为下一代无线通信网络的一种全新设计模式。认知无线电技术的目标是最大化地有效利用有限的射频频谱资源，与此同时适应无线网络中日益增长的服务与应用的需求。认知无线电技术背后的驱动力主要来源于 FCC 发布的新频谱授权规划，允许非授权（次级）用户能够在不影响授权（主）用户的条件下更灵活地接入频谱。这一新型频谱授权规划将提升频谱利用率，并增强无线通信系统性能。动态频谱接入或机会频谱接入是认知无线电网络的关键技术，认知无线电用户（即非授权用户）采用该技术以机会方式接入无线频谱。基于动态频谱接入的认知无线电技术的发展必须解决许多技术和实际问题，并满足无线电规范的要求。因此，这项技术得到了越来越多来自学术界、工业界学者和无线电工程师的关注，也得到了频谱规划和政策制定机构的关注。

动态频谱接入技术的设计、分析与优化需要跨学科的多种知识，包括无线通信与网络、信号处理、人工智能（用于学习）、决策理论、优化理论、经济学等。本章将集中介绍认知无线电网络、动态频谱接入与频谱管理问题，主要内容包括动态频谱接入技术的模型、架构、频谱感知技术，以及认知无线电架构、功能与应用。

8.1 频谱共享技术背景

8.1.1 技术背景

无线通信系统是建立在频率范围为 3Hz～300GHz 无线电波（如微波）传输基础之上的。无线电波通过天线进行发射、接收，天线能够将射频电信号能量转换为无线电波能量，反之亦然。不同频率的无线电波具有不同传播特性，每一种特性都可以适用于某种无线通信应用。例如，低频无线电波适用于长距离通信，而高频无线电波更适用于短距离高速无线通信。无线电频率可以划分为若干个不同频段，详见表 8.1。

表 8.1 无线电频段划分

频 段 分 配	频 率 范 围
极低频（ELF）	3～30Hz
超低频（SLF）	30～300Hz
特低频（ULF）	300～3000Hz
甚低频（VLF）	3～30kHz
低频（LF）	30～300kHz
中频（MF）	300～3000kHz
高频（HF）	3～30MHz
甚高频（VHF）	30～300MHz
特高频（UHF）	300～3000MHz
超高频（SHF）	3～30GHz
极高频（EHF）	30～300GHz

不同无线电应用和服务采用不同频段，美国 FCC 授权业务频谱分配如表 8.2 所示。例如，535～1605kHz 频段用于调幅波（AM）传输，54～216MHz 与 470～806MHz 频段用于电视广播信号传输，88～108MHz 频段用于调频波（FM）传输。

表 8.2　美国 FCC 授权业务频谱分配

系统/服务	频　段
调幅波（AM）	535～1605kHz
调频波（FM）	88～108MHz
电视广播	54～216MHz
UHF 电视广播	470～806MHz
无线宽带业务	746～764MHz，776～794MHz
无线 3G 业务	1.7～1.85GHz，2.5～2.69GHz
1G 与 2G 蜂窝无线通信	806～902MHz
个人通信系统	1.85～1.99GHz
无线通信服务	2.305～2.32GHz，2.345～2.36GHz
数字卫星业务	2.32～2.325GHz
卫星电视	12.2～12.7GHz
固定无线业务	38.6～40GHz

当不同信源在同一无线电频率上发射信号时，将产生相互干扰。因此，需要进行频率/频谱管理以控制无线电传输，避免无线用户之间的干扰。如 FCC 采用的传统频谱管理技术主要基于"命令—控制"模型。在该模型中，政府将无线电频段分配给授权用户。分配频段的普遍做法是采用"频谱竞拍"的方式。在频谱竞拍中，政府提供某个可用于某种指定无线技术或应用的频段（例如电视或蜂窝网络业务）以供竞拍。任何对该频段的使用权感兴趣的用户或公司可参与竞拍，给出其愿意支付的报价以求获得该频段的授权许可。政府（即拍主）决定哪位用户或公司赢得该频段使用权，竞得者通常是竞价最高的那一位。于是，授权用户可以在政府规定的准则规范下使用所竞得的频段。政府同样决定该用户所竞得频段的使用周期。虽然大部分频段是用这种方式进行分配的，但是还有一些预留给工业、科研、医疗业务的频段，统称为 ISM（Industrial、Scientific and Medical）频段。ISM 频段也可用于数据通信。但是既然 ISM 频段没有经过预授权分配，所以在该频段上进行数据通信时可能受到来自其他工

作在 ISM 频段上的设备的无线干扰。非授权 ISM 频段的分配情况如表 8.3 所示。

表 8.3　非授权 ISM 频段的分配情况

频　段	用　途	频率范围
ISM 频段 Ⅰ	无绳电话，1G 无线局域网	902～928MHz
ISM 频段 Ⅱ	蓝牙，802.11b/g 无线局域网	2.4～2.4835GHz
ISM 频段 Ⅲ	无线 PBX	5.725～5.85GHz
U-NII 频段 Ⅰ	室内通信，802.11a 无线局域网	5.15～5.25GHz
U-NII 频段 Ⅱ	短距离室外通信，802.11a	5.25～5.35GHz
U-NII 频段 Ⅲ	长距离室外通信，802.11a	5.725～5.825GHz

　　上述频谱授权预分配管理方法可以确保该无线频段被独一无二地分配给某个赢得频谱竞拍的授权业务用户，使其能够不受干扰地使用该频段。但是这种频谱分配方式可能导致频段利用率不高，详见 2002 年 FCC 出具的频谱规划研究报告[1]。这种频谱分配低效的主要原因是授权用户并不能在所有时间、所有地点完全有效利用该频段。同时，频谱规范规定了该授权频段上能够采用的无线技术，这就可能阻碍了授权用户根据市场需求来灵活改变无线传输技术和业务的可能。

　　新一代无线通信业务与服务日益增长的频谱需求对频谱管理者提出了让频谱管理政策更为灵活高效的诉求。对频谱管理政策提出修改的主要几种建议如下[2]：提高频谱使用的灵活性；将频谱使用的全方位相关问题纳入频谱政策范畴；支持和鼓励高效利用频谱。这些建议的目标主要是为了提升频谱管理方案在技术层面和经济层面的效率。从技术层面看，频谱管理方案需要保障最小程度的干扰和无线频段的最高效利用率。从经济层面看，频谱管理主要与频谱许可证持有者的收入和满意度有关。为提升经济效率，必须把经济模型整合到频谱管理框架中。定价策略是提升频谱管理经济效率的重要问题。频谱持有者或服务提供商在为无线服务用户提供报价时可以互相竞争或合作，从而获得最高报酬。从这个角度看，服务提供商可能需要为用户提供能够保证服务质量（QoS）的业务。

　　现有研究中已有面向不同无线频段和不同无线应用的多种频谱管理模型。这些频谱管理模型提升了频谱使用的灵活性，并且为不同无线技术充分高效利用无线频谱打开了新的契机。为了更好地利用这些机遇，无线收/发机接入频谱的设计必须更加智能化。这种类型的动态频谱接入、频谱共享与智能化无线接收和发送技术被称为"认知无线电"。面向认知无线电的智慧频谱接入技术的分析与设计是本章的重点。

8.1.2 相关研究现状与面临挑战

1. 频谱感知技术

频谱感知方面包含了几个方面的物理层和 MAC 层研究问题，其中物理层主要关注信号处理技术，MAC 层主要关注频谱感知的优化问题。具体包括以下几方面研究内容。

1）感知干扰限制

频谱感知的目标之一是获悉频谱状态（闲置/占用），尤其是基于干扰的频谱感知，从而使非授权用户在一定干扰限制下接入频谱。其难点在于如何测量授权用户接收端上来自非授权用户的干扰。首先，非授权用户可能不知道授权用户的位置，而位置信息是用于计算非授权用户对授权用户产生的干扰所必需的。其次，如果授权用户接收机是无源设备，非授权用户发射机可能无法知悉授权用户的存在。

2）多用户网络中的频谱感知

同一网络中的多个用户可以共享无线频谱，无论这些用户是授权用户还是非授权用户。同样地，多个网络也可以相互共存，即使其中某个网络的传输会对其他网络造成干扰。在这种情况下更适用于协作频谱感知，这是因为它能检测到网络中不同位置授权用户的频谱接入状态。可以利用频谱感知信息来获得"频谱地图"，为非授权用户的频谱接入决策提供参考。

3）优化频谱感知周期

在频谱感知中，观测周期越长，频谱感知的结果越准确。然而在感知的过程中，无线收/发机在同一频率上不能同时传输有用信号，因此较长的观测时间将导致系统吞吐率下降，如图 8.1 所示。通过优化这一性能折中可获得最优频谱感知解决方案。如果频谱感知的准确性低，将容易发生冲突并对授权用户传输产生干扰，导致授权用户和非授权用户的性能都会下降。可以采用经典优化算法（如凸优化方法）获得最优方案。

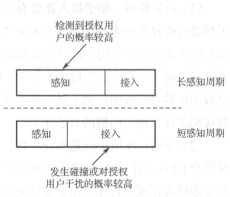

图 8.1 频谱感知时间与系统吞吐率的折中

4）多通道系统中的频谱感知

多通道传输（如基于 OFDM 系统）是认知无线电网络中的典型传输技术。但是，多通道系统中可用通道的数量通常多于进行频谱感知的无线收/发机可用的空口数量。因此只能同时感知可用通道中的一部分。如何从所有可用通道中选取用于感知的通道将会影响系统性能。对于频谱感知而言，不倾向于使用大部分时间被授权用户所占用的通道，而更加倾向于使用偶尔被占用的通道。在多通道传输环境中，必须优化频谱感知所采用的通道，从而在认知无线电收/发机的硬件限制下获得最优系统性能。

2. 频谱管理技术

频谱管理的主要目的是观测并控制非授权用户接入频谱空洞的行为。现有研究中针对频谱管理技术的研究主要包括频谱分析问题和频谱接入决策问题。

1）频谱分析问题

基于频谱感知的结果，可以采用频谱分析技术来估计频谱质量。这里的一个关键问题是量化非授权用户可能接入的某个频谱机会的质量。该质量可以用信噪比、平均持续时间和可用频谱空洞的相关性等特征刻画。认知无线电用户所获得的频谱质量信息可以是不明确的或者是带有噪声的。认知无线电用户可采用人工智能的各种学习算法来对频谱进行分析。

2）频谱接入决策问题

下面是频谱接入决策相关的一些主要研究问题。

（1）决策模型。频谱接入需要有一个决策模型。该模型的复杂度主要取决于频谱分析过程中考虑的参数（如频谱空洞的平均持续时间和目标频段的信噪比）以及认知无线电用户通过接入频谱空洞所获得的效用。当非授权用户具有多个目标时，决策模型变得更为复杂。例如非授权用户希望最大化吞吐率的同时最小化其对授权用户的干扰。随机优化方法（如 Markov 决策过程）是一种解决频谱接入决策问题的合适工具。

（2）多用户环境中的竞争与合作。当系统中存在多用户（包括授权与非授权用户）时，用户的偏好将影响频谱接入决策。在接入频谱时，这些用户之间可能形成协作或不协作。在非协作场景下，每个用户拥有自己的目标，而在协作场景下，所有用户通过协作来获得一个单一目标，如图 8.2 所示。譬如，多个非授权用户可能互相竞争接入频谱（即图 8.2 中 O1，O2，O3）从而最大化它们各自的吞吐率。在这一竞争过程中，所有用户必须确保其对授权用户产生的干扰维持在相应的干扰限制之内。对于该场景而言，可以采用非协作博弈论以获得该频谱感知问题的均衡方案。该均衡方案保证了没有任何用户会单方面改变其决策而能够获得更高效益（这将会损害其他用户的效益）。

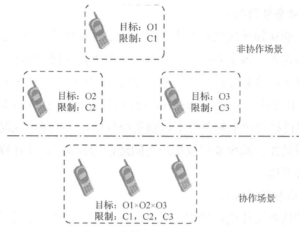

图 8.2　协作与非协作频谱接入

在协作场景下，认知无线电用户相互合作进行频谱接入决策以最大化在给定限制条件下的共同目标函数。在这种场景下，需要一个中心控制器来协调频谱管理。另一种方法是用户可以用一种分布式的方式互相通信，这时则需要一种信息交换、协商、同步的机制。

（3）频谱接入控制的分布式实现。在分布式多用户环境中，对于非协作频谱接入，每个用户可以通过观测其他用户的历史行为来独立地获得最优决策。因此需要设计一种分布式算法使非授权用户能自动作出频谱接入决策。为保证分布式算法能获得非授权用户所需的效果，必须对算法的稳定性和收敛性进行评估。

3．动态频谱接入技术

动态频谱接入的主要研究问题包括以下几个方面。

1）面向动态频谱接入的 MAC 协议

设计面向新一代无线通信标准（如 IEEE 802.16h 和 IEEE 802.22）的高效 MAC 协议是一个开放性的研究问题。MAC 协议的设计必须支撑物理层规范。同时，还必须考虑频谱持有者的 QoS 要求（如干扰水平、碰撞概率）以及认知无线电用户的 QoS 要求（如吞吐率、时延、丢包率）。此外，对于某种特定的应用（如无线智能交通系统或健康医疗应用），可以定制相应的动态频谱接入 MAC 协议。在定制这些特殊协议时，必须考虑相应的特定应用场景的相关要求，例如车联网应用对移动性管理的要求、健康医疗服务应用对无源医疗元器件防止干扰的需求。

2）集中式动态频谱接入

在基于架构的认知无线电网络中，采用中心控制器可以有利于进行非授权用户的动态频谱接入。该中心控制器可以用于收集授权用户的频谱使用信息，从而帮助非授权用户规划频谱接入方案，随后，将频谱接入决策分发给网络中的非授权用户。由于中心控制器的存在，可以对动态频谱接入方案进行全局优化，从而在给定授权用户限制条件下达到系统目标。这种集中式动态频谱接入方案的一个挑战是如何减少非授权用户之间通信的开销，以及计算动态频谱接入最优解的计算开销。

3）分布式动态频谱接入

在无架构的认知无线电网络中，由于没有中心控制器，非授权用户必须在本地独立地作出频谱接入的决策。由于每个非授权用户独立进行决策，所以用户之间的协作和竞争成为一个重要问题。如果用户之间进行协作，则需要设计一种通信协议用于互相交换信息以达到目标。当用户之间互相竞争时，必须作出使非授权用户满意的频谱接入决策。对于这种竞争性频谱接入场景，需要制定高效的分布式解决方案（如均衡方案）。

4）动态频谱接入的经济学分析

在认知无线电场景中，授权用户和非授权用户之间可以进行无线频谱交易。由频谱交易引发的经济学问题对于实际系统设计很重要，包括频谱定价、频谱需求建模，以及频谱接入效用等，可以采用微观经济学理论与模型（如博弈论、市场均衡、拍卖）来解决频谱交易问题。

8.2 动态频谱接入技术

8.2.1 频谱接入模型

前已述及，传统的基于"命令—控制"的频谱预分配方法将频谱资源静态地分配给某个授权业务，限制了频谱利用率。为了克服传统静态分配方法的缺陷，引入了"开放频谱"的概念，在这一概念下定义了一系列技术和模型，用于支撑无线通信系统的动态频谱管理。由此产生了全新的频谱接入模型，能够有效提升频谱接入的灵活性和效率，主要包括授权频谱的独占使用、共享使用模型，以及通用模型，其架构如图 8.3 所示。下面分别介绍这三类模型。

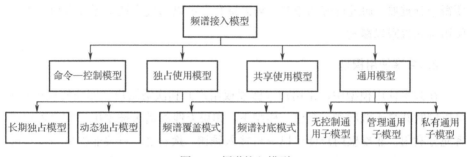

图 8.3　频谱接入模型

1. 独占使用模型

在频谱接入的独占使用模型中，无线频谱以一定规则被独占地授权给某个用户或服务，也就是频谱管理者将频谱授权给授权频谱使用者。但是，授权频谱使用者可能无法在所有时间、所有地点充分利用所分配的频谱。因此，相应的频谱接入权限可以提供给认知无线电用户。在这种情况下，授权频谱使用者是授权用户，而认知无线电用户是非授权用户。在频谱持有者一定规范的限制下，认知无线电用户可以优化使用频谱以获得最优性能。该模型有两种变式，即长期独占模型和动态独占模型。在动态独占模型中，可以采用比长期独占模型更精细的尺度来分配频谱。例如，在动态独占模型中，可以将频谱划分为多个小段并按相对较短的周期分配给认知无线电用户。这两种模型的具体介绍如下。

长期独占模型：将频谱在一定时期（如几周）内独占地分配给某个用户或服务。频谱授权后，使用该频谱的无线服务类型可以改变，也可能不变（即可变类型子模型和固定类型子模型）。对固定类型子模型，频谱拥有者规定了允许使用的无线服务类型以及认知无线电用户接入频谱的参数。另外，对可变类型子模型，认知无线电用户可以改变无线服务类型。

动态独占模型：在任意特定时间点只有一个用户可以独占接入频谱，但是在不同时间点接入频谱的用户以及使用频谱的无线服务类型可以改变。在动态独占模型中，频谱持有者可以将频谱与认知无线电用户交易以赢利，于是认知无线电用户可以在一定时期内接入该频谱（即按需限时频谱供应[3]）。这种交易也称为二级市场。基于动态独占模型的二级市场定义了三种不同的子模型，即非实时二级市场，以及面向同构和异构的多级操作共享实时二级市场[4]。

由于在独占使用模型中频谱被独占地分配，所以相关经济学问题（如定价）变得十分重要。通过良好的策略，频谱持有者可以通过为认知无线电用户提供频谱接入权限以赢利。

2．共享使用模型

在共享使用模型中，主用户（即授权用户）和次级用户（即非授权用户）可以同时共享无线频谱。在这一模型下，如果无线频谱未被主用户完全占用或者充分利用，非授权用户便可以寻机接入频谱。换言之，只要非授权用户不影响主用户工作（即碰撞概率维持在一定目标水平以下），就允许非授权用户接入频谱，并保持对主用户的透明度。在共享使用模型下，非授权用户可以采用两种模式接入频谱，即频谱覆盖（Spectrum Overlay）和频谱衬底（Spectrum Underlay）模式，具体如下。

频谱覆盖模式：主用户享有频谱接入的独占权，但是在某个特定的时隙或频率上，如果主用户没有充分利用频谱，次级用户即可机会接入该频谱。因此，次级用户若要接入某个频谱，必须首先进行频谱感知，检测该频谱上主用户的活动。若检测到了频谱空洞，次级用户即可接入该频谱，如图 8.4（a）所示。次级用户是否接入频谱的决策主要取决于诸如碰撞概率的限制，即次级用户传输出现在主用户传输的同一时隙的概率。频谱覆盖模式适用于采用 FDMA、TDMA 以及 OFDM 等无线技术的认知无线电系统。

频谱衬底模式：次级用户可以与主用户同时传输，但是次级用户的传输功率必须受限，保证对主用户的干扰维持在干扰限制以下，如图 8.4（b）所示。频谱衬底模式适用于采用 CDMA 或 UWB 技术的认知无线电系统。

3．通用模型

在频谱通用模型下，所有认知无线电用户具有等同的频谱接入权限。该模型有三种变式，即无控制（Uncontrolled）、管理（Managed）、私有（Private）通用子模型，具体介绍如下。

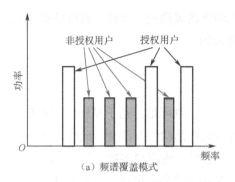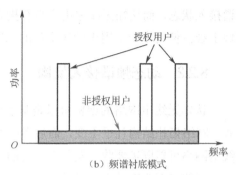

图 8.4　共享使用模型频谱接入模式

无控制通用子模型：这是最简单的频谱接入方式，主要用于频谱未被任何实体持有的情形。该模型已经应用于 ISM 频谱（2.4GHz）和 U-NII（5GHz）非授权频段。在这种情况下，对于认知无线电用户仅有最大传输功率的限制。但是既然没有频谱控制，认知无线电用户就可能受到干扰，可能是无控制干扰，也可能是有控制干扰[5]。无控制干扰来源于网络外的设备。例如对工作于 2.4GHz 频段的 IEEE 802.11b/g 网络而言，这种无控制干扰可能来源于微波炉或蓝牙设备[6]。反之，有控制干扰来源于网络中的相邻设备。例如，当多个 IEEE 802.11b/g 网络工作于相同频率时，可能相互产生干扰。

管理通用子模型：管理通用子模型可以避免无控制通用子模型的问题。该模型将频谱视为需要由一组认知无线电用户共同控制的资源，认知无线电用户必须遵循一定规范/限制以接入频谱[7]。在这种情况下，有必要设计一种管理协议及可靠的、可调节的机制，使认知无线电用户能遵循上述规范。管理通用模型的一个重要问题是频谱接入规范的执行，这是因为可能存在某些不遵循规范协议的认知无线电用户。关于不遵循规范协议的相关问题已经在文献中得到了广泛研究，提出了包括博弈论在内的多种不同技术来避免这一问题[8]。

私有通用子模型：这一模型下，频谱持有者可以为认知无线电用户指定某种技术和协议以接入频谱。认知无线电用户可以接收到频谱持有者发出的某个指令，指令可能包含认知无线电用户可以采用的一些传输参数（如时间、频段、发射功率）。另一种办法是认知无线电用户可以在不打断频谱持有者的情况下，寻机侦听并接入频谱。目前私有通用子模型仅局限于平坦网络中认知无线电用户之间的点对点通信。在这种模型下频谱持有者可以控制认知无线电用户的频谱接入状态，而认知无线电用户也有接入频谱的灵活度。因此，也可以构建类似于独占使用模型中用于频谱交易的二级市场。

8.2.2　动态频谱接入架构

认知无线电网络的架构可以是基于设施的，也可是非基于设施的。对于前者，网络拓扑结构几乎不变，而后者的网络拓扑结构经常改变。此外，认知无线电网络可能既需要收、发节点之间的单跳通信，也需要多跳通信。不同类型认知无线电网络的动态频谱接入架构可以是集中式的，也可以是分布式的。在集中式架构下，频谱接入决策由中心控制器决定，而在分布式架构下，这一决策是由每个非授权用户在本地做出的。

1．基于设施与非基于设施的认知无线电网络架构

如图 8.5（a）所示，在基于设施的单跳认知无线电网络架构中，每个非授权用户通过中心控制器（如基站）发送数据，该中心控制器可以控制非授权用户的动态频谱接入（例如通过分配时隙、频段、发射功率）。这种认知无线电网络可以与多个授权网络共存/交叠。

在基于设施的多跳认知无线电网络架构中，多个基站（即中继节点）可以构成一个多跳网络，如图 8.5（b）所示。非授权用户（如图中的 A 与 B）即使不在传输范围之内，也可以通过基站之间的多跳通信交换数据。

在非基于设施的认知无线电网络架构中，非授权用户不需要基站的帮助，可以直接互相通信（即采用点对点方式），通信方式可以是单跳或多跳的，如图 8.5（c）所示。对于多跳通信，某些非授权用户可以暂时扮演中继节点的角色。

2．集中式与分布式动态频谱接入

对于集中式动态频谱接入，中控对每个非授权用户的频谱接入作出决策。为此，中控必须搜集授权用户的频谱使用情况信息，以及非授权用户的传输需求信息。基于这些信息，可以获得动态频谱接入的最优方案（例如最大化网络总吞吐率）。中控的相应决策通过广播方式发送给网络中的所有非授权用户。但是，中控对信息的搜集和传输可能造成巨大的额外开销。

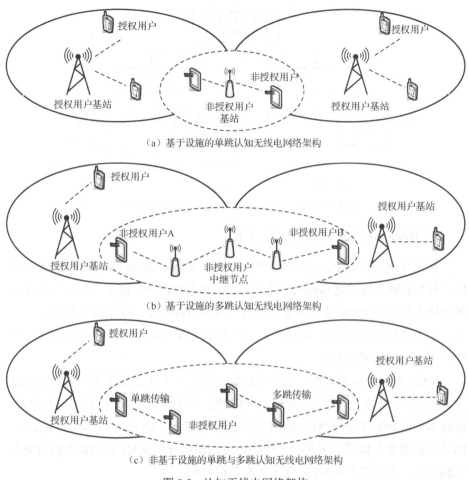

（a）基于设施的单跳认知无线电网络架构

（b）基于设施的多跳认知无线电网络架构

（c）非基于设施的单跳与多跳认知无线电网络架构

图 8.5　认知无线电网络架构

　　在分布式动态频谱接入中，非授权用户可以独立地、自动地作出决策。由于每个非授权用户必须收集周围无线环境信息并在本地作出决策，因此每个非授权用户的认知无线电收、发机需要消耗比集中式动态频谱接入更多的计算资源，但是这种情况下的额外通信开销变小了。由于每个用户只有本地信息，所以可能无法使所有用户获得最优频谱接入方案。

　　如图 8.6 所示，分布式动态频谱接入可以通过基于设施或非基于设施的认知无线电网络实现，但是集中式动态频谱接入只能通过基于设施的网络实现，这是因为它需要中控来规划和优化非授权用户的频谱接入。对于多跳基于设施的网络，可以将其中某个中继站作为控制动态频谱接入的控制节点。

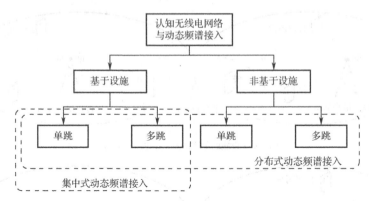

图 8.6　基于设施/非基于设施的认知无线电网络及集中式/分布式动态频谱接入

3．RAN 内与 RAN 间动态频谱分配

在无线通信环境中，无线接入网（Radio Access Network，RAN）为移动用户与核心网之间的通信提供了空中接口。动态频谱分配将是异构认知无线电频谱接入环境下 RAN 的一项重要功能。可以依据时变的通信流量负荷来动态地分配无线频谱给不同的 RAN[9]。动态频谱分配可以采用两种方式实现，即 RAN 内与 RAN 间的方式。

RAN 内动态频谱分配方法须考虑如何将整个无线频谱在不同基站之间划分。该方法必须在一个 RAN 内将分配的频谱划分给不同基站，因此这种 RAN 内动态频谱分配方法与蜂窝网络中的动态信道接入（Dynamic Channel Access，DCA）的概念类似[10]。采用一个中控，可以根据每个 RAN 频谱需求的历史与预测信息，实现多个 RAN 之间的动态频谱分配。

8.2.3　频谱感知

为了寻机接入频谱（例如在共享使用频谱接入模型下），非授权用户必须确保频谱未被授权用户占用。识别频谱接入机会的方法主要有三类：数据库注册、信标信号、频谱感知。对于数据库注册方法，频谱接入机会的信息通过中心数据库在授权用户与非授权用户之间交换。可以采用共同信道下在授权与非授权用户间传输信标信号的方式来进行信息的同步。但是，上述两类方法都需要很高的设施开销，并且对于动态频谱接入的能力有限。而频谱感知方法仅依赖于非授权用户对频谱接入机会进行鉴别和跟踪。当频谱未被授权用户占用时，非授权用户才会传输信号，因此无须对现有设施进行修改，通过频谱感知实现动态频谱接入的方式与现有无线通信系统兼容。下面对频谱感知的设计思路、协作集中式频谱感知技术、协作分布式频谱感知技术，以及相关标准展开介绍。

1. 频谱感知设计思路的折中

对于不同频谱感知设计而言有三种性能折中的考虑，总结如下：

首先，协作的性能提升与额外通信开销的折中。当采用协作频谱感知时，不同非授权用户之间的额外通信开销是一个重要问题。在这种情况下需要一个频谱感知管理者或中控来收集并处理感知结果。可以通过专用信道进行非授权用户与感知管理者的通信，这就需要额外的无线频带。为了最小化额外通信开销，必须设计一种简单而有效的非授权用户通信协议。

其次，被动感知与主动感知的折中。频谱感知可以是被动的或主动的。对于被动感知，仅当非授权用户需要接入频谱时才会进行频谱感知，即按需接入。对于主动感知，非授权用户连续不断地对频谱进行感知，并将感知结果保存在数据库中。当某个非授权用户需要接入频谱时，可以利用数据库信息来获得可能接入的频谱机会。被动感知需要的额外开销较少，这是因为仅在有需要时进行感知，但是由于接入频谱前必须进行感知，所以导致时延增大。反之，主动感知需要较高额外开销，但时延较小。如何选取这两种方式取决于应用场景。对于时延敏感的应用，主动感知较为合适。而对于能量受限应用，更适用于被动感知，因为它可以有效降低感知造成的大量能量损耗。

最后，多频带接入导致的速率与可靠性折中。认知无线电不仅能在单一频带上传输，也可以分散在多个频带上传输以提升速率和可靠性。可以采用OFDM 技术来实现多频带传输，因为可以灵活使用不连续的多个频带。使用多个频带传输多个数据流可以提升速率，而在多个频带上冗余传输同一个数据流可以提升其可靠性。但是接入多个频带要求非授权用户必须感知并保持这些频带使用的统计信息，这可能导致很高的额外开销。频带数量越大，额外开销越高，但传输速率或者可靠性也将提高。于是，必须对频带选择作出优化决策，例如需要多少频带、采用哪些频带进行感知。

2. 协作集中式频谱感知

在协作集中式频谱感知中，非授权用户感知目标信道并将感知结果报告给中控，中控对频谱感知结果进行处理，并对非授权用户的动态频谱接入作出决策。下面举一个例子，认知无线电网络中的协作如图 8.7 所示，采用中控对多个非授权用户的频谱感知进行协调[11]。该模型采用基于"放大—转发"（AF）的协作分集传输模式。考虑有两个非授权用户（即 U1 和 U2）、一个授权用户的情形，其中非授权用户基于能量检测方法进行频谱感知，检测方式如下：U1 在第 1 个时隙传输感知信息，U2 侦听。在第 2 个时隙，U2 传输其接收到的来自 U1 的第 1 个时隙的信息，而 U1 也侦听这一延迟信息。此时，在 U2 的协作下 U1 的检测概率可以由下式给出

$$P_c^{(1)} = \phi(\lambda; P_1+1, \beta(P_2+1)) \tag{8-1}$$

其中，$\phi(t;a,b) = \int_0^\infty \exp\left(-h - \frac{t}{a+bh}\right)dh$，$P_i$ 是非授权用户 U_i 的发射功率。门限 λ 由给定虚警概率 P_f（即空闲频谱被感知为占用状态的概率）获得，从而有

$$\phi\left(\lambda; 1, \frac{Ph_{1,2}}{\tilde{P}h_{1,2}+1}\right) = P_f \tag{8-2}$$

其中，$\tilde{P}$ 是最大发射功率，$h_{1,2}$ 是非授权用户 U1 与 U2 间的信道增益。

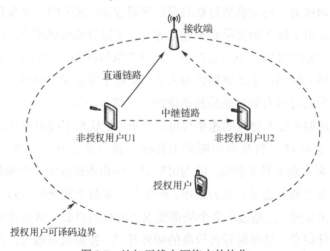

图 8.7　认知无线电网络中的协作

　　通过中控，可以给出总体检测概率（即授权用户被非授权用户 U1 和 U2 检测到的概率）如下

$$P_c^{(1)} + P_n^{(2)} - P_c^{(1)} P_n^{(2)} \tag{8-3}$$

其中，$P_n^{(2)}$ 是未授权用户 U2 在不与 U1 协作下的检测概率，可以由下式获得

$$P_n^{(2)} = (P_f)^{\frac{1}{P_2+1}} \tag{8-4}$$

可以看出该协作集中式频谱感知方法能够显著提升在给定虚警概率下的检测概率。

3. 协作分布式频谱感知

在协作分布式频谱感知中,非授权用户互相交换感知结果,每个非授权用户在本地作出频谱接入决策。这种频谱感知方法不需要任何设施(如中控),因此适用于实际认知无线电网络。下面介绍一种使用该方法的方案。

在文献[12]中提出了一种面向低成本无线收、发机的非中心化协作式频谱感知方案,该方案的规模可调并且鲁棒性高。如果某个非授权用户无法检测到授权用户信号,将通过其他能够检测到的非授权用户将检测结果与之共享。在每个时隙内,非授权用户侦听目标频谱,然后随机选择一个或多个邻近用户并将感知结果发送给它们。重复上述步骤,直到所有非授权用户接收到了感知结果。每个非授权用户收到邻近用户发来的感知信息后,采用 Flajolet 与 Martin 提出的算法[13],将其与本地感知结果联合,然后进行决策。

4. 相关标准

一些现有常见的频谱感知标准如下。

IEEE 802.11k 标准:包含诸多信道测量和管理特性(例如信道载荷、噪声图谱、站点性能)[14]。在该标准中,接入点(Access Point,AP)可以收集并处理来自每个站点的信道信息,然后利用这些信息控制用户接入。例如,如果发现某个信道的干扰水平超出给定阈值,AP 可以让所有站点转换到较低干扰水平的信道上。同样地,如果某个 AP 载荷过高,新站点可以被导流至另一个较低载荷的 AP。在这种情况下可以利用平均接入时延信息来估计网络负载量。可以利用基于 IEEE 802.11k 标准的信令来决定某个 AP 及其相邻节点的覆盖范围。在无线局域网中,可以利用该覆盖范围信息进行移动性管理和负载分配。

蓝牙标准:由于蓝牙工作在 ISM 频段,因此有必要采用如自适应跳频等方法来检测共用该频谱的其他设备(如 IEEE 802.11 设备和无绳电话),从而避免性能损失。该方法可以用频谱感知技术实现对信道统计信息的观测并判断目标信道是否已被占用。信道估计信息包括误包率、误码率、接收信号强度指示(RSSI),以及载干噪比(CINR)。

IEEE 802.22 标准：频谱感知是 IEEE 802.22 标准的核心技术之一，用于检测来自数字电视广播发射机的信号[15]。该标准支撑快速感知和精细感知，相关技术包括能量检测、基于波形感知、循环平稳特征检测、匹配滤波等。

8.3　认知无线电技术

认知无线电技术的主要目的是通过动态频谱接入为无线传输提供灵活度，从而优化无线传输性能并提升频谱利用率。认知无线电系统的主要功能模块包括频谱感知、频谱管理，以及频谱移动性。通过频谱感知，认知无线电用户可以获取并利用目标频谱的信息（如授权用户的类型和当前活动）。频谱管理功能利用频谱感知信息分析频谱接入机会并作出频谱接入决策。如果目标频谱状态改变，频谱移动性功能将控制认知无线电用户工作频段相应改变。本节将具体介绍认知无线电相关技术与功能。

8.3.1　软件定义无线电

软件定义无线电（Software-defined Radio，SDR）是一种可重定义的无线通信系统，可以动态控制其传输参数（如工作频段、调制模式、协议）[16]。这种可调节功能可以通过基于软件控制的信号处理算法实现。SDR 是实现认知无线电的关键组成部分。SDR 的主要功能列举如下。

多频带工作：SDR 支持不同频段上采用不同无线接入的无线数据传输（如蜂窝网络频带、ISM 频带、电视频带）。

多标准支持：SDR 支持多种不同标准（如 GSM、WCDMA、cdma2000、WiFi）。同样地，SDR 也支持相同标准下的不同空口（如 WiFi 标准下的 IEEE 802.11a、802.11b、802.11g 或 802.11n）。

多业务支持：SDR 支持多种类型的业务，如蜂窝网络通话或宽带无线网络接入。

多通道支持：SDR 能够在多个频段上同时工作（即接收和发射）。

SDR 收/发机的总体结构如图 8.8 所示。虽然 SDR 中大部分模块（如数据处理、模/数转换 A/D、基带处理）与传统接收机和发射机相同，其不同之处在于每个模块可由上层协议控制或者由认知无线电模块重定义。射频前端从天线接收模拟信号，并经过带通滤波获取有用频带，放大后生成 I、Q 两路信号，并转换为数字信号。ADC 采样率、模拟与数字滤波参数以及信号处理算法可以根据工作频段和无线空口技术重定义。

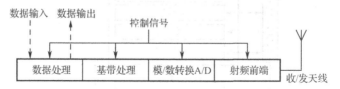

图 8.8 SDR 收/发机的总体结构

通过 SDR 技术，无线收/发机的传输参数可以根据不同的实际通信需求和规范进行不同形式的重定义：

射频收/发参数（如运行标准和工作频段）可以在产品交付客户之前设置。但是系统配置完毕后，相关参数无法更改。虽然这种情况下不支持动态系统重置，但是同一套 SDR 收/发机模型可以卖给具有不同需求的多个客户；

射频收/发参数也可以偶尔进行重置（如在系统生命周期内重置数次），譬如当网络结构改变或某个新基站加入时；

射频收/发参数还能基于连接变化。例如，当用户想要初始化某个无线网络连接时，收/发机可以根据网络可用性、性能及定价等因素，从可用的不同无线接入网络（如 GSM、WiFi 或 WiMAX）中选取某一个进行连接。

最后，射频收/发参数可以基于时隙动态变化。例如，当干扰水平改变时，发射功率可以改变。非授权用户检测到授权用户活动时，可以改变其工作频段。

8.3.2 认知无线电架构与功能

认知无线电的协议栈架构如图 8.9 所示。在物理层，射频前端基于 SDR 技术实现。MAC 层、网络层、传输层和应用层的自适应协议必须了解认知无线电环境的变化。特别地，自适应协议应考虑主用户的流量活动、次级用户传输需求，以及信道质量变化等。为了将所有模块连接，采用一个认知无线电控制器来构建 SDR 收/发机、自适应协议、无线应用与服务之间的接口。该认知无线电模块采用智能算法处理物理层观测到的信号，并接收来自应用层的传输需求信息，用于控制不同层的协议参数。

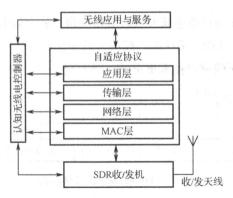

图 8.9　认知无线电的协议栈架构

为支撑智能、高效的动态频谱接入，认知无线电的主要功能如下。

频谱感知：通过对目标频段的周期感知以判断频谱状态和授权用户的活动。具体地，认知无线电收/发机检测未使用频谱或频谱空洞（即其频段、位置、时间），并在不干扰授权用户传输的情况下，决定采用什么方法接入频谱（即发射功率和接入时间）。

频谱感知可以是集中式或分布式的。在集中式频谱感知中，感知控制器（如 AP 或基站）感知目标频段，并将感知所得信息与其他节点共享。由于所有感知功能都在感知控制器实现，因此集中式频谱感知可以减小用户终端复杂度。然而，集中式频谱感知的性能对于不同位置较为敏感。例如，感知控制器可能无法检测到小区边缘的非授权用户。在分布式频谱感知中，非授权用户独立地进行频谱感知，而频谱感知结果既可以仅供单个用户使用（即非协作感知），也可以与其他用户共享（即协作感知）。虽然协作感知引入了额外通信与处理的开销，但是频谱感知的精度比非协作感知有所提升。

频谱分析：非授权用户通过频谱感知获得的信息用于频谱接入决策。频谱管理主要包括频谱分析和频谱接入优化两个方面。频谱分析是对频谱感知信息进行分析以获得频谱空洞的信息（例如干扰预测、频谱可用时间，以及因感知错误而与授权用户的碰撞概率）。由此，可以在给定的目标（如最大化非授权用户吞吐率）和限制条件（如对授权用户的干扰维持在目标阈值以下）下，通过优化系统性能以作出频谱接入决策（如频率、带宽、调制模式、发射功率、位置、时间）。

频谱接入：基于频谱分析作出了频谱接入决策之后，非授权用户即可接入频谱空洞。采用认知 MAC 协议进行频谱接入，目的是防止与授权用户和其他非授权用户的碰撞。认知无线电发射机也必须与接收机协调，从而对传输进行同步，保证信号成功接收。认知 MAC 协议可以基于固定分配 MAC 协议（如FDMA、TDMA、CDMA）或随机接入 MAC 协议（如 ALOHA、CSMA/CA）进行设计。

频谱移动性：频谱移动性与认知无线电用户工作频段的改变相关。当授权用户需要接入某个非授权用户使用的频段时，非授权用户可以切换到另一个空闲频段上。这种工作频段切换的操作也称为频谱切换。在频谱切换过程中，必须调节协议栈中不同层的参数以匹配新频段。频谱切换必须保证非授权用户可以在新频段上传输数据。

认知无线电需要适应不断变化的环境和参数，其主要功能可以表示为"认知循环"。认知无线电节点的组成模块如图 8.10 所示，具体组成功能如下。

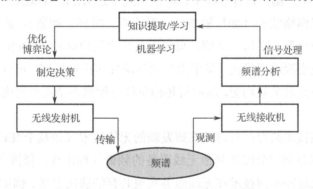

图 8.10　认知无线电节点的组成模块

发射机/接收机：基于软件定义无线电的无线收/发机是实现数据信号发送和接收的主要组件。此外，也可采用无线接收机对频谱活动进行观测（即频谱感知）。认知无线电节点的发射机参数可以根据上层协议指令进行动态调整。

频谱分析模块：利用测量信号分析频谱使用情况（例如检测授权用户的信号签名以找到非授权用户可以接入的频谱空洞）。频谱分析模块必须保证授权用户的传输不受到非授权用户接入频谱的干扰。为此，可利用多种信号处理技术以获取频谱使用信息。

知识提取/学习：利用频谱使用信息以理解周围射频环境（例如授权用户行为）。通过建立并维护频谱接入环境的知识库，可以优化并适应传输参数，从而在不同限制条件下达到所需目标。可以将来自人工智能领域的机器学习算法应用于学习和知识提取。

决策：获得频谱使用知识后，必须做出关于接入频谱的决策。最优决策取决于周围环境——即取决于非授权用户的协作或竞争行为，可以采用不同技术以获得最优决策。例如，当系统可以建模为具有单一目标函数的单一实体时，可采用优化理论求解；反之，当系统由多个分别具有各自目标函数的多个实体组成时，可以采用博弈论求解；当系统状态随机时，可以采用随机优化方法。

8.3.3 认知无线电的应用与标准

认知无线电的概念可应用于多种无线通信场景，其中一些列举如下。

下一代无线网络：认知无线电技术是下一代异构无线网络的核心技术之一。认知无线电技术可以为用户侧和运营商侧设备提供智能管理空口和网络效率的能力。在用户侧，具有多种空口标准制式（如 WiFi、WiMAX、蜂窝网络）可以观测无线网络状态（如传输质量、吞吐率、时延、拥塞），并做出选择接入某种网络的决策。在运营商侧，可以面向给定用户群及其 QoS 需求，对不同网络的无线资源进行优化。基于用户的移动性和传输模式，可以在运营商网络设施上实现高效负载均衡，从而将传输负载分配到多个可用网络上以降低网络拥塞。

不同无线技术共存：目前正在研发新的无线技术（如基于 IEEE 802.22 的 WRAN）以重新利用分配给其他无线服务的频谱（如电视广播服务）。认知无线电技术是让这些不同技术和无线服务实现共存的解决方案。例如，当周围没有电视用户或电视基站没有广播时，基于 IEEE 802.22 的 WRAN 用户可以机会接入电视频段。频谱感知和频谱管理技术是确保不对电视用户造成干扰并最大化吞吐率的核心技术。

健康医疗服务：为了提升医疗服务和管理效率，健康医疗服务中采用了多种无线技术。但是，在健康医疗应用中使用无线通信设备必须遵循电磁干扰（EMI）和电磁兼容（EMC）的需求。由于医疗设备和生物传感器对电磁干扰很敏感，必须谨慎控制无线设备发射功率。此外，许多不同的生物医疗设备采用了射频通信技术（如手术设备、诊疗设备、监视设备）。必须谨慎选取这些设备的频段以避免互相干扰，此时就需要认知无线电技术。例如很多无线医疗传感器工作在 ISM 频段，可以采用认知无线电技术选择合适的频段以避免干扰。

智能交通系统：智能交通系统（Intelligent Transportation System，ITS）越

来越多地使用不同无线接入技术以提升车辆交通效率和安全性。ITS 系统主要包括两种类型——V2R（Vehicle-to-roadside）和 V2V（Vehicle-to-vehicle）。在 V2R 通信中，信息在路边单元（RSU）和车载单元（OBU）之间传输。在 V2V 通信中，车辆之间组成了一种特殊的 ad hoc 网络，即车辆自组网（VANET），用于传输安全相关信息。车辆的高速移动性和网络拓扑结构的快速变化，给 V2R 和 V2V 通信效率提出了严峻挑战。OBU 和 RSU 均可以采用认知无线电技术，从而使传输适应于周围无线环境的快速变化。对于支持多频的 OBU，必须自适应选取频段与 RSU 通信。

应急网络：在公共安全和应急网络中，可以利用认知无线电概念提供可靠的、灵活的无线通信。例如，在灾害发生时，普通通信设施可能失效，因此需要迅速建立一个自适应无线通信系统（即应急网络）以支撑救灾重建。该网络可以采用认知无线电概念，从而利用相当大范围的频段进行无线收、发。

军用网络：采用认知无线电技术可以根据时间、空间位置以及士兵作战任务，动态适应地调整无线通信参数。例如，若某些频段被干扰或阻塞，采用认知无线电收/发机可以搜寻并接入其他可用频段用于通信。此外，掌握位置信息的民用认知无线电收/发机可以将传输信号控制在特定空间范围以内，以防止对军事通信设施的干扰。

目前业界主流的认知无线电的标准包括 IEEE 1900 和 IEEE 802.22 WRAN 两大系列。

1. IEEE 1900 系列标准

鉴于在认知无线电网络中采用软件定义无线电的高效频谱管理涉及许多技术和经济因素，因此相关标准化过程、条款及其他相关问题十分重要。这些标准化过程和条款是开发和实现一个认知无线电网络所必需的。但是到目前为止大部分独立团体都分别开展工作，所以取得的结果相关性较低。为解决这一问题，必须统一协调工业界、学术界和其他组织的研究。为此，IEEE 标准协调委员会（SCC）组建了面向下一代无线及频谱管理的分委会，制定了一系列相关标准，即 IEEE 1900 系列标准。

组建 IEEE SCC 41 分委会的目的是解决关于下一代无线接入网及高效频谱管理的开发、实现及部署的问题。IEEE SCC 41 由四个工作组和一个研究组构成。每个组负责起草推进认知无线电系统不同方面的标准化过程。IEEE 1900

系列标准中的每一项都由各个工作组提出。其标准化过程一般包括以下内容：每个工作组在标准草案定稿后，首先向 IEEE 提交并接受表决，表决由 IEEE 标准协会组织，协会成员负责表决并提交可能的修改意见；如果有否决票，则工作组将根据相应意见修改标准草案；修改完成后将进行再次表决。这一标准化过程确保了该标准可应用于多种认知无线电相关产品。IEEE 1900 系列标准主要成员包括 IEEE 1900.1、IEEE 1900.2、IEEE 1900.3、IEEE 1900.4 及 IEEE 1900.A。

2．IEEE 802.22 WRAN 无线区域网

在很多地区，电视频段大部分未被充分占用，这些 6MHz 带宽的频段可以用于数据通信。由于电视频段大多在低频带（如北美的 54～862MHz、国际的 41～910MHz），其传输特性更适合长距离传输。IEEE 802.22 标准是面向无线区域网（WRAN）技术，旨在支持覆盖范围达 100 公里的移动用户。因为基于 IEEE 802.22 标准的系统需要重用电视频段，可以应用认知无线电的概念以防止对带内授权业务（如电视业务）的干扰。

基于 IEEE 802.22 标准的 WRAN 系统架构与目前的宽带无线接入网（如 IEEE 802.16 WiMAX）类似。具体地，WRAN 系统是基于点对多点连接，小区中的基站控制终端用户的所有连接。例如终端用户的频谱接入以及分配给终端用户的上、下行传输载荷量均由基站决定。此外，可以采用中继基站以扩大 WRAN 系统的覆盖范围。

另外，还有其他一些与下一代无线通信和认知无线电相关的 IEEE 项目或标准，例如 IEEE 802.18/19/21/22。IEEE 802.18 是一个无线规范技术咨询工作组，主要负责参与并监督不同项目的无线规范演进（例如 IEEE 802.11 WLAN，IEEE 802.15 WPAN，IEEE 802.16 WMAN 等）。该工作组可以向无线管理单位及其他团体提出有关频谱接入需求的意见和建议。IEEE 802.19 是面向共存的技术咨询工作组。该工作组负责基于 IEEE 802 系列标准的非授权无线网络之间的共存问题（例如 IEEE 802.11 与蓝牙）。当制定一项非授权无线网络新标准时，该工作组将考察新标准的共存问题，确保与现有系统在相同频段上能够和谐共存。IEEE 802.21 是一项全新的支持同构或异构无线技术的无缝移动管理（如小区切换）标准。它对于下一代无线通信系统中单用户同时支持多个无线制式而言是一项基础性的标准。

8.4　本章小结

　　本章重点介绍了面向下一代无线通信 5G 新空口的频谱共享相关前沿技术，可以显著提升频谱利用效率，增大频谱利用价值，增强无线系统灵活性和可用性。由于传统频谱授权模式采用命令—控制方法，无法充分利用无线频谱资源，因此研究了新型频谱授权方案以提升频谱接入的灵活性。通过采用认知无线电、软件定义无线电技术，可以实现这一灵活性。采用认知无线电技术，无线收/发机可以根据变化的环境动态改变传输参数。认知无线电收/发机必须具有观测、学习、规划、优化频谱接入的能力，从而提升无线通信系统性能。由此，授权用户享有的无线频谱就能被非授权用户利用，但是非授权用户必须保证自身传输对授权用户的干扰维持在干扰阈值以内。为检测授权用户的存在，非授权用户必须进行频谱感知，频谱感知可以通过非协作或协作方式进行。在非协作频谱感知中，每个非授权用户独立进行频谱感知；在协作频谱感知中，多个非授权用户通过交换感知信息进行合作。学术界和工业界对于认知无线电网络各协议层次都有广泛研究，另外还有一些关于认知无线电的设计方法、基于人工智能及跨层设计的研究。目前已有多项相关频谱共享和认知无线电标准的成果，频谱共享、认知无线电、动态频谱接入等前沿技术得到了广泛的应用。

参考文献

[1] Federal communications commission. Spectrum policy task force report. Federal Communications Commission ET Docket 02-135, 2002, 12.

[2] Buddhikot M M. Understanding dynamic spectrum access: models, taxonomy and challenges. in Proceedings of IEEE International Symposium on New Frontiers in Dynamic Spectrum Access Networks(DySPAN), 2007(4): 649- 663.

[3] Kolodzy P. Spectrum policy task force report.in FCC, December 2002.

[4] Peha J M, Panichpapiboon S. Real-time secondary markets for spectrum. Telecommunications Policy, vol. 28, no. 7-8, pp. 603-618, 2004.

[5] Hardin G. The tragedy of the commons. Science, vol. 162, pp. 1243-1248, 1968.

[6] Li G, Srikanteswara S, Maciocco C. Interference mitigation for WLANdevices using spectrum sensing. in Proceedings of IEEE Consumer Communications and Networking Conference (CCNC), 2008: 958-962.

[7] Brito J. The spectrum commons in theory and practice. Stanford Technology Law Review, 2007.

[8] Kyasanur P, Vaidya N H. Selfish MAC layer misbehavior in wireless networks. IEEE Transactions on Mobile Computing, vol. 4, no. 5, pp. 502-516, 2005.

[9] Almeida S, Queijo J, Correia L. Spatial and temporal traffic distribution models for GSM. in Proceedings of IEEE Vehicular Technology Conference(VTC) Fall, vol. 1, September 1999, pp. 131-135.

[10] Nie J, Haykin S. A Q-learning-based dynamic channel assignment technique for mobile communication systems. IEEE Transactions on Vehicular Technology, vol. 48, no. 5, pp. 1676-1687, 1999.

[11] Ganesan G, Li Y. Cooperative spectrum sensing in cognitive radio, part I: two user networks. IEEE Transactions on Wireless Communications, 2007, 6(6): 2204-2213.

[12] Ahmed N, Hadaller D, Keshav S. GUESS: gossiping updates for efficient spectrum sensing. in Proceedings of International Workshop on Decentralized Resource Sharing in Mobile Computing and Networking(MobiShare), 2006, pp. 12-17.

[13] Flajolet P, Martin G N. Probabilistic counting algorithms for data base applications. Journal of Computer and System Sciences, vol. 31, no. 2, pp. 182-209, 1985.

[14] Mangold S, Berlemann L. IEEE 802.11k: improving confidence in radio resource measurements. in Proceedings of IEEE International Symposium on Personal, Indoor and Mobile Radio Communications(PIMRC), vol. 2, September 2005, pp. 1009-1013.

[15] Chen H S, Gao W, Daut D G. Signature based spectrum sensing algorithms for IEEE 802.22 WRAN. in Proceedings of IEEE International Conference on Communications(ICC), June 2007: 6487-6492.

[16] Hossain E, Niyato D, Han Z. Dynamic spectrum access and management in cognitive radio networks. Cambridge university press, 2009.

第9章
超密集组网

9.1 面向 5G 的超密集组网概述

9.1.1 技术背景与研究现状

随着 5G 移动通信的蓬勃发展，大量移动设备需要联网，海量移动数据需要传输，近年来，移动互联网的兴起更进一步加剧了这一趋势[1]。从每一代移动通信发展演进的历史来看，新一代技术带来数据率提升可达前一代的 10 倍，因此可以预测 5G 移动通信时代的数据率将达到 10Gbit/s 数量级。为了满足将来对无线数据传输的要求，5G 的目标之一是将网络容量提高为 4G 网络的 1000 倍。根据国际电联发布的 IMT-2020 规范，5G 最核心的性能指标之一——单位面积传输容量（Area Traffic Capacity）在密集城市或热点区域需要达到 20Tbit/s[2]。此外，还包括低时延、高谱效、高能效等需求。

一般来说，提升无线通信系统单位面积吞吐率的方式主要有三种：（1）采用新型编码调制技术提升频谱效率；（2）采用更多频谱资源来提升可用频谱带宽；（3）利用更多分散的基站来提升频谱重用密度。在当前移动蜂窝网络通信系统中，提高蜂窝网络密度是增加网络容量最有效也是最便利的方法。研究表明，截至 2008 年，无线通信容量比 1957 年增长了 100 万倍，其中绝大多数贡献来自基站尺寸和传输距离的减小[3]。为了满足下一代无线通信对单位面积吞吐率提升的严苛要求，可以从以上三个角度出发。首先从物理层技术演进的角度看，目前 4G 移动通信采用的先进编码调制技术和多天线技术已经逼近香农极限。通过 8 层空分复用 LTE-Advanced 系统的理论峰值频谱效率已达 30bit/（s·Hz），该效率已经几乎达到了典型无线传输技术的极限。其次，若采用第二种方式，随着卫星、广播、固定网络、移动地面通信等各种各样的无线业务的增量部署，导致可用频谱十分受限，频谱资源越来越稀缺。根据国际电联 WP5D 工作组的预测，2020 年以后，全球 IMT 频谱需求总量将达到 1900MHz。显然，在现有频谱资源和形势下，这对频谱的需求和分配提出了重大挑战。

基于上述分析可以判断，仅仅通过提升频谱效率或者分配更多频谱资源是无法有效满足 5G 传输容量需求的。因此增加无线接入点（AP）密度并减小每个接入点的覆盖范围是提升系统传输容量最为高效的方式，特别是在容量要求高的热点区域。蜂窝无线网络这一经典架构早在 20 世纪 70 年代由贝尔实验室提出，并且在后续的每一代无线通信系统中都得到了广泛应用。未来绝大多数系统吞吐量将集中在室内和热点区域，但传统的宏蜂窝网络技术具有"重室外，轻室内"，"重蜂窝组网，轻孤立热点"的特点。因此，为了增强频谱效率，在 4G 网络中引进了异构网络（HetNets）概念，通过网络密集化增强空间重用。HetNets 即在传统小区内加入一些低功率节点，形成同覆盖的不同节点类型的异构网络系统，低功率节点主要是：小基站（Pico-evolved node B，Pico-eNB）、家庭基站（Femto-evolved node B，Femto-eNB）、中继（Relay）等。

在 LTE-Advanced 系统中，HetNets 作为关键技术之一被使用，通过在宏蜂窝网络中插入低功率节点来提高网络容量。HetNets 拓扑结构和传统的蜂窝网络不同，它由不同种类的网络节点以及不同层次的网络组成，可以有效地提高系统容量。在异构网络场景中，宏小区作为基本组成部分负责大面积的网络覆盖，在此基础之上，在未良好覆盖区域或热点区域部署低功率节点，可以提供更好的覆盖效果和通信质量。这些低功率的节点的特点是覆盖范围较小、发射功率较低，便于灵活部署在室内或宏蜂窝网络覆盖盲区。为了满足当前热点高容量场景的高流量密度、高峰值速率和用户体验速率的性能指标要求，超密集组网（Ultra-Dense Network，UDN）继续研究小蜂窝网络结构，在传统的异构网络中的热点区域和数据业务量大的区域密集部署了大数量、高密度的低功率节点，进一步为用户提供良好的接入服务。在这种场景下，每个节点之间的距离急剧缩短，从几公里变为了几百米，甚至几十米。从网络架构演进的角度出发，宏蜂窝网络与超密集小基站共存的网络架构将取代 1G 到 4G 中宏蜂窝网络主导的网络架构，成为 5G 的新型主导网络架构[4]。国际电联的 M.2320 报告指出，超密集组网将成为满足 5G 高吞吐率需求的主要技术趋势[5]，认为 UDN 是第五代移动通信中最为重要的技术课题之一。

　　超密集组网是通过通信节点的多层次以及高密度部署来实现系统容量、用户速率大幅提升的方式。高密度节点通过增加频谱的空间复用，来提高链路的速率和频谱效率。它可以实现网络的灵活性，满足未来用户服务需求的多元性，提高网络中的频谱效率和系统吞吐量。超密集组网的典型部署场景包括办公场所、公寓、体育馆、地铁、火车站等人员密集和流量需求高的场所。这些场景的普遍特征是有巨量用户、海量连接、高密度网络传输和高速率需求。为满足这些需求，AP 必须密集部署，最小的站点间距在 10 米以内。但随着 AP 密集程度的增大，小区间干扰导致用户速率增长速度并不能与 AP 密度的增长速度成正比。在 UDN 中传统的以基站为中心的小区服务方式显现出弊端。因此，面向 5G 的超密集组网的一个重要核心概念是以用户为中心的 UDN[6]。与传输无线网络不同的是，用户中心 UDN 网络的部署将网络服务于用户的宗旨体现出来，使用户使用网络的行为不受到具体蜂窝网络结构的影响。传统的网络以传输节点为中心，用户的接入、驻留、切换都和物理的传输节点相关联。而在以用户为中心的网络中，用户的驻留点在不断地变换，多个站点通过协作调度，为用户提供服务。它转变了传统网络以基站为中心的架构，用户成为网络的中心，网络跟随用户移动。用户中心 UDN 将是 UDN 发展的重要趋势，也将成为满足 5G 需求的重要技术。

9.1.2　5G 场景需求下的超密集组网

1. 5G 场景和需求

　　为了更好地满足未来网络社会的需求，国际电联就 IMT-2020 未来发展的框架和总体目标作出界定[2]。ITU-R 对 5G 网络中通信场景和业务的分类如图 9.1 所示。未来 5G 的使用场景主要分为三种：增强移动带宽（Enhanced Mobile Broadband，eMBB）、超高可靠低时延通信（Ultra-Reliable and Low Latency Communications，URLLC）、海量机器类通信（Massive Machine Type Communications，mMTC）。每个场景都有各自的应用背景和较为苛刻的技术指标要求。在增强移动带宽场景中，这一场景的设置可以看作人们日益增长的日常数据需求对无线网络的自然延伸。其最大的需求在于对上、下行传输速率的提升以及随之带来的对超高清视频、虚拟现实、增强现实等需要大量数据传输的业务的支撑能力，同时又要保证用户在一些极端的环境下也能获得很好的体验。对于 eMBB 来说，根据不同需求可以分成广域覆盖情况和热点情况：在热点情况下，如医院、商场、火车站等用户密度高的环境，需要非常高的传输容量，降低了对移动性的要求，用户数据速率要高于广域覆盖情况；在广域覆盖情况下，如在高铁、动车、高速公路等移动性较强的环境，则需要网络的无缝覆盖和较高移动性，与热点情况相比，降低了对数据速率的要求。

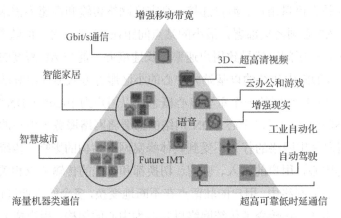

图 9.1　ITU-R 对 5G 网络中通信场景和业务的分类

超高可靠低时延通信场景需要对超低时延和更好的可用性等功能严格要求，例如工业制造或生产过程中的无线控制、远程医疗手术，以及智能电网中的配电自动化、交通安全等。这些场景中传输速率并不是首要需求，需要对中断概率和端到端时延进行严格把关。海量机器类通信的主要特点是大量连接的设备。系统更加关心大量连接的建立和节点生命周期，而对传输速率、可靠性和时延等技术指标并不敏感。在这类应用中硬件的终端往往可以是少人的或者无人的，例如在智慧仓库、物流分拣和跟踪、车联网、城市的天气数据传感网、共享商品（移动电源、自行车、雨伞等）这些应用中，通信的发生不需要人为参与，而可支持的通信节点数量和能量效率决定了整个网络的性能。其通常传输相对少量的非时延敏感数据，设备要求低成本和很长的电池寿命。

针对上述三种场景，国际电联无线电通信组（ITU-R）提出了对 5G 的 8 个技术指标要求，将这些技术指标从 4G 到 5G 的提升归纳如下。

● 峰值传输速率：1Gbit/s→20Gbit/s；
● 用户体验传输速率：10Mbit/s→100Mbit/s；
● 频谱利用率：1×→3×；

- 终端移动性：350km/h→500km/h；
- 时延：10ms→1ms；
- 连接密度：10^5devices/km^2→10^6devices/km^2；
- 网络能效：$1\times$→$100\times$；
- 单位面积数据运输能力：0.1Mbit/（s·m^2）→10Mbit（s·m^2）；

在这些要求中，对于 5G 中 eMBB 场景来说最重要的是单位面积传输容量和用户体验数据速率。另外 5G 应能够支持高达 10Mbit（s·m^2）的单位面积传输容量和 1Gbit/s 的用户体验传输速率。为了满足上述严格的要求，对于 5G 蜂窝网络结构来说，引入 UDN 技术是至关重要的[7]。

2．5G 中的超密集组网技术

典型的 UDN 场景（例如办公室、公寓、露天聚会、体育场、地铁、火车站）的特点为：用户密度大、传输密度要求高、无线接入点（AP）密度大。上述场景的流量和容量都是有限的，而通过增大部署 AP 密度，可以确保足够的吞吐量。在 UDN 中，无线接入点的覆盖范围约为 10m，每平方公里有着上千个 AP，因此 UDN 每个 AP 上只连接少量的终端。而在传统蜂窝网络中，每平方公里仅有 3~5 个基站，每个基站需要连接数百甚至数千个移动用户。另一方面 UDN 中的 AP 类型是多样化的，小基站、中继站、分布式射频拉远头（RRH）、用户设备（UE）都可以充当 UDN 中的 AP，而传统蜂窝网络中宏基站占据着主要地位。表 9.1 给出 UDN 与传统蜂窝网络的比较。

表 9.1　UDN 与传统蜂窝网络的比较

项　　目	超密集组网	传统蜂窝网络
部署场景	室内，热点区域	宽覆盖
AP 密度	超过 1000 个/km^2	3~5 个/km^2
用户密度	高	低/中等
AP 覆盖范围	大约 10m	几百米以上
部署形式	异构，不规则的覆盖	单层，规则的蜂窝
AP 类型	小基站、中继站、RRH、UE	宏基站
AP 回程	理想/非理想，有线/无线	理想，有线
用户移动性	低流动性	高移动性
传输密度	高	低/中等

项　　目	超密集组网	传统蜂窝网络
系统带宽	数百 MHz	几十 MHz
频带	>3 GHz	<3 GHz

METIS 将 UDN 定义为一个独立的系统[8]，该系统针对观察到最高流量增加的热点区域进行优化。UDN 的核心概念包括无线接入技术（Radio Access Technologies，RATs）、小型小区集成/交互和无线回程。除了考虑新频谱中灵活的空中接口外，它还预测了关于资源分配协调节点之间的潜在紧密协作、小区的快速激活（关闭）和内置的自回传支持。UDN 通过关联感知移动性、资源和网络管理，与宏蜂窝网络紧密交互，支持不同网络系统间的协作，灵活和低成本部署来提升性能。

在文献[9]中，UDN 被认为是满足 5G 传输密度要求的重要技术方向。为了满足典型场景的需求和应对技术挑战，小区可视化技术、干扰管理与抑制技术、联合访问与反馈技术是 UDN 的重要研究领域。小区可视化技术包括以用户为中心的虚拟小区技术、虚拟层技术和软扇区技术。

总体来说，UDN 是针对热点场景的一种新的无线网络解决方案，在 5G 中能够提供更高区域容量和更好的用户体验。

9.2　超密集组网技术特性与面临的挑战

9.2.1　超密集组网概念

在本节中，我们将打破传统小区的边界，介绍一种能时刻服务用户的超密集组网新方法——用户中心超密集组网（User-Centric Ultra-Dense Networks，UUDN）[10]。UUDN 的用户密度与 AP 密度相当，它能够智能地感知用户的无线通信环境，构建服务于用户的 AP 群组（AP Group）。随着用户移动，UUDN 能够根据需求灵活地调动资源并更新 AP 群组成员，为用户提供无缝的服务，使用户感觉到始终置身于网络的中心。图 9.2 分别展示了传统以蜂窝网络为中心和 UUDN 以用户为中心的概念。

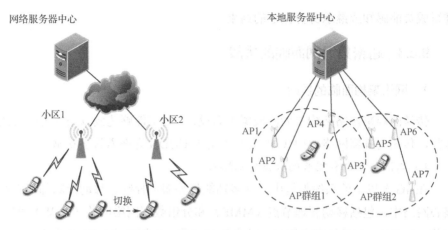

图 9.2　传统以蜂窝网络为中心和 UUDN 以用户为中心

9.2.2　超密集组网技术特性

为了让用户始终处于蜂窝网络的中心，UUDN 需要有以下四种主要特性。

1．了解用户的智能网络

网络需要更加智能化，能自动检测终端的容量、用户的需求、无线环境等条件，并为每个用户构建知识信息。所有这些信息都将用于网络管理和以用户为中心的资源分配。

2．跟随用户的移动网络

当用户移动时，所属的 AP 群组会进行动态调整更新，确保移动过程中用户不受影响。在传统网络中，用户移动时需要进行移动管理和网络切换。而在 UUDN 中，网络像一个"移动的覆盖面"跟随用户，使用户感觉始终处于网络的中心。

3．服务用户的动态网络

AP 群组里的 AP 将根据用户的服务需求进行自适应调整。它们可以协同传输数据流，提高频谱效率和用户体验。

4．网络安全认证

当 AP 加入 AP 群组时，网络将进行特殊的身份验证以提供安全保证，AP

群组成员能感知或继承身份验证的结果。

9.2.3 超密集组网面临的挑战

1. 网络架构面临的挑战

传统的蜂窝网络架构专为广域覆盖而设计。为了能够达到以用户为中心的体验，传统的蜂窝网络架构（如 4G）应用于 UUDN 存在着许多挑战。

1）高信令开销和冗长的数据传输路径

在 4G 及以上的系统架构中，许多功能例如服务控制、移动控制都集中在核心网络中，包括移动管理节点（MME）和分组数据网络网关（PGW）/服务网关（SGW）。对于具有高流量吞吐量和超密集 AP 部署的 UUDN 来说，这种架构是低效的。因为这会导致 AP 与核心网络之间极高的信令开销和冗长的数据传输路径。本地化、扁平化结构是处理超大区域容量的趋势。

2）频繁的交接

在 AP 覆盖范围很小的情况下，用户平面与控制平面在空间上的紧密耦合会导致网络频繁切换。在宏基站和 UUDN 的 AP 覆盖范围内的异构网络中，传统的蜂窝网络架构不够高效灵活。因此在 UUDN 中，具有解耦用户平面和控制平面访问功能的虚拟小区结构非常关键。

3）分布式功能

更高层过程、无线资源管理（RRM）和移动管理功能独立地分布在每个 AP 上。为了更好地支持 UUDN 的高级干扰管理和资源管理，每个分布式 AP 的功能需要集中。

4）更好的用户体验

UUDN 的目标是为超密集 AP 下的每一个用户提供平滑切换和更高的数据速率，而本地网关（LGW）的简单数据采集和传输功能无法支持更好的用户体验。本地网关需要更多的功能。

因此，为了支持高密度 AP 的部署和进行灵活的网络管理，需要设计新的 UUDN 体系架构。在这种新的体系架构中，需要一个本地集中用户服务中心来感知用户所处的无线环境。此外，为了提供更好的联合处理和 QoS 控制，需要更接近用户的 RRM 和用户服务控制中心，还需要更低的移动性锚点。同时，应简化核心网络功能，以便只为用户提供高级服务。

2．移动性管理面临的挑战

在未来的无线通信网络中，移动性管理是一项关键的无线资源管理技术。对于之前的移动通信系统（2G/3G/4G），移动性管理主要是指 UE 的移动性管理，包括切换控制和位置管理。切换控制确保用户在移动或 AP 更改时能够保持会话，位置管理可以追踪用户的位置。由于 AP 覆盖范围小，网络拓扑不规则，再加上下述问题，UUDN 无法应用传统蜂窝网络系统中的移动性管理方法。

（1）位置区域在传统网络中静态配置，而在去小区化 UUDN 中，蜂窝网络中位置区域的边界变得模糊。因此，位置管理模式将从静态 AP 规划变为动态 AP 协作。

（2）在超密集网络中，不同类型的 AP 一般是在热点区域随机分布的，由于不同 AP 覆盖范围不一致，发射功率不同，将导致密集地区覆盖重叠或稀疏地区产生覆盖漏洞的问题；同时，移动中的用户由于 AP 覆盖范围小，AP 邻域关系复杂，会产生频繁切换，切换控制变得困难。因此，需要重新设计 UUDN 的切换控制。

（3）当用户在网络中进行频繁移动时，UUDN 在复杂的无线环境中为用户提供以用户为中心的服务。因此，应该通过资源管理和干扰协调共同优化移动性管理。

移动性管理逐渐成为 UUDN 研究的热点。为了解决 UUDN 的移动性问题，业界提出了更加扁平化和灵活的移动性管理方法和切换方法，如本地锚定方法和小区聚类方法[10]。UUDN 需要设计新的切换方法，提供一个无定形的、动态的、虚拟的位置区域解决移动性管理问题。

3．网络工程面临的挑战

密集和复杂的异构部署给 UUDN 的网络规划和优化及网络能耗控制带来了诸多挑战。UUDN 中大量的 AP 使得实现自我配置、自我优化和自我修复变得更加复杂。一方面，UUDN 需要提供超高吞吐量、超低时延、超高可靠性、大规模连接。另一方面，UUDN 场景非常复杂，涵盖室内和室外场景，具有理想的回程 AP 部署和非理想的回程 AP 部署。因此，具有智能网络传感的灵活网络架构对于 UUDN 的灵活组网和提高频谱效率至关重要。

为了实现低成本、易组网、高效率的目标，需要结合 UUDN 体系架构、小区虚拟化技术、场景自适应干扰管理技术、接入以及回程联合设计技术。通过智能感知用户的无线环境和业务需求，调整优化配置的系统参数和方法，以提高频谱效率和用户体验，降低系统的能量消耗和网络操作的维护成本。

在 UUDN 中，网络将变得更加智能化，可以自动检测终端容量、用户需求及其无线环境，并为每个用户构建知识信息。因此，UUDN 需要构建一个全局的网络管理架构，实现管理控制与用户平面的有机集成，进而实现智能组网。

4．干扰管理面临的挑战

在传统的蜂窝网络中，可以通过在不同小区之间进行合理的频率分配，以及使用有效的功率控制技术来降低无线干扰。小区边缘的用户可能会受到相邻基站的干扰，但在蜂窝网络中心区域干扰可以忽略[11]。随着 AP 密度的增加，当用户开始移动时，超密集网络中的干扰情况更加复杂。为了有效地管理干扰，应该考虑下面几个问题。

（1）由于传输距离短，传统的干扰管理方法如资源分配和功率控制在 UUDN 场景下无法很好地运用。跟随用户的 AP 群组会使得干扰环境随着用户的移动而不断变化。减少干扰和增加资源利用是对立的关系，所以应设计更灵活的频率分配方案，对功率的控制需要更精确。同时还应考虑其他干扰管理技术。

（2）UUDN 中超密集环境导致更多的干扰源，不仅是由于 AP 和终端的数量增大，还有来自信号的更多反射和散射路径的原因；另外当网络新加入一个 AP 时，AP 群组的更新也会带来新的干扰源，所以应该为不同典型复杂场景（如室内办公楼、室内宽敞大厅、人群地铁车厢、户外广场等）建立其对应的传输模型，避免影响干扰控制的结果。

（3）传统方法中评估干扰影响的现有参数（例如干扰阈值）可能无法反映网络的整体性能。应该讨论更适合的参数来更好地指示干扰管理结果与吞吐量、能效的关系。

因此，分析 UUDN 中典型的无线传输场景时，应建立合适的干扰模型，采用准确的无线信道模型和合适的评估参数，并据此设计出有效的干扰管理方案。

9.3　超密集组网架构

9.3.1　超密集组网架构发展趋势

UDN 面向 5G 的拓扑结构可归纳为以下主要特征：（1）高密度的移动 AP 在无网络规划情况下随机分布。（2）拥有不同回程或前传能力的各种 AP。（3）异构网络具有不同覆盖范围、不同频谱的多个无线接入技术（RAT）。基于上述特点，为了提供高吞吐量和更好的用户体验，需要设计新的超密集网络体系结构原理和方法。5G 中 UDN 架构的发展趋势如下。

1．本地化和扁平化

在 5G 的超密集组网中，将增长的流量需求转移到本地 UDN 区域，可以有效地提高能效和频谱效率。为了支持 UDN 的本地化和降低传输成本，需要更扁平的架构。欧盟的 METIS 2020 课题介绍了 5G UDN 的数据路径定位和控制功能[12]。

2．双连接与用户平面/控制平面（U/C）分离

文献[13]提出使控制平面和用户平面分离的双/多节点连接的新原理。该方法密集部署小小区，在不降低移动性和连接性的情况下提高网络性能。

3．以用户为中心

5G 中 UDN 与传统蜂窝网络有很大的不同，最大区别在于前者要以用户为中心。网络需要动态构造 AP 群组为用户提供无缝服务。UUDN 包括了以用户为中心的移动管理、在数据平面上以用户为中心的聚类和特定于用户的网络控制，以提供更好的用户体验和更高的频谱效率。

4．集中式无线接入网、分布式无线接入网和灵活式无线接入网

文献[14]介绍了 UDN 的集中式 RAN 和分布式 RAN 架构。集中式 RAN 架构可以提供更好的联合处理，从而获得更高的频谱效率，缺点是需要有非常高的回程/前传能力。分布式 RAN 架构可以使网络部署更加灵活，但其干扰源变得复杂，干扰管理困难，频谱利用率较低。因此，对具有不同回程/前传能力的 AP 来说，需要更灵活的架构来自适应地连接它们。

5. 软件定义网络和网络功能虚拟化

软件定义网络（SDN）和网络功能虚拟化（NFV）的兴起也影响着 5G 网络架构的设计[15]。运用上述两种技术将使 5G UDN 的架构更灵活、低成本地部署。

9.3.2 架构与功能实体

UUDN 打破了小区的概念，传统蜂窝网络以基站为中心，网络控制用户的理念将转变为以用户为中心，网络服务用户。架构包含了三种解耦方式：无线接入层的用户平面和控制平面解耦、网络层的控制和传输解耦、本地服务和网络服务解耦。基于这一理念，图 9.3 展示了"去小区"化的 UUDN 架构。

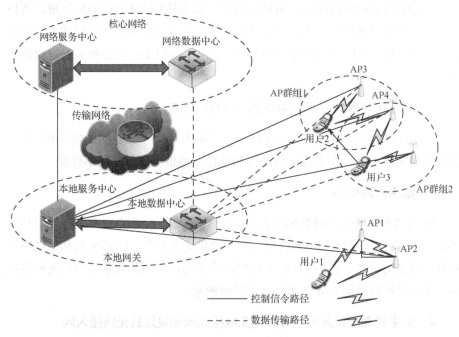

图 9.3 UUDN 架构

在这个架构中，从用户的角度来看，逻辑上和物理上不再有"蜂窝"的概念。一个区域内密集的 AP 将被智能地组织起来，形成一个无定形的、动态的、虚拟的网络，跟踪用户的移动，并按照用户业务需求提供数据传输。

提供以用户为中心的服务需要引入四个功能实体。针对无线接入方面的用户—控制解耦问题，引入本地服务中心（Local Service Center，LSC）和本地数据中心（Local Data Center，LDC）。AP 通过理想/非理想、有线/无线回程连接到 LSC 和 LDC。针对核心网络方面的控制—传输解耦问题，引入网络服务中心（Network Service Center，NSC）和网络数据中心（Network Data Center，NDC）来提供控制和传输功能。LSC 和 LDC 可以集成到本地网关，NSC 和 NDC 同样可以集成到核心网络。UUDN 中每个实体的功能和接口如下：

AP 是用于 UE 的无线接入，包括数据平面和控制平面。AP 可以基于回程容量构建射频（RF）、物理层（PHY）、媒体访问控制（MAC）和 IP 层功能或它们的组合。如果 AP 仅具有 RF，则 PHY 到 IP 层将集中到 LDC 中。通过这种架构，LDC 可以在 PHY 提供联合处理。因此，可以使用高级信号处理来避免 AP 间干扰。

LSC 是组织动态 AP 群组（APG）为一个用户服务的控制服务中心。它将具有以用户为中心的 RRM、多 RAT 协调、有效的 QoS 控制、以用户为中心的移动性管理和本地无线链路控制的新功能。

LDC 是处理用户数据传输的本地数据中心。它将提供用户平面功能，包括更高层过程和动态 AP 信道处理。它还具有针对用户的多接入点 AP 协调和多无线承载融合的功能。

NSC 是提供用户策略控制、AAA 和高级移动性（漫游、跨 NSC 切换）等功能的网络数据中心。

NDC 在网络侧用作分组数据网关。

通过这种架构，LSC 和 LDC 非常接近 AP 的位置，因此很容易提供以用户为中心的服务功能、高级资源管理和干扰管理。通过用户平面和控制平面的分离，以及将核心网络功能分散到 LSC 和 LDC，UUDN 部署更加灵活，可以大大减少信令开销和回程开销。

9.3.3　技术发展方向

从 9.3.2 节的描述中，可知 UUDN 架构未来的发展趋势是扁平化、本地化、用户—控制分离化、以用户为中心、灵活和智能化等。UDN 的典型架构及特征总结在表 9.2 中。在新架构和挑战分析的基础上，可以引入许多关键技术以提供高 QoE、高区域频谱效率和低成本。未来具有研究前景的技术方向总结如下。

1．动态 APG 方法

为了让用户感受到一直处于网络中心，控制平面需要更大的"覆盖范围"。大的覆盖范围可以减少广播开销，减少切换的频率，并简化用户无线链路控制。另外，为了提供较高的区域容量，在用户平面上需要部署具有较小覆盖面的 AP。动态 APG 方法可以使用户与控制平面分离，是 UUDN 的关键技术。

2．智能网络

为了自动构建每个用户的知识信息并将该信息用于无线资源管理，UUDN 应支持新协议来融合管理平面、用户平面和控制平面架构。从网络管理的角度来看，为了降低资本支出、运营费用，以及提高网络灵活性，UUDN 应该具有自我组网、自我优化以及自回程能力。UUDN 在系统协议和网络功能设计层面上需要实现更加智能的网络。

3．高级干扰管理技术

在超密集场景下，制约区域频谱效率的一个重要问题是 AP 之间有着复杂干扰。为了提供高用户体验数据速率，在 UUDN 中需要更高级的干扰管理技术。

4．安全机制

由于具有复杂的网络结构、本地化的数据路径、多样性的访问类型，因此 UUDN 的安全性至关重要，需要新的安全机制来保证 UDN 场景下 5G 的应用。

表 9.2　UDN 的典型架构及特征

	3GPP HeNB 架构	3GPP SCE 架构	UUDN 架构
本地化和扁平化	本地 IP 存取（LIPA） 选择 IP 流量卸除（SIPTO）	本地 IP 存取（LIPA） 选择 IP 流量卸除（SIPTO）	本地化（针对用户平面和大多数控制平面）
用户—控制分离	无	是	是
基于 SDN 和 NFV	无	无	是
灵活的回程	无	无	是
以用户为中心	无	无	是

9.4　超密集组网关键技术

9.4.1　APG 技术

动态 APG 方法改变了传统的小区设计概念，在控制平面中，组织 AP 组成 APG，并动态更新调整以保证为用户在移动时提供无缝服务，图 9.4 展示了动态 APG 技术。APG 在中央控制平面进行管理，在用户平面上 AP 作为资源调度，从而避免了大量的控制信令开销和频繁切换。用户移动至另一个位置，所属 APG 将进行更新确保用户不受影响，改善用户移动体验和系统效率。

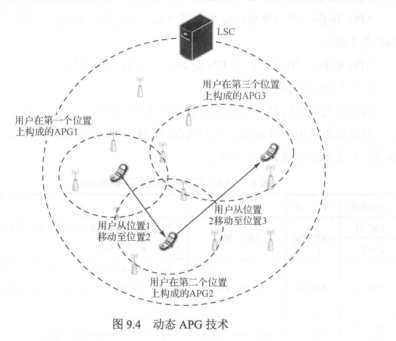

图 9.4　动态 APG 技术

1. 动态 APG 技术

下面介绍基于移动驱动网络思想[16]的动态 APG 方法。应用这种方法，UUDN 中的每个注册用户都拥有唯一的 APG，并带有 APG 标识（APG-ID）。LSC 存储该 APG 的信息，负责大部分动态 APG 方法进程。NSC 管理身份验证，切换流程。

1）动态 APG 过程

动态 APG 与移动管理、资源管理和干扰管理有关，并且需要考虑安全影响。下面介绍动态 APG 的主要流程。

APG 初始化：当用户连接到网络时，NSC 根据无线网络环境创建独有的 APG，并由 LSC 维护。APG 始终跟随用户，提供以用户为中心的服务，直到用户与网络分离。

APG 成员更新：APG 建立后，APG 成员将根据用户的移动和无线环境进行动态更新。当用户移动时，APG 成员进行相应的改变；当用户静止时，同样可以调整 APG 成员以满足无线环境的变化。此外 AP 的运行与关闭也将导致 APG 成员更新。

APG 切换：当一个用户超出当前 LSC 的范围，APG 会切换到属于不同 NSC 的 LSC。

APG 删除：当用户与 UUDN 分离时，APG 将被删除。

2）UUDN 移动性管理

传统蜂窝网络用户移出边界时须切换小区。而在去小区化的 UUDN 架构中，网络是跟随用户移动的。动态 APG 使网络可以进行移动管理，UUDN 的移动场景及相关方法如表 9.3 所示。

表 9.3　UUDN 的移动场景及相关方法

移动场景	方　法	控 制 实 体	描　　述
LSC 内	APG 更新	LSC，NSC	通过改变 APG 成员，终端到 AP 间的无线连接可以从一个 AP 移动到另一个 AP
LSC 间			
NSC 间	APG 切换	LSC，NSC	NSC 内的 APG-ID 是唯一的，因此终端在移动到新的 NSC 时将获得一个新的 APG-ID。APG 成员也将重组
UUDN 蜂窝网络间	切换	LSC，NSC，MME	传统的切换机制或改进的方法

（1）LSC 内或 LSC 间的移动性。

当用户在 LSC 内或 LSC 间进行移动时，通过改变 APG 成员，终端和 AP 之间的无线连接可以从一个 AP 移动到另一个，但 APG-ID 不变。在 APG 成员更新之前，LSC 须收集用户设备和新加入的 AP 的信息，包括用户位置、信号强度、回程条件和新加入 AP 的负载状态。一旦确定了新加入 AP，LSC 将通过发送配置信息在新加入 AP 和 APG 之间建立链路。在 UUDN 中，将构建网络管理平面以建立网络的全局视图。

LSC 内的 APG 成员更新过程如图 9.5 所示。在更新之前，LSC 建立了与用户设备的控制平面连接。当用户跨相邻 AP 移动时，所有不属于 APG 的候选 AP 将测量用户的信息，并将测量报告发送给 LSC。通过检查每个候选 AP 的信号强度和测量报告中表示的用户的位置，如果需要进行 APG 的更新，则 LSC 将所有候选 AP 的信号强度发送给 APG 以选择目标 AP。一旦确定了目标 AP，LSC 通过发送配置信息建立目标 AP 和 APG 之间的链路。

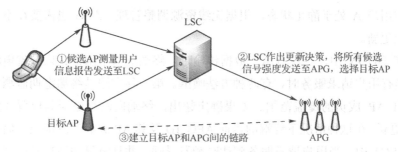

图 9.5　LSC 内 APG 成员更新过程

LSC 间 APG 成员更新过程如图 9.6 所示。目标 AP 受 LSC1 控制，一开始目标 AP 向其控制 LSC1 发送路径切换请求消息，准备更新，并使 LSC1 能够将用户的链路切换到目标 AP。在 APG 不受 LSC1 控制的情况下，LSC1 将查询控制该 APG 的 LSC2，并向 NSC 发送"关系查询指令"。NSC 收到后回应 LSC1，向 LSC1 发送"合作配置指令"，并向 LSC2 发送"关系信息"。当 LSC2 响应做出更新决定之后，LSC1 向目标 AP 发送"重新配置指令"，LSC2 发送配置信息建立目标 AP 和 APG 之间的链路。

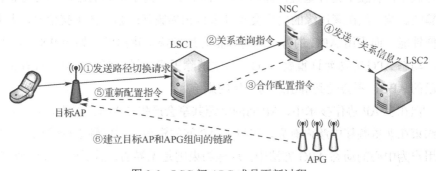

图 9.6　LSC 间 APG 成员更新过程

（2）NSC 间的移动性。

NSC 之内的 APG-ID 是独一无二的，当终端移动到一个新的 NSC 中，终端会获得一个新的 APG-ID，APG 从一个 LSC 移动到另一个连接着不同 NSC 的 LSC。

图 9.7 展示了典型动态 APG 场景。在动态 APG 方法中，每个 APG-ID 代表一个 APG。每个终端在连接到 UUDN 网络时都会获得唯一的 APG-ID。图 9.7（a）中用户 A 在不同的时间移动到不同的位置上，所属的群组跟随用户 A 移动，并根据用户 A 所处位置和无线环境选择不同 AP 更新群组。而在图 9.7（b）中用户 A 处于静止状态，根据无线资源调整管理，APG 也需要在不同时间点上更新。

在 UUDN 中，当没有用户数据传输时，终端进入空闲模式以节省电池电量。当有用户请求服务时，有两种方法唤醒。第一种方法是终端定期监测它是否超出 AP 成员的覆盖范围。如果确定超出，终端向网络更新其位置并触发 APG 更新。在这种情况下终端的当前 APG-ID 及其 AP 成员信息都应存储在网络（NSC）中。当用户请求服务到达时触发寻呼，并且将寻呼消息发送到具有当前 APG-ID 的 AP 上，以使 AP 在空中寻呼终端。该方法基本上继承了蜂窝网络系统的思想，已被证明具有合理的信令效率。第二种方法，终端定期向网络发送导频信号，让网络更新其位置。这样的更新可能会导致 APG 刷新。当移动端通信到达时，网络可以直接与终端通信，而不需要传统的分页过程。与第一种方法相比，该方法可能导致终端功耗更高，但响应速度更快。

3）APG 与簇的比较

以用户为中心的动态 APG 方法的主要思想是让一组特定的 AP 服务终端。在分簇中，若簇不允许重叠，如图 9.8（a）所示，处于中心的用户不会受到相邻簇的影响，但在簇边缘的用户会收到来自相邻簇基站强烈的干扰信号，大大降低性能。而采用 APG 的方法则可以很好地解决干扰问题，如图 9.8（b）所示，动态 APG 方法允许重叠 APG，基本消除了簇边界的概念，用户有着属于自己的 APG，不会受到群组之间干扰的影响。

但在多 AP 协作技术中，AP 间的资源共享会产生 AP 间分配约束问题，这些约束在非重叠簇中簇内有界，可以对 AP 间的资源分配问题进行优化。而在以用户为中心的动态 APG 方法中，这些约束则是无界的，需要进一步的研究。

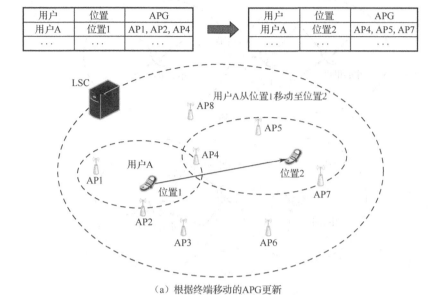

用户	位置	APG
用户A	位置1	AP1, AP2, AP4
...	...	...

用户	位置	APG
用户A	位置2	AP4, AP5, AP7
...	...	...

（a）根据终端移动的APG更新

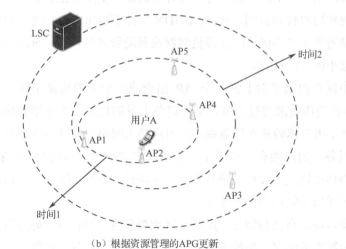

用户	时间	APG
用户A	时间1	AP1、AP2、AP4
...	...	...

用户	时间	APG
用户A	时间2	AP1、AP2、AP4、AP5
...	...	...

（b）根据资源管理的APG更新

图 9.7　典型动态 APG 场景

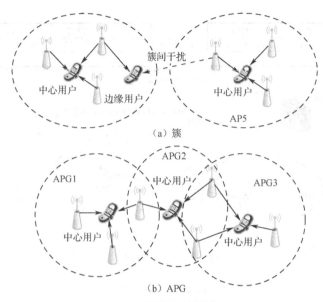

（a）簇

（b）APG

图 9.8　APG 与簇的比较

2. 虚拟小区技术

在蜂窝网络中"小区"概念是一种有效的频率复用方法，也是一种非常好的网络管理和用户管理机制。5G 的 UUDN 虽然不再引入"小区"的概念，但依然可以参考基于"小区"的管理机制解决移动管理的问题。5G 的 UUDN 提出了"虚拟小区"的概念。

虚拟小区在控制平面上将多个 AP 组合成一个大的虚拟小区，并把这些 AP 接入站点当作资源进行调度，从而避免大量的控制信令开销和频繁的终端切换，提升了用户体验和系统效率。当用户接入网络时，网络围绕用户建立覆盖、提供服务，用户拥有一个属于自己的"虚拟小区"，虚拟小区内服务 AP 随着用户的移动以及无线环境进行更新。更新时，虚拟小区包含的物理小区动态变化，但虚拟小区标识保持不变。

根据覆盖场景和回传特性，虚拟小区类型分为三种：（1）静态场景虚拟小区。网络根据部署情况（如地理位置）将多个密集 AP 节点规划为一个虚拟小区，对终端提供统一的标识和协作服务。同一区域的不同用户可能具有不同的服务节点，但其虚拟小区标识参数一致。（2）异构场景虚拟小区，由宏基站和小覆盖的基站组成。宏基站承担大部分的控制和管理功能，小覆盖基站作为虚拟小区的接入和传输资源。对于异构场景，双连接技术是降低控制平面复杂度和提高用户体验的有效方法。在下一代通信中，终端不仅需要支持在宏小区和小小区之间的双连接，还要支持多 RAT 间双连接甚至多连接。UE 可以与 4G 或 5G 宏小区、无线局域网（WLAN）的小覆盖节点同时建立连接。通过网络协调多个连接，可以优化流量传输，提高流量吞吐量，减少时延并提高资源利用率。（3）以用户为中心的虚拟小区。网络动态地组织服务节点构成移动虚拟小区为用户服务。不同位置的用户属于不同的虚拟小区。以用户为中心的虚拟小区是基于行业标准的动态 APG 方法，可以有效解决小区和用户管理问题。

9.4.2 智能网络联结技术

在多 RAT 接入下的同构或异构网络中，大规模 AP 可能具有理想和非理想的回程，以及有线和无线回程。UUDN 的复杂场景给网络的部署和运营、网络规划和优化以及网络能耗控制带来了许多挑战。为了实现低成本、易组网和高效的目标，需要将 UUDN 架构、小区虚拟化技术、场景自适应干扰管理技术、接入和回程联合设计技术进行结合。

超密集智能组网通过对无线环境和业务需求的网络智能感知，调整系统参数和方法及优化配置，可以提高频谱效率和用户体验，实现系统的低功耗，降低人工维护成本。传统的蜂窝网络设计侧重于接入设计，分离访问和管理。在接入的基础上，它引入 O&M（运营和维护），通过南向接口进行网络交互，通过北向接口进行网络和业务交互，实现网络静态或半静态控制。基于管理—控制—用户平面（MCU）高度集成的 UUDN 架构，构建网络管理平面建立网络全局视图，并结合自组织网络技术，能够实现管理控制与用户平面的有机结合，实现智能组网。

1. 管理—控制—用户平面架构（Management-Control-User Plane，MCU）

在传统的蜂窝网络中，通过 O&M 进行网络管理，通常只能实现相对静态的人工管理和优化。在 LTE 中，为了降低网络复杂性，提升智能网络的性能，基于 O&M 架构引入了 SON 功能，实现了网络自我配置和自我优化，如自动邻居管理和建立、移动性稳健优化和负载优化等。在 4G 网络中，网络管理功能独立于接入网设计，一些网络配置和管理功能需要终端辅助，如自动邻居建立，但其实现是在用户控制平面上进行补丁以实现网络自我配置和自我优化，效率和智能化程度难以满足 UUDN 的要求。

在 UUDN 中，用户管理和网络管理机制变得更加灵活。集成用户平面、控制平面和网络管理功能设计新架构可以更好地实现动态 APG 方法，并实现 SON 等智能组网。图 9.9 是一种智能组网的 MCU 架构，其中管理平面、控制平面和用户平面被引入到用户侧和网络侧。用户平面主要负责用户服务数据传输；控制平面负责系统信息广播、用户服务信令、用户无线连接控制和快速调度控制；管理平面负责系统和网络的动态安排和管理，以及用户在网络中的管理信息，方便实现动态 APG 方法。智能管理功能位于本地网关和核心网络中心。在承载上，该架构实现管理平面、控制平面和用户平面的分离。但在协议设计机制上，三者有机结合并动态交互。该架构能对网络进行更高效、功能更丰富的感知，并且能进行自我配置和自我优化，实现 UUDN 复杂的网络管理，进一步降低网络维护优化的人工成本。

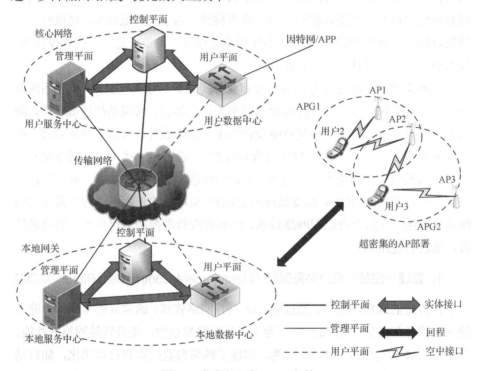

图 9.9　智能组网的 MCU 架构

基于智能组网的 MCU 结构，UUDN 可以实现以下功能：（1）智能网络。通过分布式和集中式云计算，基于机器学习、数据挖掘和增强型网络自我配置和自我优化，可实现网络节能和智能控制。（2）动态 APG 方法管理。利用软件定义网络实现资源云，进一步实现动态 APG 方法管理和优化 UUDN，包括 APG 管理、用户调度、功率控制、负载均衡等。（3）高级干扰管理。在管理平面、控制平面和用户平面上使用虚拟小区联合传输，可以根据用户需求和回程能力提供场景自适应干扰管理技术。（4）接入和回程联合设计。管理平面和控制半面的分离简化了控制平面设计，有助于实现用户平面和控制平面的分离，实现了新颖的载波接入传输和高效的接入回程节点设计。

网络管理平面主要负责管理和协调网络节点。核心网管理实体的功能是统一决策接入网管理策略、协调优化不同接入网管理实体，研究重点是接入网管理实体相关的架构、功能和流程。接入网管理实体的主要功能是管理和配置接入节点，包括：（1）物理层相关配置，如工作频点和带宽、发射功率、AP 的时分双工（TDD）时隙配置等。（2）回程相关配置，例如回程路径，以及用于回程传输的资源。（3）所有权和识别信息，如小区标识、虚拟小区信息 AP 所属、虚拟小区控制节点信息等。（4）相邻 AP 信息，如相邻 AP ID、相邻 AP 配置、接口或回程、是否属于同一虚拟小区等。（5）接入网节点功能的灵活配置，如一个 AP 可以配置为整个协议栈的类型，其他 AP 配置为只具有射频传输功能等。接入网络管理实体接收来自 AP 和 UE 的报告信息。报告信息来自 AP 和 UE 的测量，或是其状态的报告，以及某些异常情况或新需求触发的请求。报告信息有助于访问网络管理实体更好地评估网络状态并优化动态 APG 方法管理和组织。核心网管理节点与接入网管理节点、用户之间都存在接口，用于管理信令的传输和信息的采集。

在上述框架中，最高位置是核心网络中心的管理平面节点，它负责与核心网管理相关的所有功能，包括：（1）发送总体控制决策，发送接入网络服务中心特定管理节点的控制信息。（2）发送特定 AP 的控制信息，协调接入网服务中心各管理节点。（3）从底层节点（如接入网管理节点、AP、UE 等）收集信息，用于随后的优化和决策。接入网管理节点负责接入网侧的管理功能，包括：（1）详细配置 AP。（2）接收核心网管理节点的管理信令。（3）向核心网管理节点报告信息。（4）从 AP 收集信息，以便后续优化和配置。（5）收集用户信息以进行后续优化和配置。接入网管理节点与核心网管理节点、AP，以及用户之间都存在接口，用于管理信令的传输和信息的收集。

管理平面上 AP 的内容主要包括：（1）由接入网管理节点配置，并按照配置工作。（2）向接入网管理节点报告状态和测量情况，甚至需求情况。（3）从接入网管理节点接收重配置和各种协调信令、UE 管理平面信令的透明传输。一般情况下，AP 与接入网管理节点建立直接接口，用于管理信令和信息报告的接收。参与管理平面的用户主要用于信息报告，包括测量信息、异常事件触发信息或者基于其他网络侧管理节点配置信息的其他相关信息报告。用户通常与接入网管理节点建立直接接口以报告信息。

2．回程管理和优化

在 UUDN 中，通过灵活配置无线回程路径和分配无线回程链路资源，可以进行回程管理和优化，从而实现 AP 的即插即用。通过本地网关进行回程自动建立和优化，实现智能组网，其示意图如图 9.10 所示。

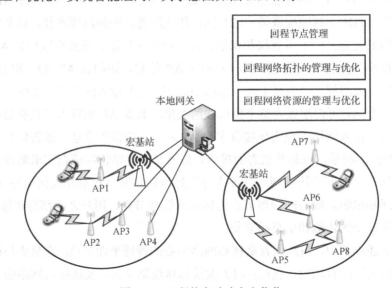

图 9.10　回程的自动建立和优化

从回程管理和优化的角度来看，本地网关包括以下功能。

1）回程节点管理

回程节点包括目的节点和中间节点，其中目的节点是回程数据和本地网关之间的接口，中间节点用于回程路径中的回程数据的中继传输。本地网关根据网络结构和流量分布，确定目的节点和中间节点的位置、数量和回程规格参数。

2）回程网络拓扑的管理与优化

回程网络拓扑的管理和优化考虑各种网络性能标准（例如总吞吐量、QoS 保证等级等），确定每个无线 AP 的目的节点，以及到其目的节点的路径中的中间节点，同时制定网络拓扑和路径来调整流量分布。

3）回程网络资源的管理与优化

基于当前无线回程网络拓扑结构和回程路径管理及优化的回程网络资源，采用无线回程资源分配（如工作频点和带宽分配），使网络资源适应数据传输的变化，有效提高无线回程网络资源传输效率和性能。

3．关于自组织网络的其他技术

智能自组织网络技术对于 UUDN 来说非常重要。自组织网络技术及其功能，如自我配置、自我优化和自我修复，可以提高网络管理效率，降低运营成本。在此基础上，移动感知技术中的网络节点获得实时环境信息，通过数据挖掘分析的方法处理数据，可以提高网络实体的感知能力，提高网络管理能力。此外，由于 AP 密集部署，UUDN 网络拓扑非常复杂。结合 SDN 和 NFV 的思想，能进一步确保热点区域覆盖，通过控制平面和数据平面的分层自优化设计，能有效提高网络管理效率和资源利用率。UUDN 中关于组织网络 SON 的一些潜在技术如下。

1）物理小区标识（PCI）的自配置

PCI 是终端设备识别 AP 的唯一标识，例如 AP ID。分配 PCI 有两个基本要求：避免冲突和避免混淆。无线网络中任意相邻小区的 PCI 必须不同，并且与同一 AP 相邻的任意两个 AP 的 PCI 也要不同。为了避免 PCI 冲突和混淆，在物理层设计中无法提供足量的 PCI 情况下，需要相邻的 AP 能通过信号检测和协调避免使用相同的标识，实现 PCI 的智能配置。

2）相邻关系列表（NRL）的自配置

NRL 是在网络内生成的用于 AP 内部使用的相邻 AP 信息的列表。在 UUDN 中，AP 密集部署且相互关系更为复杂，手动建立和维护 AP 的邻居列表十分困难。因此，必须建立自配置功能以支持相邻的拓扑关系。当新 AP 加入网络时，NRL 自配置可以自动发现相邻 AP，创建和更新 NRL。此外，UUDN 中的 NRL 自配置也可以通过多标准决策、PCI 和 NRL 联合优化和大数据分析等来实现。

3）负载均衡自优化

由于 AP 的覆盖范围小于传统的节点，AP 可能同时具有各种负载，这将导致某些区域流量过载，而其他 AP 流量较低的情况。负载平衡通过优化网络参数和交换行为，将过载 AP 的流量转移到相对空闲的 AP 上，提升了系统效率和用户体验，增大整体流量。UUDN 中负载均衡解决方案是扩大覆盖范围和小区呼吸。在基于 CDMA 的蜂窝网络中，小区呼吸是一种允许过载小区通过改变其服务区域的地理大小来将用户业务卸载到相邻小区的机制。通过与 APG 相结合，AP 成员之间的负载也可以在组内进行平衡。

4）网络自我节能

密集部署的 AP 意味着更多的能源消耗。近年来能效成为评估网络性能的重要参数。在 UUDN 中，当数据流量较小时，在保证用户服务需求的前提下可以自动关闭一些不必要的 AP，从而降低系统的整体能耗。考虑到 UUDN 的特殊环境，相比传统蜂窝网络，AP 应能更快速更有效地对变化进行反映。可以引入认知技术实时感知 AP 的无线环境，并设计智能算法进行大范围 AP 的分布式管理。

5）故障检测与分析

传统的网络故障检测通常需要时间并且消耗大量成本。UUDN 需要智能的自动故障处理功能，通过分析无线参数和其他信息，实体可以自动检测网络中可能的故障并给出相应的解决方案。

9.4.3 高级干扰管理技术

干扰管理在 UUDN 中是重点需要解决的问题。传统的干扰管理方法，例如干扰随机化、干扰消除，以及小区间干扰协调（Inter-Cell Interference Coordination，ICIC）、干扰对齐（Interference Alignment，IA）等，在 UUDN 中需要进行评测。UUDN 中的 AP 需要更精确的功率控制算法和频率复用方法来有效控制干扰。同时，在 UUDN 中引入如毫米波和大规模 MIMO 等新技术也可能会带来新的挑战[17]。下面将描述干扰控制算法设计中的要求，之后将探讨 UUDN 中有关干扰管理技术可能的研究方向，并针对该场景提出控制干扰的方法。

1. 干扰管理设计的要求

在 UUDN 下的干扰控制面临着新的挑战，在设计有效方案时，需要综合考虑现有技术和新方法。以下是干扰控制算法设计中的主要要求：

（1）需要考虑不同的 UUDN 场景。在超密集部署 AP 的情况下，干扰控制与无线传输环境密切相关。不同的场景具有不同的 AP 分布模式、无线传输信道模型和用户行为。当 APG 跟随用户移动时，场景将更加复杂。因此，需要针对各个场景设计适合的干扰管理解决方案。

（2）需要修改、调整现有技术以适用于 UUDN。现有技术包括干扰随机化、干扰消除和 ICIC、IA 等。它们性能不同，适用于不同的场合。UUDN 中的无线环境已经发生了很大变化，特别是 APG 结构的特殊设计，这些技术都需要进行讨论和修改以适应相应的场景。

（3）需要适当复杂性的干扰管理技术。随着 APG 的实时更新和无线环境的挑战，数据传输可能会发生快速而剧烈的变化。因此，干扰水平可能会改变，所提出的算法应在复杂度可接受的情况下有效地适应。

（4）干扰管理需要与资源管理、访问控制和无线回程传输方案协同工作。所有可能的无线传输都可能造成干扰。因此，UUDN 需要联合考虑相关方案。

2．UUDN 中有关干扰管理技术可能的研究方向

干扰管理技术的研究可能包括但不限于以下方向：

（1）信道模型和容量分析。在多层和多 RAT 条件下，UUDN 中的无线传输环境变得非常复杂。因此，需要针对各种场景设置有效的信道模型，同时，应研究信道容量。值得注意的是，该研究方向不仅涉及干扰评估，还涉及其他关键技术，如编码方法、天线技术等。

（2）基于有效评估方法的干扰模型。超密集环境导致更多干扰源，例如存在许多终端和 AP，信号可以具有更多的反射和散射路径。应设置适当的模型来描述干扰水平。同时，衡量和评估干扰影响的现有参数，如干扰温度和干扰门限，可能无法反映网络的整体干扰测量和性能控制。应该讨论更适合的参数来更好地指示干扰管理结果与吞吐量、能效的关系。

（3）具有适当复杂性的干扰管理技术。在传统蜂窝网络中已经研究了许多干扰管理技术[18]。考虑到 UUDN 中的约束条件，需要进行适当的修改来优化这些技术。

- 干扰消除。文献[19]提供了通过各种编码方法重新生成干扰信号，然后从输入信号中减去它们的方法。这种方法需要其他干扰源信息。考虑到复杂性，它通常用于基站中。UUDN 可以简化 AP 的功能。因此，干扰消除方法应进行修改优化。

- 小区间干扰协调。文献[20]提出了分频复用（FFR）和软频复用（SFR）

两种方法来控制频谱规划对相邻小区的干扰。动态 ICIC（D-ICIC）在现有的许多工作中具有灵活性优势。这些方法需要基站之间的协调，因此在信息交换过程中产生的信令开销可能会影响网络性能。

● 协调多点传输和接收（Coordinated Multipoint Transmission and Reception，CoMP）。实现 CoMP 的一种经典方案是联合处理（JP）/联合传输（JT），其被视为高级下行链路解决方案，并且主要关注于实现 LTE-A 中的频谱效率[21]。在 AP 之间的有效合作下，也可以在 UUND 中使用这个方法。

● 干扰对齐。每个用户都能够通过使用 IA 达到更高的自由度（Degrees of Freedom，DoF）。DoF 被称为多路复用增益[22]，由于它在高信噪比（SNR）条件下变得越来越精确，因此可以很好地表征近似容量。IA 调节落入特定信号子空间的干扰并使残余子空间无干扰。在 UUDN 中，可以在发射机处设计适当的预编码器，以便预处理信号。

（4）新技术带来的干扰问题。UUDN 引入先进技术，可提供更广泛的可用频谱、更高的吞吐量和更好的用户体验。毫米波和非正交多址技术被认为是用于无线接入和回程的新兴技术。由于新的频谱引入了干扰，因此可以采用高增益波束成形技术来减轻路径损耗并确保低干扰。此外，还能使用其他传统的干扰管理方法来提高整体性能。

干扰管理需要与资源管理、移动性管理和网络部署共同考虑。在设计相关算法时，应考虑干扰控制以满足高吞吐量和高频谱效率的要求。

3．提出的方法

为了实现有效的干扰管理，本章提出了结合 UUDN 中可靠资源分配的以下模型，该模型包含干扰控制处理过程中的几个基本步骤。

如图 9.11 所示，干扰控制模型是闭环的，可以周期性地用于维护整体网络干扰水平，也可在新用户访问 APG 并需要分配资源时采用。

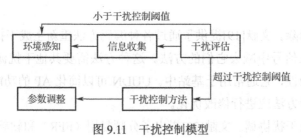

图 9.11　干扰控制模型

　　下面介绍主要步骤。

　　（1）环境感知：UUDN 有着复杂的传输环境，应采用认知无线电、运动预测和用户行为建模等传感技术，清晰地了解用户或 AP 的周围情况。传感结果的准确性和效率将影响下一步信息收集。在现有研究成果的基础上，需要研究更先进的 UUDN 模型和算法，如宽带频谱感知、典型 UUDN 场景下的用户移动模型和传输需求评估等。

　　（2）信息收集：根据环境感知结果，可以收集和分类反映总体传播状况的几个相关信息。考虑到 UUDN 中可能存在的巨大数据量，需要对这些信息进行进一步处理、分析和总结，然后将它们转化为用于下一步的干扰评估的一系列参数。此外，考虑到相邻 AP 之间的协作，UUDN 还应设计分布式信息传输，包括消息交换方法、并行传输路径和冗余数据处理等。

　　（3）干扰评估：我们应根据 UUDN 场景的特有情况来定义干扰控制阈值。该阈值可以是网络干扰水平中多个方面向量的组合。在信息收集得到反映环境状况的参数时，将其输入干扰评价模型，该模型通过模糊决策、博弈论、深度学习等有效的数学工具建立。在一个循环中，如果模型的结果小于干扰控制阈值，则表示当前总体干扰是可容忍的，不需要采取更多的措施；若超过阈值，将进行干扰控制。

　　（4）干扰控制方法：当干扰超过一定阈值，或有新用户进行资源分配时，应采取有效措施限制干扰。上面提到了多种传统的干扰控制方法，但在 UUDN 中，这些技术应该进行修改，以适应复杂的场景和特殊的需求。同时，资源分配、智能组网、APG 等方面也直接影响着干扰水平和控制性能。在设计干扰控制方法时，应该综合考虑以上因素。

　　（5）参数调整：干扰控制方法的结果表示为相关网络参数的必要调整。调整可能包括用户或 AP 传输功率、分配的频率、无线信道、APG 成员等。由于这些调整和系统无法控制的用户行为可能会再次改变通信环境，因此可能会开始一个新的干扰控制循环。

　　从管理方面考虑干扰控制，它可以由不同的实体负责设计。下面将从网络和用户两方面考虑干扰管理方法：（1）当终端有足够的可用资源和功能支持时，可以充分分配资源。此外，还应引入协商模型，如 AP 之间或用户之间的合作博弈理论模型。在这种方法下，网络侧将不涉及资源分配过程，这意味着算法是完全分布和可调的。此外，AP 应该能够对空闲信道、干扰水平和邻近 AP

条件进行环境感知。该方法的优点包括高效的本地资源管理和实时满足用户需求，但其复杂度会影响资源分配效率，对 AP 环境认知能力的要求也很高。
（2）要求网络侧参与并在一定程度上提供中心控制。LSC 中的本地控制单元在邻近区域内维护资源列表，作为可用的资源池。AP 通过定期广播或专用请求获得信息。需要传输时，APG 将从池中选择适当的资源，LSC 保存的资源列表进行相应地改变。若在资源配置上存在争议，LSC 拥有决定权。通过这种方法，可以避免资源争用，减少干扰，实现资源管理的最优。但缺点是在实际情况下很难确定资源列表的邻域。

9.5　本章小结

UDN 是一种满足 5G 移动流量要求的解决方案。超密集部署的 AP 是它的关键特性。UDN 的主要目标是更高的频谱效率和能效、灵活的网络、更低的成本。基于对其特征和典型场景的分析，我们通过去除小区边界的方法定义了以用户为中心的 UDN，这是 UDN 架构设计的新概念。在本章中，提出了以用户为中心的 UDN 新架构，不同类型的无线接入点将紧密合作，作为一个非常灵活的网络，为每个用户服务，从而实现更高的频谱效率、更低的功耗，以及无缝的移动性。

新架构依据本地化、扁平化、U/C 分离、以用户为中心、智能化、灵活网络化理念设计。在应用上 UUDN 面临着许多挑战，包括网络架构、移动管理、网络工程和干扰管理。在新架构和挑战分析的基础上，本章详细讨论了动态 APG 方法、智能组网、高级干扰管理三个发展方向的关键技术，以实现高质量的 QoE、高区域频谱效率、低成本和绿色通信。

除了上述领域外，UUDN 的实际部署还存在许多问题。对于高密度的部署场景，难以实现每个 AP 与理想的有线回程的连接。为了保证 UUDN 的部署，需要能够支持理想/非理想、有线/无线回程的灵活性。异构和协作网络是另一具有研究前景的方向。使用复杂的多层场景、多 RAT 和不规则的覆盖来支持 UUDN 是一项巨大的挑战。

参考文献

[1] ITU-R M.2243. Assessment of the global mobile broadband deployments and forecasts for International Mobile Telecommunications, 2011, 3.

[2] ITU-R M.2083. IMT Vision - Framework and overall objectives of the future development of IMT for 2020 and beyond, 2015, 10.

[3] Vikram Chandrasekhar, Jeffrey G. Andrews, et al. Femtocell networks: a survey, IEEE Communications Magazine. 2008, 46(9): 59-67.

[4] Chen S Z, Zhao J. The Requirements, Challenges and Technologies for 5G of Terrestrial Mobile Telecommunication. IEEE Communications Magazine, 2014, 52(5): 36-43.

[5] ITU-R M.2320. Future technology trends of terrestrial IMT systems, 2014, 10.

[6] Chen S Z, Qin F. User-Centric Ultra-Dense Networks(UUDN) for 5G: Challenges, Methodologies and Directions. IEEE Wireless Communication Magazine, 2016, 23(2): 78-85.

[7] Wang C X, Fourat Haider. Cellular architecture and key technologies for 5G wireless communication networks. IEEE Communications Magazine, 2014, 52(5): 122-130.

[8] ICT-317669 METIS project. Initial report on horizontal topics, first results and 5G system concept. Deliverable D6.2, 2014, 6.

[9] Future Forum. 5G white paper v2.0. 2015, 10.

[10] Kim J, Kim J H. The user-centric mobility support scheme. Proc. IEEE Communications Society Conference on Sensor, Mesh & Ad Hoc Communications & Networks, 2012, 8: 40-41.

[11] Zhang H L, Chen S Z. Interference Management for Heterogeneous Network with Spectral Efficiency Improvement. IEEE Wireless Communications Magazine, 2015, 22(2): 101-107.

[12] Doetsch U, Bayer N. Final Report on Architecture. METIS Deliverable D6.4, 2015, 1.

[13] 3GPP. Scenarios and requirements for small cell enhancements for E-UTRA and E-UTRAN(Release 12). 3GPP TR 36.932 v12.1.0, 2013.

[14] IMT-2020(5G) Promotion Group. White paper on 5G network technology architecture, 2015, 5.

[15] Wang H C, Chen S Z. SoftNet: A software defined decentralized mobile network architecture toward 5G. IEEE Network, 2015, 29(2): 16-22.

[16] Chen S Z, Shi Y. Mobility-Driven Networks(MDN): From Evolutions to Visions of Mobility Management. IEEE Network Magazine, 2014, 28(4): 66-73.

[17] Robert Baldemair, Tim Irnich, et al. Ultra-dense Networks in Millimeter-wave Frequencies. IEEE Communications Magazine, 2015, 53(1): 202-208.

[18] Zhang H L, Chen S Z. Interference Management for Heterogeneous Network with Spectral Efficiency Improvement. IEEE Wireless Communications Magazine, 2015, 22(2): 101-107.

[19] Brett Kaufman, Elza Erkip. Femtocells in Cellular Radio Networks with Successive Interference Cancellation. Proc. 2011 IEEE International Conference on Communications Workshops(ICC), 2011, 6: 1-5.

[20] Chung S P, Chen Y W. Performance Analysis of Call Admission Control in SFRbased LTE Systems. IEEE Communications Letters, 2012, 16(7): 1014-1017.

[21] Zheng K, Wang Y. Graph-based Interference Coordination Scheme in Orthogonal Frequency-division Multiplexing Access Femtocell Networks. IET Communications, 2011, 5(7): 2533-2541.

[22] Host-Madsen Anders, Nosratinia Aria. The Multiplexing Gain of Wireless Networks. Proc. 2005 International Symposium on Information Theory(ISIT2005), 2005, 9: 2065-2069.

第10章

终端到终端（D2D）通信

作为下一代无线通信系统之一，第三代合作伙伴计划（3GPP）长期演进（LTE）致力于提供高数据速率和系统容量的技术。LTE-advanced 是 LTE 的演进，可以满足更高的通信需求。在下一代蜂窝网络中需要通过重用频谱资源来显著改善局域服务的性能和服务质量（QoS）。但重复使用未经许可的频谱可能无法提供稳定的受控环境。因此，利用许可频谱进行局域服务的方法引起了很多关注。终端到终端（D2D）通信是用于 LTE-A 的技术组件。现有的研究允许 D2D 作为蜂窝网络的底层以提高频谱效率。在 D2D 通信中，用户设备（UE）使用蜂窝网络资源无须通过基站，在直连链路上彼此传输数据信号。这与用户在小型低功率蜂窝网络基站的帮助下进行通信的毫微微小区不同。D2D 用户直接通信，但同时也受基站的控制。近年来在 D2D 提高频谱利用率方面的许多工作已经开展，这表明 D2D 可以通过重用蜂窝网络资源来提高系统性能。因此，预计 D2D 将成为下一代蜂窝网络关键技术之一。

本章将首先介绍 D2D 通信的基本概念和关键技术问题，然后重点阐述 D2D 资源管理、功率控制、干扰协调、跨层优化设计等重要技术，并简要介绍 D2D 相关应用。

10.1 D2D 通信概述

10.1.1 研究背景及现状

D2D 通信通常是指地理位置相对较近的两个终端，在没有接入点或基站的情况下，利用蜂窝网络资源通过直连链路进行数据传输的技术。D2D 用户可以在基站控制下直接通信。它相当于 LTE-A 的一种辅助技术组件，用户设备

（UEs）使用蜂窝网络资源直接在终端之间进行传输，而不必经过基站或无线接入点。D2D 通信丰富了蜂窝网络的层次，作为 5G 蜂窝网络的底层联合技术，是用户可选择的另一种通信方式[1~3]。采用 D2D 通信方式，一方面 UE 间的直连链路能大大减轻基站的负担，从而减轻核心网络的通信量。另一方面其拥有极高的灵活性，能支持社交/车载 Ad-hoc 网络服务等新服务，可以大幅度提高吞吐量与频谱效率，降低能耗，提高可靠性。因此 D2D 通信有望成为下一代蜂窝网络（如 5G）关键技术之一。

如图 10.1 所示，D2D 通信有三种类型。同级间通信：指的是传统的一跳（一个 D2D 对）通信，大多数关于 D2D 通信的研究都考虑了这种类型的传输。协同通信：它利用多个协作移动设备作为中继来扩展覆盖范围，获得空间多样性。多跳（multi-hop）通信：类似于移动 ad-hoc 网络和 mesh 网络，在许可频段上实现最大的灵活性和性能，可能包括复杂的数据叠加和数据路由，如无线网络编码。

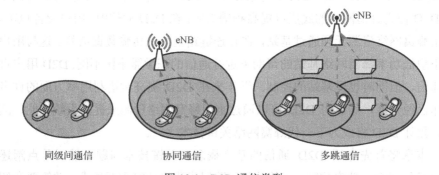

同级间通信　　　　　协同通信　　　　　　　多跳通信

图 10.1　D2D 通信类型

尽管使用 D2D 通信能提升频谱效率，提高系统容量，但由于 D2D 链路共享了蜂窝网络链路的频谱资源，会对蜂窝网络造成干扰。为了能够保证蜂窝网络通信的性能、效率，需要制定有效的干扰协调。目前抑制由 D2D 用户通信所造成的同信道干扰的研究已有几项[4]。文献[5]中利用 MIMO 传输方案来避免蜂窝网络下行链路对共享相同资源的 D2D 接收端的干扰，目的是保证 D2D 通信性能。文献[6]考虑了蜂窝网络到 D2D 通信和 D2D 通信到蜂窝网络的干扰管理。为了进一步提高蜂窝网络内频谱重用效益，文献[7]研究了如何将蜂窝网络和 D2D 用户正确配对以令其共享相同的资源，并提出了一种新的贪婪启发式算法，利用信道状态信息（CSI）减少对原始蜂窝网络的干扰。该方案操作简单，但不能避免信令开销。由于在上行（UL）频段中蜂窝网络用户会因 D2D 通信造成干扰，文献[8]提出一种资源分配方案，通过跟踪远、近干扰来避免有害干扰，识别造成干扰的蜂窝网络用户，保证上行（UL）频段的有效使用。

在蜂窝异构网络中，D2D 通信发展亟待解决的问题是 D2D 链路和蜂窝网络链路间的相互干扰。现有的文献表明，D2D 通信系统可以通过适当有效的资源管理，最小化蜂窝网络与 D2D 链路之间的干扰，保证链路的 QoS 并有效提高系统吞吐量。

10.1.2　D2D 通信关键技术

1. D2D 通信的配置

根据需求，通过以下三种配置方式可以允许或限制某些用户使用 D2D：

（1）网络控制 D2D。在该场景中，基站和核心网络控制通信信令的设置和交互。这种集中式方法可以有效抑制干扰，从全局角度优化资源管理。但当 D2D 链路较多时，该方案会产生大量的控制信令开销，降低频谱效率，因此主要适用于具有少量 D2D 链路的场景。

（2）自组织 D2D。在该场景中，D2D 用户以自组织方式寻找频谱空洞接入。它允许 D2D 用户感知周围环境，从而获得 CSI、干扰和蜂窝网络系统信息。这种分布式方法可以有效避免控制信令开销和时延，但由于该方法的自组织特性，在授权频谱中缺乏操作人员的控制，可能导致通信混乱和不稳定。

（3）网络辅助 D2D。该方案结合了上述两种方法，D2D 用户以自组织的方式运作，并与蜂窝网络系统交换有限数量的控制信息进行资源管理。另外，为了更好地控制系统,蜂窝网络可以用所获得的 D2D 通信的状态改进控制过程。

2. 设备发现和同步

D2D 通信中，对蜂窝网络和 D2D 用户之间、D2D 用户之间进行网络时间同步有助于减少多址干扰以及获得合适的切换性能。假如没有定时过程，传输间隔点将在 D2D 用户和蜂窝网络之间发生变化，会导致 D2D 通信的传输时间段和蜂窝网络下行重叠，增加网络中的同频干扰。可以采用 IEEE 802.11 或 LTE 中的方法解决移动设备间的同步问题。

在 D2D 通信中，设备间如何发现彼此并发起 D2D 连接，是异构网络各类

D2D 通信的基础。设备发现的基本问题是两个设备在空间、时间和频率上必须不协调地相遇。这可以通过一些随机过程实现，由其中一个对等点发送信标。对于传统的对等发现，无论是在 ad-hoc 情况还是在蜂窝网络情况下，发现都是由一方传输已知的同步或参考信号序列（信标）来实现的。根据是否有来自发现用户的响应，发现方法分为基于信标的发现和基于请求的发现两种类型。根据检测过程中是否有网络参与，发现过程可分为网络协助检测和非网络协助检测。

3．模式选择

在 D2D 衬底通信系统中，整个蜂窝网络通信方式分为蜂窝网络通信和 D2D 通信，通信设备根据需求选择通信方式。使用 D2D 通信，用户之间直接进行数据传输，而无须像蜂窝网络通信一样需要经过基站中继。D2D 衬底通信系统有三种不同的模式选择标准。

（1）蜂窝模式：此模式与普通蜂窝网络通信相同，D2D 用户采用基站作为中继进行通信。用户分配到的是独立正交的信道资源，不存在 D2D 通信和蜂窝网络通信同频干扰。

（2）专用 D2D 模式：D2D 用户消耗一部分专用资源（与蜂窝通信的资源正交）进行 D2D 通信，通信设备直接交换信息，该模式会降低发射功率但也减少了系统的资源利用率。

（3）路径损耗 D2D 模式：如果源设备和它的服务基站之间或目标设备和它的服务基站之间的任何路径损耗大于源设备和目标设备之间直接链接的路径损耗，则选择 D2D 通信方式。

D2D 模式选择策略不仅取决于 D2D 用户之间和 D2D 用户与基站间的链路质量，还取决于具体的干扰环境和位置信息。

4．频谱共享和资源管理

频谱共享和资源管理的关键问题是 D2D 链路和蜂窝网络链路之间的频谱分配。目前用于 D2D 通信的频谱分配方法可以分为以下两类。

（1）覆盖 D2D 通信：D2D 用户占用空闲的蜂窝网络频谱进行通信。该方法将授权频谱分为两部分，一部分分配给蜂窝网络通信使用，另一部分交由 D2D 网络使用。这种方法消除了同频干扰，但频谱复用效率较低。

（2）衬底 D2D 通信：该方案允许 D2D 对和蜂窝网络用户共享相同的频谱

资源，提高了频谱效率，但在技术实现上比覆盖方案复杂，且会带来干扰。

为了优化 D2D 通信和蜂窝网络模式的频谱共享性能，需要进行射频资源管理。射频资源管理有非合作和合作两种方式：在非合作方式（自组织方式）中，每个 D2D 用户以最大化自身吞吐量和服务质量（QoS）为目标自行选择子信道；而在合作方式（网络辅助式方式）中，D2D 用户不仅考虑自身的吞吐量和 QoS 目标，还能通过收集到的子信道占用情况的部分信息，评估自身对其他同频用户造成的干扰情况，进而合理选择子信道。该方式可以优化蜂窝网络和 D2D 用户的平均吞吐量、QoS 以及整体性能。

5. 功率控制

D2D 通信虽是端到端的直接通信，但通信过程仍受到基站的控制。基站除了为其分配频谱资源外，通过控制蜂窝网络通信和 D2D 用户的传输功率提高系统性能，控制链路间干扰。功率控制分为两种方法：

（1）自组织型功率控制。D2D 用户以自组织方式进行功率更改，依据预定义的 SINR 门限在不影响蜂窝网络用户通信情况下满足自身 QoS 要求。

（2）网络管理型功率控制。蜂窝网络和 D2D 用户根据 SINR 自适应地调节发射功率。通常，D2D 用户首先控制发射功率，然后蜂窝网络用户根据干扰状态改变功率。经过数次迭代，在满足所有用户 SINR 要求后结束该过程。

前一种方法 D2D 用户的功率调整不会影响蜂窝网络用户。虽然该方法实施简单，但没有后一种方法有效。后一种方法允许所有用户调整其传输功率，但需要信令开销。

6. 使用 MIMO 进行上行和下行传输

多输入多输出（MIMO）天线在空间域内通过多路复用信号提高系统容量。基站和用户使用多个天线可以减少对其他用户造成的同频干扰，从而提高频谱效率。发射和接收端波束成形是典型的应用示例。不同的基于 MIMO 的方法分为：

（1）基站波束成形。因为基站的下行发射功率对 D2D 通信来说过高，使得 D2D 通信只能工作在蜂窝网络上行链路。这种类似多用户 MIMO 的方法工作在蜂窝网络下行时隙以减少对 D2D 用户的干扰，使下行资源共享的 D2D 通信成为可能。

（2）D2D 波束成形。这种方法避免 D2D 通信干扰蜂窝网络用户和其他 D2D 用户的通信质量。

（3）虚拟 D2D 波束成形。这种方法借鉴了协作移动的思想，多个 D2D 用户协同形成波束成形矩阵，可以提高系统性能。

10.1.3 D2D 通信研究面临的挑战

对于 D2D 通信技术来说，存在许多挑战：如标度率和容量分析、通道测量和建模、干扰分析、移动性建模和管理、减少信令开销以及跨小区 D2D 传输的有限回程问题。D2D 通信需要在不对原来蜂窝网络通信造成严重干扰的情况下，进行终端到终端的有效通信，提升系统效率。因此 D2D 通信的功率控制、协同传输和多址接入方法需要进行更深入的研究。从频谱效率的角度来看，无线网络编码技术被认为是提高网络性能的一种有效方法。相比于传统的路由机制，无线网络编码允许信息处理过程发生在中间节点，能够获得一定的性能增益。如何采用无线网络编码技术是一个值得深入研究的问题。

此外，多跳 D2D 通信能够扩展频谱的覆盖范围，可以建立关于适当报酬的奖励机制以激励中间节点参与中继过程。在基于 MIMO 和正交频分多址（OFDMA）的衬底 D2D 网络中，需要重点研究射频资源管理，根据需求，在网络中有效地协调空间、时间、频率、功率和设备。其他挑战包括认知和自组织 D2D 链接、基于邻近度的卸载以及 D2D 通信的容量和性能评估。最后，许多应用如移动社交网络、车载自组织网络、用 D2D 通信的机器类型通信，都值得深入研究。

10.2 D2D 通信衬底蜂窝网络

10.2.1 基于 D2D 衬底的蜂窝网络概念

第四代蜂窝无线网络 LTE-A 标准的两个主要要求是提高频谱效率和提高网络吞吐量。D2D 通信技术是 LTE-A 系统的底层联合技术，通过重用蜂窝网络资源，允许用户设备之间的直接通信，能大幅度提高吞吐量与频谱效率。如图 10.2 所示是引入了 D2D 通信的蜂窝网。在引入了 D2D 通信的蜂窝网络通信系统中，D2D 用户在蜂窝网络系统中可以选择三种通信模式。

（1）蜂窝模式：D2D 用户的通信与蜂窝网络系统中的用户通信并无差别，同样需要经过基站的转发。

（2）专用模式：D2D 用户使用频谱的专用部分直接相互传输数据，避免对蜂窝网络用户的干扰。该模式也需要基站作为中继传输数据。

（3）复用模式：D2D 用户在基站的间接控制下共享了蜂窝网络用户的部分无线资源，实现数据间的直接传输，提高频谱利用率。但资源复用会造成 D2D 用户与蜂窝网络用户之间的干扰，该模式下干扰协调问题需要着重考虑。

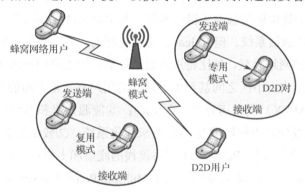

图 10.2　引入了 D2D 通信的蜂窝网

通信模式的选择对于资源分配来说非常重要。选择不同模式与资源的分配有关，这对 D2D 通信过程中干扰协调和功率控制有重要的影响。因此如何根据小区当前情况为每个 D2D 链接选择高效的传输模式是十分关键的问题。在蜂窝模式下，数据传输相较于复用模式或专用模式可能需要更多资源（如时隙数目），但该模式不会造成 D2D 通信和蜂窝网络通信的干扰，干扰管理的设计比较简单。复用模式充分提高了频谱效率，但可能会干扰蜂窝网络用户和其他使用蜂窝模式的 D2D 用户。专用模式则完全避免了干扰，为 D2D 通信预留了专用资源，但这种模式会降低系统的频谱利用率。此外干扰条件以及共享小区上行链路和下行链路之间的差异也会影响整个网络的吞吐量。

10.2.2　LTE-A 网络与 D2D 通信架构

1. LTE-A 网络概述

作为 4G 蜂窝无线系统的候选标准，LTE-A 是 LTE 标准的演进，在下行链路采用正交频分多址技术（Orthogonal Frequency-Division Multiple Access，

OFDMA），上行链路采用单载波频分多址技术（single-carrier FDMA），以及多输入多输出（MIMO）技术和高阶调制技术[9]。LTE-A 系统需要满足与 LTE 系统的后向兼容性，即 LTE-A 系统应部署在 LTE 系统占用的频谱中，而不影响现有的 LTE 终端。另外还需要满足 IMT-Advanced 的容量、数据速率和低成本部署需求。

为了满足上述需求，在 LTE 的 Release 10 中，在原有的基础上融入新的技术架构，通过载波聚合（Carrier Aggregation，CA）、增强的上/下行多天线传输、中继、异构网干扰协调增强等关键技术进一步提高 LTE 各项指标，使其成为真正意义上的 4G 通信系统。但 Release 11 及更高的版本还须在下列方面进一步改进：①极高的网络容量，每比特成本显著降低；②更好的频谱效率和用户吞吐量；③在小区内、小区之间甚至用户之间的用户吞吐量方面的公平性；④低资本开支（CAPEX）及营运开支（OPEX）；⑤能源效率和节约；⑥可扩充性及灵活性，以及针对不同环境及 QoS 要求优化系统；⑦较低的端到端时延。

针对上述增强需求，Release 11 在协议栈的底层和上层都提供了几种功能。底层功能如协调多点传输（Coordinated Multiple-Point Transmission，CoMP）和接收、载波聚合增强和高级接收机技术。上层功能的示例包括用于覆盖扩展的中继、最小化路测（Minimization of Drive-Test，MDT）增强、多媒体广播/多播服务（Multimedia Broadcast/Multicast Service，MBMS）增强、自优化网络（SON）增强和机器类型通信（Machine-type Communication，MTC）增强。考虑到 Release 11 及更高版本的技术要求，LTE-A 移动通信网络的辅助技术 D2D 通信用于提供对等服务，从而支持 MTC 增强，并实现更高的频谱利用率和系统吞吐量。此外，由于 D2D 通信无须经过基站，降低了端到端的时延。

LTA-A 核心网主要完成通信用户的建立和用户接入的控制，包含的主要逻辑节点及功能是：PDN 网关（PDN Gateway，P-GW），主要用于用户地址分配并保证用户通信质量；业务网关（Serving Gateway，S-GW），是数据包主要传输渠道；移动性管理实体（Mobility Management Entity，MME），包括通信的建立、释放、维护，使得通信安全可靠。

2. LTE-A 网络中的 D2D 通信

通过底层频谱共享，D2D 通信可以提高频谱效率和网络吞吐量，并能快速访问无线电频谱。D2D 通信可以包含四种类型增益[10]：①接近增益，使用 D2D

链路的短程通信可以实现高比特率、低时延和低功耗。②跳频增益，D2D 通信通过基站进行，即只经过一跳使用上行和下行资源。③复用增益，D2D 和蜂窝网络链路可以同时共享相同的无线资源。④配对增益，它促进了新类型的无线局域网服务，用户可以选择蜂窝网络或 D2D 通信模式。相较于将所有流量通过蜂窝模式进行传输，使用 D2D 通信的网络的吞吐量约增加了 65%。此外，设置 D2D 连接不需要像 WLAN 或蓝牙那样手动配对或定义接入点，大大降低了操作的复杂性。

为了在 LTE-A 网络中实现 D2D 通信，文献[1]和[11]提出了两种基于会话发起协议（Session Initiation Protocol，SIP）和互联网协议（Internet Protocol，IP）的 D2D 连接机制。具有系统架构演进（System Architecture Evolution，SAE）的 LTE 系统使用这些协议在分组交换域中进行操作。在 SAE 体系结构中，移动管理实体（Mobility Management Entity，MME）与分组数据网络（Packet Data Network，PDN）网关一起工作来管理用户设备上、下文，建立 SAE 承载、IP 隧道以及 UE 与服务 PDN 网关之间的 IP 连接。

图 10.3 是两种用于 D2D 会话设置的机制：①检测 D2D 流量；②专用 SAE 信令。前一种机制通过服务 PDN 网关检测潜在的 D2D 流量来启动 D2D 会话。服务 PDN 网关通过数据包和隧道报头的 IP 报头知晓为 UE 服务的基站，并检测和报告潜在的 D2D 流量。前向和反向隧道的目标 IP 地址被分配给相同基站或相邻基站。之后基站请求用户检测是否需要 D2D 通信，并且 D2D 通信能否提供更高的网络吞吐量。如果符合这些标准，基站为两个 UE 单元之间的直接通信建立 D2D 承载。此外，基站仍然维持 UE 与用于蜂窝网络通信模式网关之间的 SAE 承载，并控制用于蜂窝网络通信和 D2D 通信的无线资源。

后一种机制为会话设置使用专用的 SAE 信令。用户或应用通过使用具有目标 UE 的 URI 格式来发起 D2D 会话。由于该方法提供了一种特定的地址格式分离 D2D SIP 会话请求与普通 SIP 会话请求，因此可以避免检测 D2D 流量带来的开销，并使用一个轻量级 SIP 处理程序增强 MME，以方便会话设置。为了增强跟踪 UE 的 SIP 地址的 MME 功能，MME 在初始接入时向 UE 分配临时移动用户标识（TMSI）。当检测到 D2D 用户位于相同或相邻的小区中并且 MME 接收到 D2D 会话的 NAS 消息类型时，MME 将请求从服务基站建立 D2D 无线承载。然后基站请求 D2D 用户检测需要 D2D 通信的可能性。如果 D2D 通信可以带来增益，则基站建立 D2D 承载并通知 MME。

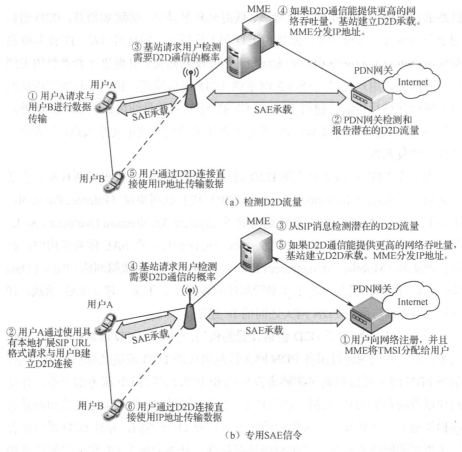

图 10.3　D2D 会话设置机制

10.2.3　D2D 衬底的 LTE/LTE-A 网络研究

1. 模式选择

为了达到最大的网络吞吐量，D2D 通信应能够选择在多种模式下运行，D2D 设备的模式可以分类为：静默模式、蜂窝模式、复用模式和专用模式。在静默模式下，当可用资源不足以支持 D2D 流量并且由于干扰问题导致无法进行频谱复用时，D2D 设备无法传输数据，只能保持静默。

在频谱效率方面，复用模式通过优化传输功率可以提高系统性能。而专用模式和蜂窝模式简化了干扰管理的任务，由于 D2D 链路不会干扰其他蜂窝网络用户，因此可以在这些模式中使用最大传输功率以提供最佳系统性能。但这两种模式无法有效地利用资源来最大化整体网络吞吐量。D2D 通信的主要问题之一是为 D2D 链路选择最佳传输模式，以最大化整体网络吞吐量并满足通信链路的 QoS 要求。

2．传输调度

在 LTE-A 网络中，无线资源被划分为大小相同的物理资源块（RBs）。一个资源块占用时域中的一个时隙和频域中 180kHz（子载波间距为 15kHz 的 12 个子载波）[12]。通过智能选择共享资源块，可以提高网络吞吐量和频谱利用率。在 D2D 通信中，针对有限的资源块进行有效的传输调度非常重要。

3．功率控制和功率效率

在具有 D2D 通信的 LTE-A 网络中，功率控制是减少用户间干扰的关键机制。此外，传输功率的分配要满足网络中用户的 QoS 要求（如 SINR）。通过适当的功率分配，可以允许更多 D2D 对共享相同的资源以提高频谱利用率。同样，由于蜂窝网络中的移动设备依赖于有限的电池能量，节省功耗也是 D2D 通信中的重要问题。因此，功率效率应在能耗和 QoS 之间实现折中。

4．分布式资源分配

大多数现有的 D2D 通信工作依赖于集中式资源分配——基站为蜂窝网络和 D2D 用户分配资源。但集中式方案不适合大型网络，在这种情况下资源应该以分布式方案分配给 D2D 链路。分布式方案可以使用完全分布式模型或消息传递模型。在分布式模型中，每个 D2D 链路不与任何其他节点通信，基于本地测量结果来访问频谱，该方案信令开销较少，并可以自由分布。在消息传递模型中，D2D 节点需要与相邻节点交换本地信息，是接近最优的方案，但该模型的主要问题是高速率的信息交换和分布性差。因此，分布式资源分配方案需要高效的频谱感知和接入方案，还应考虑最优性、分布性和复杂性之间的权衡。

5．与异构网络共存

在 LTE-A 网络中，异构的蜂窝网络结构通过灵活、低成本地部署小小区以及能够重用相同无线资源的中继来增强覆盖和频谱效率。同时，D2D 通信将与这些异构网络共享无线资源，因此需要制定有效的干扰协调。此外，在 D2D

链路、蜂窝网络通信和异构网络之间，资源分配是 D2D 通信与异构网络共存的重要问题，需要深入研究以通过控制干扰实现更高的网络吞吐量。

6．协作通信

协作通信可以提高 D2D 通信的性能，D2D 终端可以协同传输数据以有效利用无线资源，降低网络中的干扰水平，增加 D2D 的覆盖范围，提高网络的整体吞吐量。协作通信的关键问题是如何实现协同（如用户之间的联盟），以便最佳利用无线资源。

7．网络编码

网络编码作为一种新型的网络信息传输策略，允许来自不同信源的信息在中间节点混合。它能减少对等网络中所需的路由信息量，可以获得一定的性能增益，如能效。该技术可以辅助 D2D 节点之间的协作通信，以增强节点之间可能的信息流。另外，D2D 节点可以帮助蜂窝网络用户将蜂窝数据转发到目的地。在中继过程中，D2D 节点可以将自己的数据包与蜂窝网络数据包组合起来，然后在重用蜂窝网络资源的同时将数据传输到它们的目的地和蜂窝网络目的地。

尽管网络编码有很多优点，但是在 D2D 通信中使用网络编码存在一些困难。首先，D2D 节点译码接收到数据的过程可能需要大量的时间和无线资源。其次，当组合了许多数据包时，很难保证系数的唯一性。第三，由于 D2D 链路的添加和删除，使得 D2D 通信的拓扑结构是动态的，这可能会影响网络编码下的网络性能。

8．干扰消除和高级接收机

干扰消除是一种在不改变网络基础设施的前提下提高蜂窝网络容量的重要技术。高级 D2D 接收机可以采用干扰消除方案来减轻干扰，通过对干扰信号的结构建模，然后将其减去，可以在接收机处消除干扰。然而，干扰消除存在一些挑战[13]。首先，该技术对复杂的调制、所需的链路余量和对多个发送器的鲁棒性具有一些功能限制。其次，定义能够实现最大恢复率的物理层方案和参数（如调制方案）十分困难。前向纠错（Forward-error-correction，FEC）译码和纠错恢复技术是干扰消除技术的重要组成部分，通过纠正错误的符号译码和减少模糊性（即减少可能的符号组合）来提高联合检测性能。

9. 多天线技术和多输入多输出（MIMO）方案

D2D 收/发器可以使用多个天线来增加数据吞吐量和链路覆盖范围，而无须增加传输功率或带宽。MIMO 技术将发射功率分散到发射天线上，实现更高速率的阵列增益和分集增益，减小了衰落的影响。在 D2D 通信中使用 MIMO 技术的主要问题是有效预编码器的设计（即多个数据流应如何从发射天线独立发射，并在接收端适当加权以达到最大的链路吞吐量）。在保证 QoS 要求的同时，预编码器的设计应尽量减小传输功率，以减小对相邻节点的干扰。

10. 移动管理和切换

由于 D2D 通信链路的传输范围有限，移动管理和切换是 D2D 通信需要考虑的重要问题。在小区内，当 D2D 收/发器移动或干扰过大，使 D2D 通信变得不可能时，就需要发生切换。D2D 链路与蜂窝网络链路可以互相切换，这分别称为模式选择和垂直切换。水平切换（即从一个小区移动到另一个小区）是一个未被解决的问题，需要有效的水平切换过程来实现通过 D2D 链路的无缝通信。D2D 链路可以在从一个小区移动到另一个小区期间保持直接通信，或者在需要切换到另一个小区前切换到蜂窝网络模式。

10.3 D2D 通信干扰协调管理

10.3.1 干扰分析与防止

1. 干扰分析

D2D 通信由于复用了蜂窝网络的频谱资源，对相邻的蜂窝网络用户会造成不必要的干扰，降低蜂窝网络性能。此外，新产生的 D2D 链路也会干扰已经存在的 D2D 通信的正常运作。因此，D2D 系统的关键问题是对干扰信号的协调管理。为了减少蜂窝网络中盲区的出现，并成功构建 D2D LAN，需要使用干扰防止、消除技术。

下面假设 D2D 用户和蜂窝网络以及其他 D2D 用户彼此同步，并将网络定义了两个独立的层结构（D2D 层和蜂窝网络层）。若干扰的攻击方（如 D2D 用户）和受害方（如蜂窝网络用户）属于不同的网络层，干扰为跨层干扰，若攻

275

击方与防守方同属相同的网络层，干扰为共层干扰。

2．干扰防止

干扰消除技术用来抑制干扰对网络造成的影响。多天线波束成形被看作一种减小干扰的手段，它是一种基于硬件的通过减少干扰源数量以达到干扰抑制目的的方法。此外，基于干扰防止的策略也被认为是有效的抗干扰方法，例如功率控制、频谱资源管理等。在蜂窝网络系统中，距离基站近的用户会对距离基站远的用户产生干扰影响，功率控制和射频资源管理被用于减小干扰。在 D2D 系统中也须考虑使用上述抗干扰技术，在此基础上相对于蜂窝网络，还需要考虑跨层干扰的问题。

10.3.2 功率控制

本节将介绍关于 D2D 通信的功率控制算法，首先介绍在上行链路中的网络控制的功率控制方案，之后提出在下行链路中一种联合波束成形和功率控制的方案，以避免蜂窝网络链路和 D2D 链路之间的干扰，实现系统吞吐量的最大化。

1．网络控制的功率控制方案

D2D 通信的主要特点之一是在传输数据时不经过基站，但基站可以参与控制过程。为了提高 D2D 衬底系统的性能，一种基于阈值的 D2D 链路功率控制方案被提出。该方案既考虑了干扰管理，又兼顾了能耗。

图 10.4 和图 10.5 分别显示了 D2D 链路复用蜂窝网络链路的上、下行资源并带有干扰的场景。可以看出同信道干扰是不可忽略的。由于在下行链路中，基站的发射功率对 D2D 接收端来说过高，会对其造成严重影响，因此上行链路资源复用在 D2D 信道速率和可操作性方面优于下行资源复用。

为了有效共享上行链路频谱资源，需要减小 D2D 发送端对基站的干扰。此外，在满足 D2D 用户可靠性能水平的同时应尽可能减小能耗，以提高系统效率。由图 10.4 和图 10.5 可以看出，在上行链路中 D2D 发送端对基站产生干扰，而蜂窝网络用户也会对 D2D 接收端造成干扰。对于 D2D 传输的功率控制方案的研究近来也有许多。文献[1]中利用基站控制 D2D 发送端的最大发射功率，以限制同信道干扰。在文献[3]中，由基站根据基站的统计结果控制 D2D 功率。但这些方案都没有考虑实际的通信限制和具体机制设计。文献[14]根据基站对蜂窝网络用户的 HARQ 反馈调整 D2D 发射功率，而通过 HARQ 监测判断干扰状态是不可靠的。文献[15]提出基站测量从 D2D 发送端到蜂窝网络链路的干扰，相应计算功率应减少或提升的值，并向 D2D 发送端发送功率控制命令。虽然该方案可以相对有效地控制干扰，但系统中没有考虑到 D2D 链路的质量，可能会造成系统性能损失。此外，由于基站同时控制 D2D 通信和蜂窝网络通信测量干扰，因此系统开销较大。综上所述，考虑到蜂窝网络链路和 D2D 链路的性能，本节提出了一种在上行资源共享的情况下，可用于分布式调度的基于阈值的功率控制方案。

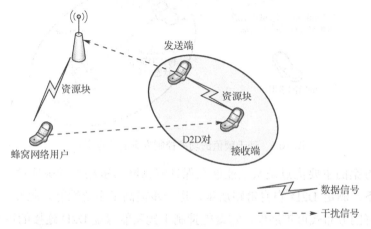

图 10.4　D2D 链路复用蜂窝网络链路上行资源（带有干扰）

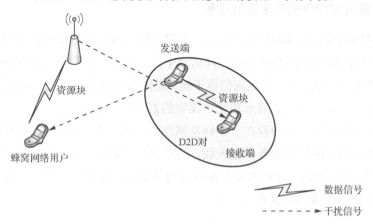

图 10.5　D2D 链路复用蜂窝网络链路下行资源（带有干扰）

该功率控制方案信令交互的简化过程如图 10.6 所示，主要过程如下：基站不直接控制 D2D 链路，向 D2D 发送端分配资源并通知一个干扰余量阈值。在发送端获得 D2D 链路状态信息后，基站测量得到 D2D 发射机 UL 信道的 CSI 并将其反馈给发送端（TDD 系统不需要，因为 CSI 可以通过信道对称性得到）。D2D 发送端在知晓 CSI 和干扰余量阈值的情况下计算发送功率，发送端可以根据计算的发射功率和 D2D 链路状态决定是否发送数据。

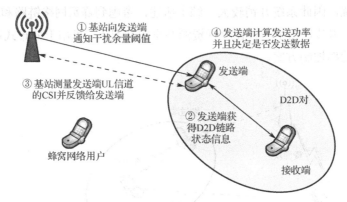

图 10.6　基于阈值的功率控制方案的信令交互

该方案的主要优点是系统能够在保证蜂窝网络链路不受破坏性干扰影响的前提下，满足 D2D 自身链路质量，进一步提高了系统性能。此外，该方案具有较好的分布式可扩展性，它既能抑制干扰又能保证 D2D 连接的可行性。

2. 使用 MIMO 的功率控制方案

蜂窝网络链路和 D2D 链路可以共享相同的时域或频域资源以增强系统容量，但资源的复用不可避免会存在同信道干扰。在下行链路中，D2D 链路会受到基站更多的干扰。为了避免同信道干扰，优化系统性能，最大化系统吞吐量，本节提出了一种联合波束成形和功率控制的方案来抑制干扰。

该方案考虑在小区中存在一个蜂窝网络用户和一个 D2D 对，假设基站配备有多根天线，而用户配备单根天线，这种使用 MIMO 下行资源共享的系统模型如图 10.7 所示。此时假设信道响应对基站是已知的，并且基站设置蜂窝网络和 D2D 用户的 SINR 最小阈值。

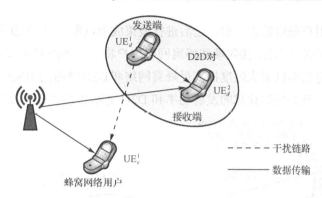

图 10.7 使用 MIMO 下行资源共享的系统模型

图 10.8 是具有两个天线基站的波束成形示例。其信道响应矩阵可以表示为

$$H = \begin{pmatrix} h_{11} & h_{12} \\ h_{21} & h_{22} \end{pmatrix} \tag{10-1}$$

其中，h_{11} 和 h_{12} 是蜂窝网络链路的数据信道响应，h_{21} 和 h_{22} 是 D2D 链路的干扰信道响应。基站处的发送信号为

$$x = WAs \tag{10-2}$$

其中，W 是波束成形矩阵，A 是功率归一化矩阵，s 是数据矢量。在蜂窝网络用户 UE_c^1 和 D2D 接收端 UE_d^2 接收到的信号为

$$y = HWAs + n \tag{10-3}$$

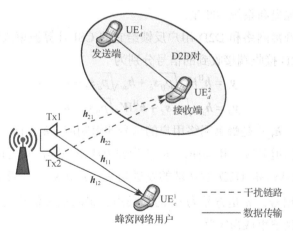

图 10.8 具有两个天线基站的波束成形示例

该功率控制方案信号交互的简化过程如图 10.9 所示，基站同时进行波束成形和功率控制。主要过程如下：基站分配资源并从 D2D 接收端获得干扰 CSI，

从蜂窝网络用户获得数据 CSI；之后进行波束成形以避免对 D2D 接收端造成过多干扰；紧接着 D2D 接收端和蜂窝网络用户将下行链路 CSI 反馈给基站；基站计算发射功率以最大限度提高受蜂窝网络和D2D链路的SINR阈值影响的系统和速率；基站根据计算的发射功率和 D2D 链路状态决定是否发送数据。

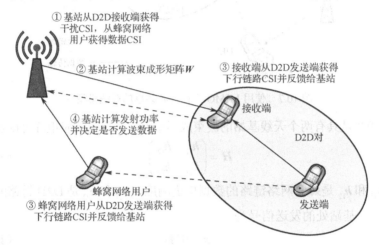

图 10.9　基于联合波束成形和功率控制方案的信令交互

　　上述方案的主要优点是系统可以较好地适应下行链路资源共享中的 D2D 链路质量。该方案可以保证蜂窝网络链路和 D2D 链路的性能，并以集中式的特点最大限度地提高系统吞吐量。

　　基站根据蜂窝网络和 D2D 用户反馈给它的 CSI 计算波束成形矩阵。蜂窝网络用户和 D2D 接收端接收到的信号分别为

$$y_c = h_c^H W \sqrt{p_B} s_c + h_{dc} \sqrt{p_d} s_d + n \tag{10-4}$$

$$y_d = h_{dd} \sqrt{p_d} s_d + h_d^H W \sqrt{p_B} s_c + n \tag{10-5}$$

其中，$h_c = [h_{11} \quad h_{21}]^T$ 是蜂窝网络用户的信号通道响应，$h_d = [h_{12} \quad h_{22}]^T$ 是 D2D 接收端的干扰信道响应。$W = [w_1 \quad w_2]^T$ 为波束成形矩阵，满足 $W^H W = 1$。p_B 和 p_d 分别表示基站和 D2D 发送端的发送功率。s_c 和 s_d 分别表示基站和 D2D 发送端的发送信号。n 是方差为 σ^2 的热噪声。采用最大信噪比作为波束成形准则，从而得到波束成形矩阵

$$W = \frac{1}{\rho} \left(HH^H + \frac{\sigma^2}{p_B} I \right)^{-1} h_c \tag{10-6}$$

其中，$H = [h_c \quad h_d]$ 为基站对蜂窝网络、D2D 用户的通道响应，$\rho = \|(HH^H +$

$(\sigma^2/p_{\mathrm{B}})\boldsymbol{I})^{-1}\boldsymbol{h}_c\|$ 是归一化因子，因此 $\boldsymbol{W}^{\mathrm{H}}\boldsymbol{W}=1$。

本方案的目标是最大化系统速率，系统速率为

$$R = \log_2(1+\gamma_c) + \log_2(1+\gamma_d) \tag{10-7}$$

此外，D2D 发射功率 p_d 还必须满足蜂窝网络链路和 D2D 链路的信噪比阈值，即

$$\gamma_c = \frac{p_{\mathrm{B}}\|\boldsymbol{h}_c^{\mathrm{H}}\boldsymbol{W}\|^2}{p_d\boldsymbol{h}_{dc}^2+\sigma^2} \geqslant \beta_c \tag{10-8}$$

$$\gamma_d = \frac{p_d\boldsymbol{h}_{dd}^2}{p_{\mathrm{B}}\|\boldsymbol{h}_d^{\mathrm{H}}\boldsymbol{W}\|^2+\sigma^2} \geqslant \beta_d \tag{10-9}$$

β_c 和 β_d 分别为蜂窝网络用户和 D2D 接收机的信噪比最小阈值。因此，系统速率可以表示为

$$\max R = \log_2\left(1+\frac{p_{\mathrm{B}}\|\boldsymbol{h}_c^{\mathrm{H}}\boldsymbol{W}\|^2}{p_d\boldsymbol{h}_{dc}^2+\sigma^2}\right) + \log_2\left(1+\frac{p_d\boldsymbol{h}_{dd}^2}{p_{\mathrm{B}}\|\boldsymbol{h}_d^{\mathrm{H}}\boldsymbol{W}\|^2+\sigma^2}\right) \tag{10-10}$$

s.t.

$$(p_{\mathrm{B}}\|\boldsymbol{h}_d^{\mathrm{H}}\boldsymbol{W}\|^2+\sigma^2)\beta_d\boldsymbol{h}_{dd}^{-2} \leqslant p_d \leqslant \min((p_{\mathrm{B}}\|\boldsymbol{h}_c^{\mathrm{H}}\boldsymbol{W}\|^2\beta_c^{-1}-\sigma^2)\boldsymbol{h}_{dc}^{-2}, p_{\max}) \tag{10-11}$$

$p_{\max}$ 是 UE 可以使用的最大传输功率。

10.4　D2D 资源管理

10.4.1　资源管理模型

本节将介绍 D2D 衬底的蜂窝网络资源管理的模型，之后引入博弈论解决资源管理的问题。

1. 场景描述

图 10.10 展示了基于下行资源共享的蜂窝网络 D2D 通信系统模型，彼此之间传输数据的 UE 处于 D2D 通信模式，而与蜂窝网络发送数据信号的 UE 保持传统的蜂窝模式。每个用户配备一根单向天线。随机设置蜂窝网络用户和 D2D 的位置，用户位置均匀分布并遍历整个小区。

图中 UE_c 是在小区中均匀分布的传统蜂窝网络用户。D2D 用户 UE_d^1 和 UE_d^2 距离很近，满足 D2D 通信的距离约束同时也具有通信需求。D2D 对成员 UE_d^1 均匀分布在小区中，而另一成员 UE_d^2 在距离 UE_d^1 最大为 L 的区域内均匀分布。

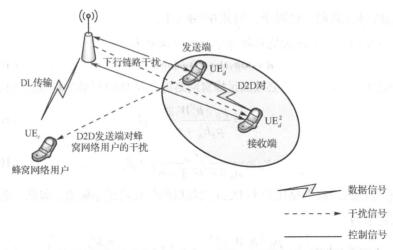

图 10.10　基于下行资源共享的蜂窝网络 D2D 通信系统模型

D2D 通信建立过程会受到基站的间接控制，具体建立过程如下：当小区内的 D2D 用户有通信需求时，用户 UE_d^1 向基站发送与 UE_d^2 建立通信链路的请求。基站收到请求后，系统检测流量的源和目的是否在一个子网。如果流量满足一定标准，系统将流量视为潜在的 D2D 流量。同时互为 D2D 对的 UE_d^1 与 UE_d^2 会相互发送链路测量信息，基于信息分析链路状况是否支持 D2D 通信，并将结果返回给基站。基站根据反馈的结果，结合小区内干扰和资源情况，判断 D2D 通信能否提高系统吞吐量。如果两个 UE 都支持 D2D 通信并且该模式能提供更高的吞吐量，则基站可以建立 D2D 承载。

资源控制的跨层过程可以包含在上述步骤中，通常概括为：发送端（蜂窝网络用户和 D2D 用户）发送检测信号，然后相应的接收端获得 CSI，并将其反馈给控制中心（如基站）。之后进行功率控制和频谱分配，基站根据分配结果向用户发送控制信号。值得注意的是，即使 D2D 连接建立成功，基站仍会检测用户是否应该返回到蜂窝网络通信模式。此外，基站维持蜂窝网络和 D2D 通信的无线资源控制。

我们考虑图 10.10 所示的共享蜂窝网络的下行链路（DL）资源的场景。UE_d^1 是与基站共享相同子信道的 D2D 对的发送端用户，D2D 对的接收端 UE_d^2 会受到来自基站的干扰，蜂窝网络用户 UE_c 受到来自 UE_d^1 的干扰。D2D 用户将 CSI 反馈给基站，而基站以系统实现 D2D 功率控制和资源分配的方式将控制信号发送到 D2D 对。

在蜂窝网络系统的 DL 传输期间，蜂窝网络用户和 D2D 用户由于共享相同的子信道造成同信道干扰。假设任意蜂窝网络用户的资源块（RBs）都可以与多个 D2D 对共享，并且每个 D2D 对可以使用多个蜂窝网络用户的 RB 进行传输。模型中的蜂窝网络用户和 D2D 对的数量分别是 C 和 D，基站将信号 x_c 发送给第 c 个（$c = 1, 2, \cdots, C$）蜂窝网络用户，第 d 个（$d = 1, 2, \cdots, D$）D2D 对使用相同的频谱资源发送信号 x_d。在蜂窝网络用户 UE_c 处和第 d 个 D2D 对接收端 UE_d^2 处接收到的信号为

$$y_c = \sqrt{P_B} \boldsymbol{h}_{Bc} \boldsymbol{x}_c + \sum_d \beta_{cd} \sqrt{P_d} \boldsymbol{h}_{dc} \boldsymbol{x}_d + \boldsymbol{n}_c \tag{10-12}$$

$$y_d = \sqrt{P_d} \boldsymbol{h}_{dd} \boldsymbol{x}_d + \sqrt{P_B} \boldsymbol{h}_{Bd} \boldsymbol{x}_c + \sum_{d'} \beta_{dd'} \sqrt{P_{d'}} \boldsymbol{h}_{d'd} \boldsymbol{x}_{d'} + \boldsymbol{n}_d \tag{10-13}$$

其中，P_B、P_d、$P_{d'}$ 分别是基站、第 d 个 D2D 对和第 d 个 D2D 对发送端的发射功率。$\boldsymbol{h}_{ij}$ 是设备 i 到 j 的链路信道响应。$\boldsymbol{n}_c$、$\boldsymbol{n}_d$ 为接收端处具有单侧功率谱密度 N_0 的加性高斯白噪声。β_{cd} 表示存在干扰，当蜂窝网络用户 UE_c 的 RB 被分配给第 d 个 D2D 对时，$\beta_{cd} = 1$ 否则 $\beta_{cd} = 0$。由于蜂窝网络用户可与多个 D2D 对共享资源，因此满足 $0 \leqslant \sum_d \beta_{cd} \leqslant D$。类似地，$\beta_{dd'}$ 表示第 d 个 D2D 对与第 d' 个 D2D 对之间存在干扰。

信道建模为瑞利衰落信道，因此，信道响应应遵循独立相同复高斯分布。此外，使用自由空间传播路径损耗模型 $P = P_0 \cdot (d/d_0)^{-\alpha}$ 时，P_0 和 P 分别表示距离发送端 d_0 和 d 处测量到的信号功率，α 是路径损耗指数。因此，每个链路的接收功率可以表示为

$$P_{r,i,j} = P_i \cdot \boldsymbol{h}_{ij}^2 = P_i \cdot (d_{ij})^{-\alpha} \cdot \boldsymbol{h}_0^2 \tag{10-14}$$

其中，$P_{r,i,j}$ 和 $d_{i,j}$ 分别为 i–j 链路的接收功率和距离。P_i 表示设备 i 的发射功率，$\boldsymbol{h}_0$ 为服从分布 $\text{CN}(0,1)$ 的复高斯信道系数。当 $d_0 = 1$ 时，接收功率等价为发射功率。

2. 系统速率

为了最大化网络容量，信干噪比应被视为一个重要指标。用户 j 的 SINR 为

$$\gamma_j = \frac{P_i \boldsymbol{h}_{ij}^2}{P_{\text{int},j} + N_0} \tag{10-15}$$

其中，$P_{\text{int},j}$ 为用户 j 接收到的干扰信号功率，接收端的终端噪声为 N_0。

当蜂窝网络用户遭受共享同一频谱资源的 D2D 通信的干扰时，蜂窝网络用户 UE_c 接收到的干扰功率为

$$P_{\text{int},c} = \sum_d \beta_{cd} P_d h_{dc}^2 \qquad (10\text{-}16)$$

当第 d 个 D2D 对接收端遭受来自于被分配相同资源的 BS 和其他 D2D 对的干扰时，其接收到的干扰功率为

$$P_{\text{int},d} = P_B h_{Bd^*}^2 + \sum_{d'} \beta_{dd'} P_{d'} h_{dd'}^2 \qquad (10\text{-}17)$$

根据香农容量公式，基于公式（10-15）、公式（10-16）和公式（10-17）可以计算得到蜂窝网络用户 UE_c 和第 d 个 D2D 对接收端 UE_d^2 的信噪比相对应的信道速率

$$R_c = \log_2 \left(1 + \frac{P_B h_{Bc}^2}{\sum_d \beta_{cd} P_d h_{dc}^2 + N_0} \right) \qquad (10\text{-}18)$$

$$R_d = \log_2 \left(1 + \frac{P_d h_{dd}^2}{P_B h_{Bd}^2 + \sum_{d'} \beta_{dd'} P_{d'} h_{d'd}^2 + N_0} \right) \qquad (10\text{-}19)$$

其中，$d \neq d'$，因此 $\sum_{d'} \beta_{dd'} P_{d'} h_{d'd}^2$ 表示与第 d 个 D2D 对共享频谱资源的其他 D2D 对的干扰。

下行链路系统速率为

$$\mathscr{R} = \sum_{c=1}^{C} \left(R_c + \sum_{d=1}^{D} \beta_{cd} R_d \right) \qquad (10\text{-}20)$$

3. 估值模型

估值模型和效用函数是拍卖机制的基础。D2D 通信在同一时隙与蜂窝网络通信共享相同的频谱资源，造成同信道干扰。无线信号会经历不同程度的衰落，因此由发射功率和空间距离决定干扰的大小。我们研究的场景是将蜂窝网络用户占用的适当资源块（RB）分配给 D2D 对，两者共享频谱资源。如何定义分配结果与共享信道速率之间的关系是接下来的关键内容。

我们将 D 定义为表示共享相同资源的 D2D 对的索引的变量"物品包"（多个 D2D 用户对的组合）。我们假设总的 D2D 对可以形成 N 个类似的包。因此，如果第 k（$k=1,2,\cdots,N$）个 D2D 用户物品包的成员与蜂窝网络用户 UE_c 共享资

源，则蜂窝网络用户 UE_c 和第 d 个 D2D 对 $(d \in D_k)$ 的信道速率分别为

$$R_c^k = \log_2 \left(1 + \frac{P_B h_{Bc}^2}{\sum\limits_{d \in D_k} P_d h_{dc}^2 + N_0} \right) \tag{10-21}$$

$$R_d^k = \log_2 \left(1 + \frac{P_d h_{dd}^2}{P_B h_{Bd}^2 + \sum\limits_{d' \in D_k - \{d\}} P_d h_{d'd}^2 + N_0} \right) \tag{10-22}$$

蜂窝用户 UE_c 和第 d 个 D2D 对 $(d \in D_k)$ 共享的操作信道的速率为

$$R_{ck} = R_c^k + \sum_{d \in D_k} R_d^k \tag{10-23}$$

根据公式（10-21）、公式（10-22）和公式（10-23），当将蜂窝网络用户 UE_c 的资源分配给 D2D 对的第 k 个物品包时，信道速率为

$$V_c(k) = \log_2 \left(1 + \frac{P_B h_{Bc}^2}{\sum\limits_{d \in D_k} P_d h_{dc}^2 + N_0} \right) + \sum_{d \in D_k} \log_2 \left(1 + \frac{P_d h_{dd}^2}{P_B h_{Bd}^2 + \sum\limits_{d' \in D_k - \{d\}} P_{d'} h_{d'd}^2 + N_0} \right)$$

$$\tag{10-24}$$

下面介绍拍卖机制，迭代组合拍卖（iterative combinatorial auction，I-CA）机制允许竞拍者多次迭代地提交竞标，拍卖者计算临时分配结果并在每一轮竞拍中要价。在上述场景中将多个 D2D 用户对的组合看作一个"物品包"。蜂窝网络信道在被 D2D 占用后会获得额外的信道速率增益，将其视为收购物品的"竞争者"。由于 D2D 链路造成的干扰，蜂窝网络信道在 D2D 链路接入后需要在不影响本身性能的情况才能竞拍。因此采用另一种降价标准——反向迭代组合拍卖。价格通过贪婪模式不断进行更新，一旦有竞拍者对竞购物品申请竞购，对应竞购物品价格就固定，否则对应物品降价。拍卖过程迭代进行，直到所有的 D2D 链路均拍卖掉或所有蜂窝网络信道获得一个物品包时结束拍卖。在频谱资源分配中，使用反向迭代拍卖组合机制可以解决任意数量的 D2D 链路复用同一蜂窝网络频段的问题。如果 D2D 在传输数据上带来的效益足够忽视其干扰造成的影响，D2D 通信就能有信道速率的增益。

4．效用函数

在拍卖中，D2D 通信复用蜂窝网络资源提高了频谱效率，但 D2D 通信需

要耗费控制信令传输代价和同频干扰代价，在拍卖中用价格表示这些代价。

这里提出的算法使用线性匿名价格。价格线性是指物品包的价格等于其物品价格的总和，价格匿名是指对于不同的竞拍者来说同一物品包的价格相等。因此第 c 个竞拍者（蜂窝网络用户）对物品包 D_k 竞拍的价格为

$$P_c(k) = \sum_{d \in D_k} p_c(d) = \sum_{d \in D_k} p(d), \forall c = 1, 2, \cdots, C \qquad （10\text{-}25）$$

其中，$p_c(d)$ 表示 $d(\forall k, d \in D_k)$ 个物品的单价。从式（10-25）得出，竞拍者支付价格由单价 $p(d)$ 和物品包 D_k 的大小决定。

10.4.2　基于博弈论的资源分配

在蜂窝网络中使用 D2D 通信会带来高比特率、低时延、低功耗，但蜂窝网络链路和 D2D 链路之间的同信道干扰不可避免，造成系统性能下降，因此需要对蜂窝网络下的 D2D 通信进行资源管理。上面简单介绍了关于资源管理的模型，介绍了资源的拍卖机制，本节研究基于 Stackelberg 博弈论的时域调度资源方案，同时兼顾了系统吞吐量和用户之间的公平性。

在 Stackelberg 博弈框架中，蜂窝网络用户和 D2D 用户分组形成领导者—跟随者对，蜂窝网络用户为领导者，D2D 用户是从领导者购买频谱资源的跟随者。领导者首先行动，跟随者观察领导者的行为后决定其策略。

1. 系统模型

系统模型是具有一个基站和多个用户（用户分为蜂窝网络用户和 D2D 用户，D2D 用户成对部署）的单个小区场景，基站和用户都配备单根全向天线，每一个用户都有一个发送器和一个接收器。网络有着密集的 D2D 通信，蜂窝网络用户和 D2D 用户数量分别设为 k 和 $d(d > k)$。蜂窝网络用户和 D2D 对的集合分别由 K 和 D 表示。系统存在 k 个正交信道，分别由相应的蜂窝网络用户占用，分配给蜂窝网络用户的信道是固定的，并且 D2D 通信能与蜂窝网络用户共享信道（假设仅允许一个蜂窝网络用户和一个 D2D 用户共同使用一个信道）。LTE 中的调度通常发生在每个传输时间间隔（Transmission Time Interval，TTI）[16]，由两个时隙组成。在 D2D 用户之间根据它们的优先级分配信道，在每个 TTI 期间选择 k 个 D2D 对与蜂窝网络用户共享 k 个信道，其他 D2D 用户进入等待状态。

图 10.11 和图 10.12 分别是基于上行（下行）链路资源共享的 D2D 衬底通信系统模型，模型中包括蜂窝网络用户 UE_1 和两个 D2D 对（D2D 对 1 和 D2D 对 2），其中 UE_2 和 UE_4 为发送端，UE_3 和 UE_5 为接收端。D2D 对中的两个用户的距离满足 D2D 通信的最大距离约束，以保证 D2D 服务的质量。场景首先选择 D2D 对 1 与 UE_1 共享信道资源，D2D 对 2 进行等待。由于基站的发射功率过大，会对 D2D 接收端造成严重干扰，很难保证 D2D 通信的 QoS，因此本节主要研究在上行链路的资源管理。

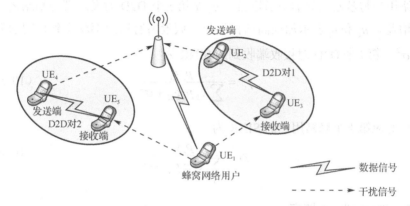

图 10.11　基于上行链路资源共享的 D2D 衬底通信系统模型

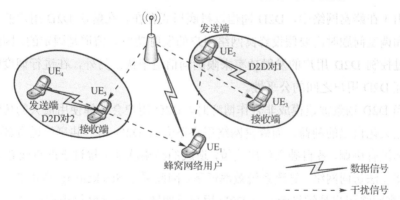

图 10.12　基于下行链路资源共享的 D2D 衬底通信系统模型

定义一组二进制变量 $\{x_{ik}\}(i \in D, k \in K)$ 以表示当前通信中与蜂窝网络用户共享信道的 D2D 对。如果第 i 个 D2D 对被选中使用信道 k，则 $x_{ik}=1$，反之 $x_{ik}=0$。在上行链路传输期间，第 k 个蜂窝网络用户将数据 s_k 发送到基站，第 i 个 D2D 对的发送端发送数据 s_i。在基站和 D2D 接收端 i 处接收的信号分别为

$$y_k^c = \sqrt{p_k g_{ke}} s_k + \sum_{i=1}^{D} x_{ik} \sqrt{p_i g_{ie}} s_i + n_k \tag{10-26}$$

$$y_i^d = \sqrt{p_i g_{ii}} s_i + \sum_{k=1}^{K} x_{ik} \sqrt{p_k g_{ki}} s_k + n_i \tag{10-27}$$

其中，p_k 和 p_i 分别表示第 k 个蜂窝网络用户和第 i 个 D2D 对发送端的发射功率。g_{ki} 是第 k 个蜂窝网络用户与第 i 个 D2D 对接收端之间的信道增益，g_{ii} 是第 i 个 D2D 对发送端与第 i 个 D2D 对接收端之间的信道增益，g_{ke} 是第 k 个蜂窝网络用户与基站之间的信道增益，g_{ie} 是第 i 个 D2D 对发送端与基站之间的信道增益。n_k 和 n_i 表示加性高斯白噪声。假设所有用户都观察到相同的噪声功率 σ^2，第 i 个 D2D 对接收端收到的 SINR 为

$$\gamma_i^d = \frac{p_i g_{ii}}{\sum_k x_{ik} p_k g_{ki} + \sigma^2} \tag{10-28}$$

基站处对应第 k 个蜂窝用户的 SINR 为

$$\gamma_k^c = \frac{p_k g_{ke}}{\sum_i x_{ik} p_i g_{ie} + \sigma^2} \tag{10-29}$$

2. Stackelberg 博弈

由于在蜂窝网络中，D2D 通信以衬底形式存在。在解决 D2D 用户的功率控制和调度问题时需要假设蜂窝网络用户的发射功率与信道是固定的。因此可以通过控制 D2D 用户的发射功率来限制同信道干扰。另外，在进行调度时还应保证 D2D 用户之间的公平性。

当 D2D 场景被建模成非合作博弈时，D2D 用户会选择使用最大的传输功率来最大化自己的利益，而蜂窝网络用户不会与 D2D 用户共享信道资源。用户之间没有协调，各自独立作出决策，造成的结果就是干扰过于严重或者 D2D 用户将无法访问网络，导致系统效率低下。因此采用 Stackelberg 博弈来协调调度，蜂窝网络用户是领导者并且 D2D 用户是跟随者，蜂窝网络用户可以与 D2D 用户共享信道。领导者拥有信道资源并有权决定价格，并且可以向 D2D 用户收取使用信道的费用。这些费用被当成虚拟资金，用来协调系统。因此，如果蜂窝网络用户认为将某些信道"出租"给 D2D 用户可以带来收益，则蜂窝网络用户就有了共享信道的动机。而对于 D2D 用户来说，则需要考虑收费价格并选择最佳功率以最大化其收益。

1）效用函数

领导者的效用函数定义为自身的吞吐量性能加上从跟随者获得的收益。费用由领导者决定，费用设定与领导者观察到的干扰成比例。领导者的效用函数为

$$u_k(\alpha_k, p_i) = \log_2\left(1 + \frac{p_k g_{ke}}{p_i g_{ie} + \sigma^2}\right) + \alpha_k \beta p_i g_{ie} \tag{10-30}$$

其中，α_k 是收费价格（$\alpha_k > 0$），β 是比例因子，表示领导者的收益与跟随者的支付比率（$\beta > 0$），它是影响博弈结果的关键参数。领导者设置价格以最大化其效用。

跟随者的效用函数定义为吞吐量性能减去其使用频道所花费的成本，表示为

$$u_i(\alpha_k, p_i) = \log_2\left(1 + \frac{p_i g_{ii}}{p_k g_{ki} + \sigma^2}\right) - \alpha_k p_i g_{ie} \tag{10-31}$$

跟随者设置适当的发射功率以最大化其效用。

在 Stackelberg 博弈中，领导者首先设定使用信道的价格，跟随者根据价格选择其最佳的发射功率。领导者事先知道跟随者会观察其行动，因此博弈可以通过反向归纳来解决。

2）对跟随者分析

给定领导者决定的收费价格为 α_k，当第 i 个 D2D 对发送端的发射功率逐渐增大时，跟随者效用随之增大，但当发射功率超过了某个界限时，效用函数随发射功率的增大而减小。在公式（10-31）中对 p_i 求一阶导，令其等于零求解得到

$$\hat{p}_i = \frac{1}{\alpha_k g_{ie} \ln 2} - \frac{p_k g_{ki} + \sigma^2}{g_{ii}} \tag{10-32}$$

由于公式（10-31）中对 p_i 求得的二阶导数小于 0，因此式（10-32）的解为一个极大值点。可以看出发射功率随 α_k 的增大单调递减，即价格越高，发射功率越小。由于 $p_{\min} \leqslant p_i \leqslant p_{\max}$，因此在 $\{p_{\min}, p_{\max}, \hat{p}_i\}$ 中得到最大化效用函数的最优发射功率。

3）对领导者分析

领导者事先知道跟随者会在 $\{p_{\min}, p_{\max}, \hat{p}_i\}$ 中求最优解以回应其所设置的价格。若价格太低，跟随者会选择 $p_{\max}$，价格太高，会使发射功率过小导致效率低下。因此，领导者需要根据跟随者的发射功率（$p_{\min} \leqslant p_i \leqslant p_{\max}$）设定合

适的价格区间 $\alpha_{k\min} \leqslant \alpha \leqslant \alpha_{k\max}$。

$$\alpha_{k\min} = \frac{g_{ii}}{(g_{ii}p_{\max} + p_k g_{ki} + \sigma^2)g_{ie}\ln 2} \tag{10-33}$$

$$\alpha_{k\max} = \frac{g_{ii}}{(g_{ii}p_{\min} + p_k g_{ki} + \sigma^2)g_{ie}\ln 2} \tag{10-34}$$

将跟随者的策略代入到领导者的效用函数中

$$u_k(\alpha_k) = \frac{\beta}{\ln 2} - \alpha_k \beta g_{ie} \frac{p_k g_{ki} + \sigma^2}{g_{ii}} + \log_2\left[1 + p_k g_{ke}\left(\frac{1}{\alpha_k \ln 2} - g_{ie}\frac{p_k g_{ki} + \sigma^2}{g_{ii}} + \sigma^2\right)^{-1}\right]$$

$$\tag{10-35}$$

求解公式（10-35）找到适合领导者的最优的价格，求解过程与求解跟随者最优发射功率类似。

采用 Stackelberg 博弈能使领导者与跟随者之间存在平衡。领导者和跟随者通过自我优化进行竞争，并根据权衡达到使系统性能最优的点。通过上述对领导者和跟随者的分析，证明了 Stackelberg 博弈均衡的存在性和唯一性。

10.5　D2D 通信的应用

10.5.1　车联网应用

车载网络可以实现与车辆交通安全、交通效率和信息娱乐相关的各种应用。智能交通系统（ITS）旨在简化车辆运行、管理车辆交通、协助驾驶员提供安全和其他信息、为乘客提供便利应用。这些与车辆、道路交通、驾驶员、乘客和行人有关的 ITS 应用具有不同服务质量（QoS）要求，需要由车载网络提供[17]。

车载网络可以基于车辆到基础设施（Vehicle-to-infrastructure，V2I）通信，在基础设施和车辆节点之间进行数据传输。但使用蜂窝网、WLAN 等接入方式通信会带来高昂的成本代价，同时为了控制成本，路边的基础设施较少，因此在某些应用中存在局限性。由于通过路边单元中继，V2I 通信中的传输时延极大，通信质量难以保证。相比之下，车载网络可以基于车辆对车辆（Vehicle-to-vehicle，V2V）通信，数据可以直接从一个车辆节点传输到另一个车辆节点，大大降低了时延。由于时延较低，V2V 可以应用在低时延高可靠性应用中（如车辆碰撞）。V2V 通信本质上是 D2D 通信，两个车辆节点可以进行直接通信而无须借助其他的基础设施中继。在车载网络中的 D2D 通信有着独特的特点。

1．高速移动的节点

在车载网络中，节点通常都是车辆，这导致网络节点移动速度较快。另一方面，车辆节点沿道路行驶，会使车辆网络拓扑结构快速持续地变化，对于数据的传输和路由是十分棘手的挑战。

2．能源限制

不同于大多数移动设备使用小型电池进行能源供应，在车辆节点中，使用汽油作为动力的汽车依靠燃气发动机为无线收/发机提供能源，电动汽车则依靠大电池阵列提供能源。

3．车辆绝对定位能力

现今大多数车辆配备定位装置，因此，可以以一定的准确度获得车辆节点的绝对地理位置，地理位置信息可以有效地用于数据传输和路由。

在车载网络中应用 D2D 通信，通过基站的协调和资源分配，能有效降低时延、减少信息碰撞、提高可靠性，还能够以较低的发射功率获得较大的信息速率。

10.5.2　移动互联网应用

当前移动通信和快速增长的社交网络相互结合，对信息数据的传输提出了新的挑战。当社交信息被无线系统使用或社交网络在无线系统上运行时，我们可以将其称为移动社交网络[18,19]。移动社交网络可以通过以下方法集成或用于 D2D 通信：

（1）支持移动社交网络的 D2D 通信。在这种方法中，典型的社交网络应用和移动社交网络应用将使用 D2D 通信传输数据和信息，而不经过固定的无线基础设施。直接进行 D2D 通信能够减少无线资源的使用，缓解网络过载，提高数据和信息的传播性能。

（2）基于社交的 D2D 通信。在这种方法中，物理域的移动设备间的通信可以映射为社交域的人们之间的社交关系。D2D 通信可以利用用户的社交信息，提高数据和信息传输的效率和有效性。例如，可以通过考虑设备和用户之间的社会关系来确定最优路由，从而增强 D2D LAN 的分组路由。这种最优路由引入了网络中的社交属性，不仅可以最小化所耗费的网络成本，还可以提高 D2D 通信链路的稳定性，改善 D2D 通信系统整体性能。

10.5.3　M2M 通信应用

无线连接正迅速扩展到人类使用的传统移动设备之外，随着物联网技术的发展，未来大量的无线设备将连接在一个物联网框架中[20]。M2M 通信也称为机器类型通信（Machine Type Communications，MTC），是指在没有（或最少）人工干预的情况下，通过网络进行节点之间的通信。未来 5G 的使用场景包括大规模机器类型通信，其主要特点是大量连接的设备，系统更加关心大量连接的建立和节点生命周期，而对传输速率、可靠性和时延等技术指标并不敏感。当 D2D 用户设备之间距离较近且传输数据较少时，可以将其视为 M2M 通信的一种类型。M2M 通信的目标是通过允许设备和系统交换、共享数据来提高系统自动化水平。但大量 M2M 设备终端的涌入给当前网络带来了拥塞和过载问题，无线资源受到极大的考验，将 D2D 技术融入大量 M2M 通信终端设备的本地通信，可以大大缓解网络压力，提高资源利用。

10.6　本章小结

本章介绍了用于下一代蜂窝网络的 D2D 通信技术，它允许设备在不需要基站的中继情况下建立直接通信，可以减轻核心网负担，提高网络容量，提高资源利用率。

本章首先介绍 D2D 的配置方法、设备同步和发现机制、模式选择、资源共享、功率控制和 MIMO 等关键技术。在蜂窝网络中，D2D 可以以覆盖模式或衬底模式存在。D2D 通信衬底蜂窝网络部分重点阐述了 D2D 链路与蜂窝网络链路之间的干扰协调管理与资源管理。由于 D2D 通信复用了蜂窝网络的频谱资源，为了抑制同信道干扰，本章分别介绍了在上行基于阈值和在下行使用 MIMO 的功率控制方案。基于阈值的功率控制方案保证了 D2D 连接的可行性，并有着较好的分布式可扩展性。基于联合波束成形和功率控制的方案在保证蜂窝网络和 D2D 链接性能的情况下可以最大化系统速率。

本章还对 D2D 衬底的蜂窝网络资源管理进行研究，并介绍拍卖组合机制的估值模型和效用函数概念，重点研究了基于 Stackelberg 博弈论的时域调度资源方案来解决资源管理的问题。该方案考虑了系统吞吐量、干扰管理和公平性，通过对蜂窝网络用户和 D2D 用户之间的博弈，使系统性能达到　　最优。

本章最后简要介绍了 D2D 通信在车联网、移动互联网、M2M 通信领域的应用。

参考文献

[1] Doppler K, Rinne M, et al. Device-to-device communication as an underlay to LTE-advanced networks. IEEE Commun. Mag., vol. 47, no. 12, pp. 42-49, Dec. 2009.

[2] Doppler K, Yu C H, Ribeiro C, et al. Mode selection for device-to-device communication underlaying an LTE-advanced network. IEEE Wireless Communications and Networking Conference, Sydney, Apr. 2010.

[3] Yu C H, Tirkkonen O, Doppler K, Ribeiro C. On the performance of device-to-device underlay communication with simple power control. In: Proceedings of IEEE Vehicular Technology Conference 2009-Spring, Barcelona, 2009,4.

[4] Xing H, Hakola S. The investigation of power control schemes for a device-to-device communication integrated into OFDMA cellular system. IEEE 21st International Symposium on Personal Indoor and Mobile Radio Communications(PIMRC), Istanbul, Sept. 2010: 1775-1780.

[5] Janis P, Koivunen V, Ribeiro C, et al. Interference-avoiding MIMO schemes for device-to-device radio underlaying cellular networks. IEEE 20th International Symposium on Personal, Indoor and Mobile Radio Communications, Tokyo, 2009(9): 2385-2389.

[6] Peng T, Lu Q, Wang H, et al. Interference avoidance mechanisms in the hybrid cellular and device-to-device systems, in Proc. IEEE 20th International Symposium on Personal, Indoor and Mobile Radio Communications, Tokyo, Sept. 2009, pp. 617-621.

[7] Zulhasnine M, Huang C, A.Srinivasan. Efficient resource allocation for device-to-device communication underlaying LTE network. In Proc. IEEE 6th International Conference on Wireless and Mobile Computing, Networking and Communications, Niagara Falls, 2010, 10: 368-375.

[8] Xu S,Wang H, Chen T, et al. Effective interference cancellation scheme for device-to-device

communication underlaying cellular networks, " in Proc. IEEE Vehicular Technology Conference 2010 - Fall, Ottawa, 2010, 9.

[9] Networks N S. The advanced LTE toolbox for more efficient delivery of better user experience. Nokia Siemens Networks, Technical Report, 2011.

[10] Belleschi M, Fodor G, Abrardo A. Performance analysis of a distributed resource allocation scheme for D2D communications. In Proc. IEEE Workshop on Machine-to-Machine Communications, 2011, 11: 358-362.

[11] Doppler K, Rinne M, Wijting C, et al. Device-to-device communications: Functional prospects for LTE-advanced networks. In Proc. IEEE International Communications(ICC) Workshops, 2009, 6: 1-6.

[12] Zulhasnine M, Huang C, Srinivasan A. Efficient resource allocation for device-to-device communication underlaying LTE network. In Proc. IEEE 6th International Conference on Wireless and Mobile Computing, Oct. 2010, 10: 368-375.

[13] Halperin D, Ammer J, Anderson T, et al. Interference cancellation: Better receivers for a new wireless MAC. In Proc. Hot Topics in Networks(HotNets - VI), 2007, 11.

[14] Apparatus and method for transmitter power control for device-to-device communications in a communication system. patent US 2012/0028672 A1.

[15] Method, apparatus and computer program for power control to mitigate interference. patent US 2009/0325625 A1.

[16] Song L, Shen J. Evolved Cellular Network Planning and Optimization for UMTS and LTE. CRC Press, 2010.

[17] Karagiannis G, Altintas O, Ekici E, et al. Vehicular networking: A survey and tutorial on requirements, architectures, challenges, standards and solutions. Commun. Surveys Tutorials, 2011, 13(4): 584-616.

[18] Vastardis N, Yang K. Mobile social networks: Architectures, social properties, and key research challenges. IEEE Commun. Surveys Tutorials, 2013, 15(3): 1355-1371.

[19] Kayastha N, Niyato D, Wang P, et al. Applications, architectures, and protocol design issues for mobile social networks: A survey. Proc. IEEE, 2011, 99(12): 2130-2158, 2011.

[20] Uckelmann D, Harrison M, Michahelles F. Architecting the Internet of Things. Springer, 2011.

第11章
5G 应用场景

11.1　5G 应用场景概述

国际电联无线电通信部门（ITU-R）在 2015 年 9 月公布的《ITU-R M.2083-0 建议书》即《未来国际移动通信愿景——2020 年及之后未来国际移动通信发展的框架和总体目标》[1]中，探讨了未来国际移动通信为更好地满足发达国家和发展中国家建设网络社会的需要而发挥的重要作用，界定了 2020 年及之后国际移动通信的未来发展框架和总体目标，定义了 5G 移动通信的应用场景。在 5G 移动通信中，随着使用情境和应用的多样化，更富多元化的设备性能也将接踵而至，移动通信需要不断扩展并支持多种使用情境和应用。在 5G 移动通信中，主要包括三大类应用场景[1]，分别是：

（1）增强型移动宽带（Enhanced Mobile Broadband，eMBB）。该场景主要针对未来移动通信中以人为中心的使用场景，提供用户对多媒体内容、服务和数据等的高速访问与接入，实现广域覆盖的无缝连接，面向新的需求提供大容量高速率的通信服务。

（2）超可靠和低时延通信（Ultra-Reliable and Low Latency Communications，URLLC）。该场景主要针对具体应用场景中对吞吐量、时延和可用性等性能要求十分严格的情况，例如工业制造或生产流程的无线控制、远程手术、智能电网配电自动化以及运输安全等。

（3）大规模机器类型通信（Massive Machine Type Communications，mMTC）。该场景主要针对连接设备数量庞大，并且这些设备通常只须传输相对少量的非时延敏感数据的情况。在此场景下，各通信设备的成本需要严格控制，并且设备的电池续航时间需要较长。

在每类应用场景中，还涵盖不同的具体应用场景，例如 3D 视频、云办公和云游戏、增强现实、工业自动化、自动驾驶汽车、智慧家庭与建筑、智慧城市等[2]，5G 通信部分应用场景如图 11.1 所示。

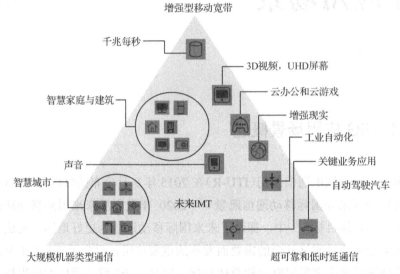

图 11.1　5G 通信部分应用场景

在 5G 移动通信中，更加丰富的应用场景将会不断出现，因此要想适应各类新的具体应用场景中的需求与挑战，通信系统的灵活性与适应性将不可或缺。并且在世界范围内，不同的国家对移动通信有着不同的环境及需求，因此未来的移动通信系统将以高度模块化的方式进行设计，各个网络无须实现其全部特性，只针对具体场景提供个性化的解决方案。

5G 移动通信不同的应用场景与情境对系统的各项参数与指标的需求也不尽相同。根据《ITU-R M.2083-0 建议书》，5G 移动通信系统设计将重点考虑以下八项关键特性[1]。

（1）峰值数据速率（Peak Data Rate）：每名用户或每台设备在理想条件下可获取的最大数据速率（单位：Gbit/s）。

（2）用户体验数据速率（User Experienced Data Rate）：移动用户或设备在覆盖区域内随处可获取的可用数据速率（单位：Mbit/s 或 Gbit/s）。

（3）延迟时间（Latency）：无线网络对信源开始传送数据包到目的地接收数据包的经过时间造成的延迟（单位：ms）。

（4）移动性（Mobility）：满足一定的服务质量（Quality of Service，QoS）和实现不同层与多址技术间的无缝转换能够达到的最快速度（单位：km/h）。

（5）连接密度（Connection Density）：每单位面积内连接设备或可访问设备的总数（单位：每 km^{-2}）。

（6）能量效率（Energy Efficiency）：包括网络层面和设备层面的能量效率，在网络层面上，指无线接入网络（Radio Access Network，RAN）中单位能耗传输或接收的信息比特数量（单位：bit/J）；在设备层面上，指通信模块间单位能耗能够传递的信息比特数量（单位：bit/J）。

（7）频谱效率（Spectrum Efficiency）：一个小区内单位频谱资源的平均数据吞吐量（单位：bit/(s·Hz)）。

（8）区域通信能力（Area Traffic Capacity）：服务于每个地理区域的总通信吞吐量（单位：Mbit/(s·m²)）。

这些关键特性对 5G 移动通信中大部分场景而言都十分重要，但在不同的具体场景中，对这些关键特性的需求具有显著差异。图 11.2 展示了增强型移动宽带、超可靠和低时延通信以及大规模机器类型通信这三类应用场景中各关键特性的重要程度，通过"高"、"中"、"低"三个等级进行划分[1]。

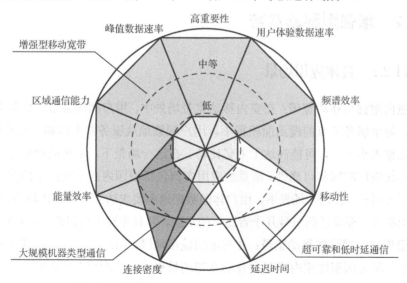

图 11.2　三类应用场景中各关键特性的重要性图示

在增强型移动宽带场景中，用户体验数据速率、区域通信能力、峰值数据速率、移动性、能量效率和频谱效率都具有很高的重要性，但是移动性和用户体验数据速率并非同时在所有使用案例中同等重要[3]。例如，与广域覆盖案例相比，热点需要的是更高的用户体验数据速率和更低的移动性。

在超可靠和低时延通信场景中，为满足安全通信的苛刻要求，低时延成为了最为重要的特性。在一些高移动性案例（如运输安全）中同样需要这一特性，但在这类场景中高数据速率等特性的重要性则相对较低。

在大规模机器类型通信场景中，为了支持网络中的大量设备连接，高连接密度特性是不可或缺的。在此场景中的通信设备往往偶尔进行信息传输，传输比特率低，移动性低或没有移动性，因此具有较长运行寿命的低价设备对该应用场景而言至关重要。

在以上八项关键特性之外，为了满足 5G 移动通信中不同应用场景的特定需求，还需要考虑其他特性，例如频谱和带宽灵活性（Spectrum and Bandwidth Flexibility）、可靠性（Reliability）、恢复能力（Resilience）、安全和隐私（Security and Privacy）、运行寿命（Operational Lifetime）等[2]。这些特性可以更加全面地衡量 5G 移动通信在不同应用场景中提供多样化服务时的灵活性、可靠性及安全性。

11.2 增强型移动宽带

11.2.1 具体应用场景

室内增强型移动宽带：在室内移动宽带场景中，用户和服务节点均部署在室内，每个服务节点的覆盖面积很小。用户频繁地从服务器上传和下载数据，并且数据大小不一，可能高达上万亿比特。在这一场景下，系统的效率主要取决于系统响应时间和可靠性。常见的应用实例包括校园内或互联网上的实时视频会议等形式。在这一场景下，用户体验数据速率要求达到每秒吉比特的量级，峰值数据速率要求达到每秒几十吉比特的量级，并且能够实现很低的信息时延。

密集城市增强型移动宽带：在密集的城市地区，用户分布在室内或是室外环境中，覆盖面积比室内增强型移动宽带场景更广。当用户在室内时，可以是静止的或者是移动的；当用户在室外时，一般会进行缓慢的移动。在这一场景下，考虑到系统的部署、回程容量和服务范围等，精确的网络规划是场景中系统设计的关键，需要采用随机或半随机的网络规划。在密集城市场景中，在早晨、晚上、工作日、周末等不同时间，以及购物中心、市中心街道等不同的位置，可能出现高容量、高速率的上传和下载，这导致每个小区的通信需求将非常大。在用户移动速度不高的情况下，用户体验数据速率要求达到每秒吉比特的量级，峰值数据速率要求达到每秒几十吉比特的量级，并且区域内的吞吐量需要达到在每平方千米内每秒兆比特的量级。

增强型移动宽带无缝广域覆盖：无缝广域覆盖作为未来移动通信的一种基本形式，旨在为用户提供无缝衔接的通信服务，包括高速移动的场景。在未来一段时间，移动宽带服务，例如移动云办公室、移动云教室、在线游戏与视频、增强现实等，将变得越来越流行和广泛存在。在该场景下，人们希望无论走到哪里都能获取到高速的移动宽带服务，不论是在城市地区、农村地区，还是高速铁路等地方都能够获得可用的高速移动宽带服务。在这一场景下，通信系统需要支持高速移动（如 500 km/h 的速度）用户的通信，并为高速移动的用户提供大连接服务（如 500 个活跃用户），除此之外，还需要为高速移动的用户提供小的通信时延。

虚拟现实与增强现实：虚拟现实技术与增强现实技术通过头盔、配套软件等设施，为用户提供身临其境的体验，然而在虚拟现实技术与增强现实技术的实际应用中，对系统的数据传输速率与时延都提出了十分苛刻的要求，传输速率过低将不能满足实时数据传输的需求，时延过长将会使用户产生严重的眩晕感。因此 5G 通信被认为是虚拟现实技术与增强现实技术大规模应用的关键。在高通公司制作的 5G 白皮书中，虚拟现实与增强现实应用被认为是 5G 通信的第一批至关重要的应用，爱立信公司目前已经研发出的 5G 预商用设备，也将虚拟现实与增强现实作为重要的演示场景。尽管目前 4G 网络已经满足部分虚拟现实与增强现实应用场景，但未来 5G 通信将提供更高的容量、更低的时延以及更好的网络均匀性，势必将极大地提升虚拟现实与增强现实的应用体验，并且还能够带来一些前所未有的新的体验与特性。2018 年 2 月，华为公司联合视博云公司等合作伙伴在西班牙发布了最新的基于 5G 技术的虚拟现实解决方案——Cloud VR，推动虚拟现实运行能力由终端向云端转移。2018 年 12 月 25 日，工信部发布《关于加快推进虚拟现实产业发展的指导意见》，提出到 2025 年，我国虚拟现实产业整体实力进入全球前列，掌握虚拟现实关键核心专利和标准，形成若干具有较强国际竞争力的虚拟现实骨干企业，推动虚拟现实技术产品在制造、教育、文化、健康、商贸等行业领域的应用。一种基于虚拟现实技术的室内影院示意图如图 11.3 所示。

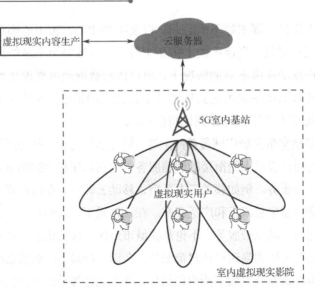

图 11.3　室内虚拟现实影院场景示意图

11.2.2　关键技术

大规模天线技术[4]：目前，在无线通信领域，多天线技术日渐成熟，并且已经被列入部分宽带无线通信如 LTE 和 WiFi 的标准之中。大规模天线技术是多天线技术的拓展与延伸，基站采用成百上千根天线来提升数据速率和链路的可靠性。大量的天线可以将发射与接收的信号能量集中于一个小的区域与特定的用户群体，可以显著降低小区内的干扰与邻区干扰，对提升吞吐量和能量效率带来了巨大的帮助。大规模天线技术可以用于时分双工情景和频分双工情景。大规模天线技术被认为是 5G 的关键技术之一，3GPP 积极开展针对大规模天线技术的标准化工作，中国移动也制定了"2017—2020 年面向 5G 演进的大规模天线三阶段商用策略"。

高频段通信技术[5]：在高频段，例如毫米波、厘米波等频段，频谱资源相比于传统无线通信使用得更加丰富，可以提供相比于 4G 通信十倍以上的带宽。高频段通信技术能够充分利用高频段的频谱资源，有效缓解频谱资源紧张的现状，为实现 5G 通信中的数据高速传输提供可能。高频段电磁波具有较短的波长，这使得在很小的物理尺寸上实现大规模天线阵列并进行很窄的波束赋形成为可能。因此高频段通信技术与大规模天线技术的结合，将为 5G 通信增强型移动宽带的实现提供条件。但是，高频段通信也存在着穿透和绕射能力差、传输距离短、易受天气等环境因素影响的问题，需要通过频谱遴选、科学规划、系统设计等方面进行不断完善，实现最优配置。

同时同频全双工技术[6]：同时同频全双工技术通过在相同的频谱与相同的时间，实现收、发双方同时发射和接收信号，相比于传统的时分双工与频分双工技术，理论上能够提升 1 倍的频谱效率。该技术最早在 2002 年，由北京大学客座教授李建业博士提出，并给出了一种物理层的设计方案。在 2006 年，北京大学焦秉立教授首次提出了同频同时双工技术的概念，并申请了专利且得到了授权。在同时同频全双工技术的应用中，通信系统需要具备极高的干扰消除能力，尤其在多小区与多天线场景下，对干扰消除能力的要求更加严格。同时同频全双工技术可以有效缓解频谱资源的紧张现状，使频谱资源的使用更加灵活，在 5G 通信中引起了广泛的关注与研究。

11.2.3　典型场景布局

根据 2017 年 10 月公布的《ITU-R M.2412-0 建议书》即《未来国际移动通信 2020 无线接口技术评估指南》[1]，对增强型移动宽带场景的典型场景布局将分为三个类别，分别是室内增强移动宽带、密集城市增强移动宽带和农村地区增强移动宽带。

室内增强移动宽带：室内增强移动宽带典型场景由建筑物的一层组成，层高为 3m，地板面积为 120m×50m，共有 12 个基站，每个基站间隔 20m，信道模型为视距概率传输模型建模，具体如图 11.4 所示。

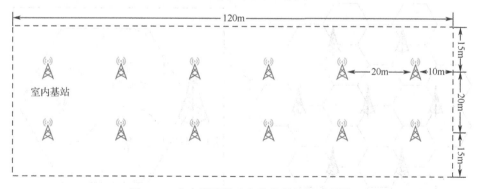

图 11.4　室内增强移动宽带典型场景示意图

在室内增强移动宽带典型场景中，载波频率分为 4GHz、30GHz 和 70GHz

三种情况，每种情况对应的系统参数如表 11.1 所示。

表 11.1 室内增强移动宽带典型场景系统参数

参数	室内增强移动宽带典型场景		
	配置 1	配置 2	配置 3
载波频率	4GHz	30GHz	70GHz
基站天线高度	3m	3m	3m
每个发送/接收点的总发射功率	20MHz 带宽下为 24dBm 10MHz 带宽下为 21dBm	80MHz 带宽下为 23dBm 40MHz 带宽下为 20dBm 等效全向辐射功率不超过 58dBm	80MHz 带宽下为 21dBm 40MHz 带宽下为 18dBm 等效全向辐射功率不超过 58dBm
用户设备功率等级	23dBm	23dBm 等效全向辐射功率不超过 43dBm	21dBm 等效全向辐射功率不超过 43dBm
基站间距离	20m	20m	20m
每个发送/接收点的天线数量	至多 256Tx/Rx	至多 256Tx/Rx	至多 1024Tx/Rx
用户设备天线单元数量	至多 8Tx/Rx	至多 32Tx/Rx	至多 64Tx/Rx

密集城市增强移动宽带：密集城市增强移动宽带典型场景由两层组成，分别是宏观层和微观层。宏观层基站被放置在一个规则的网格中，按照六边形布局，每个宏观层基站具有三个发送/接收点。对于微观层，在每个宏观区域中随机地分布着若干个微观层基站，例如一个或者三个，如图 11.5 所示。

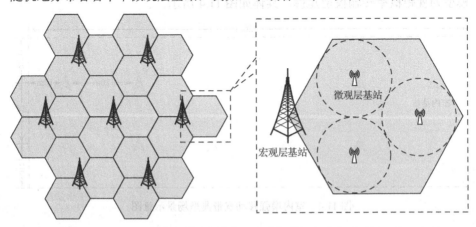

图 11.5 密集城市增强移动宽带典型场景示意图

　　在密集城市增强移动宽带典型场景中，载波频率分为 4GHz、30GHz 和 4GHz 与 30GHz 共用的三种情况，每种情况对应的系统参数如表 11.2 所示。

表 11.2　密集城市增强移动宽带典型场景系统参数

参　数	密集城市增强移动宽带典型场景		
	配置 1	配置 2	配置 3
载波频率	宏观层 4GHz	宏观层 30GHz	宏观层与微观层共用 4GHz 和 30GHz
基站天线高度	25m	25m	宏观层为 25m 微观层为 10m
每个发送/接收点的总发射功率	20MHz 带宽下为 44dBm 10MHz 带宽下为 41dBm	80MHz 带宽下为 40dBm 40MHz 带宽下为 37dBm 等效全向辐射功率不超过 73dBm	宏观层为 4GHz: 20MHz 带宽下为 44dBm 10MHz 带宽下为 41dBm 宏观层 30GHz: 80MHz 带宽下为 40dBm 40MHz 带宽下为 37dBm 等效全向辐射功率不超过 73dBm 微观层为 4GHz: 20MHz 带宽下为 33dBm 10MHz 带宽下为 30dBm 微观层为 30GHz: 80MHz 带宽下为 33dBm 40MHz 带宽下为 30dBm 等效全向辐射功率不超过 68dBm
用户设备功率等级	23dBm	23dBm，等效全向辐射功率不超过 43dBm	4GHz 为 23dBm 30GHz 为 23dBm，等效全向辐射功率不超过 43dBm
高损耗与低损耗建筑类型的百分比	20%高损耗，80%低损耗	20%高损耗，80%低损耗	20%高损耗，80%低损耗

　　农村地区增强移动宽带：在农村地区增强移动宽带典型场景中，基站被放置在一个规则的网格中，遵循六边形布局，每个基站配备有三个发送/接收点，如图 11.6 所示，与密集城市增强移动宽带的宏观层类似。用户的移动性主要考虑速度为 120km/h 和 500km/h 的两种情景。

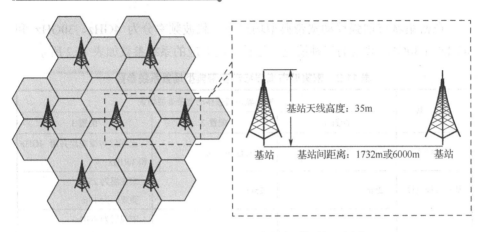

图 11.6 农村地区增强移动宽带典型场景示意图

在农村地区增强移动宽带典型场景中，载波频率分为 700MHz 和 4GHz 两种情况，基站间的距离分为 1732m 和 6000m 两种情况，共组成三种环境，每种环境对应的系统参数如表 11.3 所示。

表 11.3 农村地区增强移动宽带典型场景系统参数

参 数	农村地区增强移动宽带典型场景		
	配置 1	配置 2	配置 3
载波频率	700MHz	4GHz	700MHz
基站天线高度	35m	35m	35m
每个发送/接收点的总发射功率	20MHz 带宽下为 49dBm 10MHz 带宽下为 46dBm	20MHz 带宽下为 49dBm 10MHz 带宽下为 46dBm	20MHz 带宽下为 49dBm 10MHz 带宽下为 46dBm
用户设备功率等级	23dBm	23dBm	23dBm
高损耗与低损耗建筑类型的百分比	100%低损耗	100%低损耗	100%低损耗
基站间距离	1732m	1732m	6000m
每个发送/接收点的天线数量	至多 64Tx/Rx	至多 256Tx/Rx	至多 64Tx/Rx
用户设备天线单元数量	至多 4Tx/Rx	至多 8Tx/Rx	至多 4Tx/Rx

11.3 超可靠和低时延通信

11.3.1 具体应用场景

生命线与自然灾害通信：5G 通信应该能够在发生地震、海啸、洪水、飓风等自然灾害时提供高可靠的通信服务。在受灾地区，语音、文本等基本信息传输需要保证可靠传输，以便幸存者能够发出他们的具体位置，进而实施快速的救援。在自然灾害发生的时候，网络设施与用户终端的能量效率至关重要，5G 通信系统应该能够提供几天的高可靠通信服务。在受灾情况下，通信系统需要能够调整系统参数，例如多址接入方式、紧急通信判别、通信设备类型等，以最高的能效提供最低限度的通信服务。

无人机飞行通信：随着无人机技术的飞速发展，无人机逐渐走入各行各业的实时监测领域，例如农场实时监测、森林实时监测等。5G 通信需要为无人机高可靠、低时延的数据传输提供保障，其场景示意图如图 11.7 所示。一方面，要为无人机的远程控制提供高可靠低时延的通信，另一方面，还需要为高清图片与视频的传输提供支持。根据 3GPP 公开文件，在这一应用场景中，需要为 10～1000m 范围内的无人机提供至少 20Mbit/s 的高速通信，时延低于 150ms，无人机的速度可达到 300km/h。2018 年 2 月，T-Mobile 公司与华为公司在欧洲进行了世界首次 5G 无人机飞行，证明了 5G 通信技术能够实现无人机的实时控制与高分辨率图像传输。2018 年 4 月，中国电信与华为公司借助自主研发的 5G 通信模组，实现了无人机 360° 全景 4K 高清视频的实时传输，是国内第一个基于端到端 5G 网络的专业无人机测试飞行。2018 年 11 月，福建联通公司数字天空项目组在福州乌龙江段完成了无人机在 5G 网络环境下进行 4K 高清虚拟现实巡河直播演示，采集的数据由 5G 蜂窝网络基站及核心网链路回传至视频流媒体服务器，通过虚拟现实高清眼镜、笔记本及平板电脑访问视频流媒体服务器进行多样化展示。

工业控制通信：传统的工业控制主要依赖于有线连接，或是定制的无线解决方案。有线连接尽管具有高速、高带宽和高可靠的特点，但是由于物理导线易于磨损和撕裂，对机器的机械设计提出很高的要求。而定制的无线解决方案由于缺乏大规模生产和全球可用的频带，往往价格过高。因此，5G 通信应为工业控制提供具有高上行链路带宽、高可靠和低时延的无线连接服务。一些工业控制应用要求高可靠性和非常低的时延（约为 1ms），但对数据速率的要求可能相对较低。但在某些情况下，也可能需要较高速率，例如在上行链路中，需要将实时视频流传送给物理操作员或计算机，然后通过计算机进行视频分析以适应具体的情况。

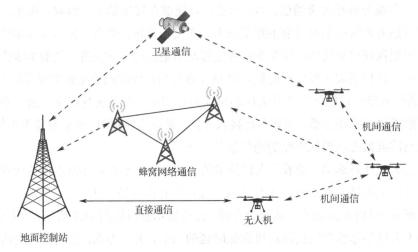

图 11.7　无人机通信场景示意图

触觉互联网：触觉互联网具有极低的时延、极高可用性、极高可靠性和安全性的特征，目标是实现蜂窝网络成为人类感觉和神经系统的延伸，可以用于实现远程手术操作等具体应用。人类的触觉系统仅需要毫秒级甚至更低的时延就能做出应激反应。在触觉互联网中，如果远程操作的反馈来得太晚，会使工具的操作变得困难，如果虚拟现实或增强现实的视觉反馈来得太晚，那么人类操作者可能会感觉眩晕。触觉互联网的另一个重要要求是非常高的可靠性，如果操作人员操作一个与周围环境交互的设备，那么他需要始终保持对该设备的完全控制。这也使得安全性非常重要，网络连接必须完整和安全，不允许外部人员阻塞、修改或窃取连接。

自动驾驶与车联网：未来自动驾驶技术需要车与车之间的高速通信以及车与其他物体的高速通信，来保证自动驾驶中所需的信息传输与定位。5G 通信需要为自动驾驶与车联网技术的实现提供基础的通信保障，能够为密集分布的汽车提供大规模的连接，并且具有很低的中断概率，保证自动驾驶的安全，车联网场景示意图如图 11.8 所示。5G 网络通过部署超密集的小区和采用大规模多输入多输出技术，允许车辆在任何位置随时连通。车联网系统的处理中心需要很高的计算能力，以便快速处理从车辆接收的关于其路线和状态的信息，以最小的时延提供反馈消息。此外，在车联网中需要精确的时间同步来维持在线信息的实时传输。收集到的信息不仅用于车辆的导航，而且可以用于基于机器学习方法在充电站之间转移车辆。骨干网络通过采用不同的连接模型在车辆和数据提供者之间进行中继传输，来支持海量数据处理和存储。3GPP 在第 14 版声明中定义了长期演进的车联网场景，但在自动驾驶的实现与车联网的实际部署与应用中，目前还有很长的路要走。

图 11.8　车联网场景示意图

11.3.2　关键技术

新型调制编码技术[7]：在超可靠和低时延通信中，对通信的可靠性与时延有着严格的要求，新型的调制编码技术能够根据场景的实际需求进行参数调节，为超可靠和低时延通信提供保障。新型调制编码技术包括结合了 FSK 和 QAM 调制方式的 FQAM、Raptor 型的 LDPC 码、非均匀分布的 Gray 编码 APSK、联合编码调制的分集技术等。不同的编码调制方法及参数选择适用于不同的场景需求，应取得可靠性与频谱效率的折中。在实际系统部署中，应当根据实际需求，选择合适的新型调制编码方式，并确定相应的参数选择，以求达到最优的系统性能。

软件定义网络[8]：软件定义网络是 5G 通信网络技术中的关键技术，可以显著提高网络的可管理性、可扩展性和灵活性。软件定义的网络架构能够使控制平面和数据平面分离、控制功能集中化、对底层网络基础设施进行抽象、为应用程序和网络服务提供接口，如图 11.9 所示。通过这种方式，控制应用只需要关注自身逻辑，而不需要关注底层更多的实现细节。逻辑上集中的控制平面可以控制多个转发面设备，也就是控制整个物理网络，因而可以获得全局的网络状态视图，并根据该全局网络状态视图实现对网络的优化控制。

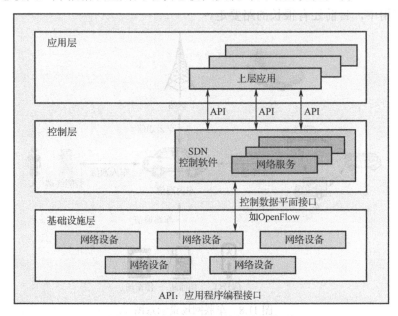

图 11.9　软件定义的网络架构示意图

网络功能虚拟化[9]：网络功能虚拟化技术旨在将网络功能从专用硬件设备中解耦出来，运行在标准的硬件服务器上，能够按需部署而不需要安装新的硬件设备，其技术架构示意图如图 11.10 所示。软件定义网络和网络功能虚拟化技术的结合，能够实现优势互补，更好地为 5G 通信提供灵活的网络设计。在超可靠和低时延场景中，软件定义网络和网络功能虚拟化可以为低时延通信提供灵活的途径。

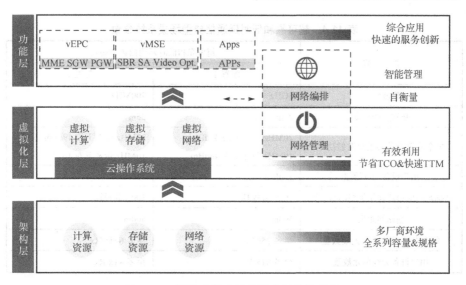

图 11.10　网络功能虚拟化技术架构示意图

11.3.3　典型场景布局

根据《ITU-R M.2412-0 建议书》即《未来国际移动通信 2020 无线接口技术评估指南》，在超可靠和低时延通信的典型场景布局中，基站按照规则的网格进行布置，遵循具有三个发送/接收点的六边形布局，如图 11.11 所示。

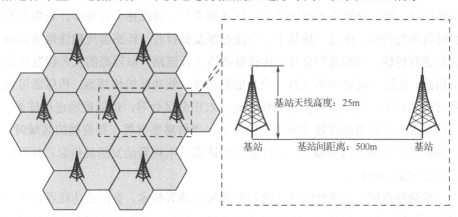

图 11.11　超可靠和低时延通信典型场景示意图

在超可靠和低时延通信典型场景中，将重点考察系统的可靠性，载波频率分为 4GHz 和 700MHz 两种情况，其系统参数如表 11.4 所示。

表 11.4 超可靠和低时延通信典型场景系统参数

参　数	超可靠和低时延通信典型场景	
	配置 1	配置 2
载波频率	4GHz	700MHz
基站天线高度	25m	25m
每个发送/接收点的总发射功率	20MHz 带宽下为 49dBm	20MHz 带宽下为 49dBm
	10MHz 带宽下为 46dBm	10MHz 带宽下为 46dBm
用户设备功率等级	23dBm	23dBm
高损耗与低损耗建筑类型的百分比	100%低损耗	100%低损耗
基站间距离	500m	500m
每个发送/接收点的天线数量	至多 256Tx/Rx	至多 64Tx/Rx
用户设备天线单元数量	至多 8Tx/Rx	至多 4Tx/Rx

11.4 大规模机器类型通信

11.4.1 具体应用场景

　　广域传感器监测与警报：近些年来，对广泛区域的实时监测与警报的需求不断涌现，例如建筑施工或桥梁维护等计划事件，或森林火灾等非计划事件的实时监测与警报。在这一场景下，当没有触发警报时，传感器周期性地将监测信息进行传输；当触发警报时，传感器激活上行链路，以较高的优先级发送警报信息。在这一场景中的设备一般是低复杂度、低功耗的传感器。传感器可以有目的地部署在特定位置，例如桥接处、农田分区处等，或随机地进行部署。一旦部署，传感器将被固定或小范围移动。当传感器部署在要监视的区域时，传感器可以手动或自动激活。传感器不经请求且不频繁地发送其信息，并不期望来自网络的响应。

　　窄带物联网：窄带物联网是物联网领域的新兴技术，支持低功耗设备在广域网的蜂窝网络数据连接，也被叫作低功耗广域网。窄带物联网支持待机时间长，对网络连接要求较高设备的高效连接，聚焦于低功耗广覆盖物联网应用，是一种可在全球范围内广泛应用的新兴技术，具有覆盖广、连接多、速率快、成本低、功耗低、架构优等特点。在物联网实际运行中，物联网设备制造商可能不知道具体的设备最终将在什么地方部署和激活,因此,制造商将不能预先向物联网设备提供服务的特定信息。5G 通信需要为物联网设备的初始化提供服务,制造商将通信机制与证书提前制造在物联网设备中,以便在终端用户激活该设备时安全地建立与 5G 网络的关联。在第一次访问尝试中,物联网设备将使用工厂安装的机制与 5G 网络建立联系,之后通过远程配置完成物联网设备的初始化。

自动人体医疗检测:自动人体医疗检测,即通过可穿戴设备与传感器连续和自动地进行人体医疗检测,例如体温、血压、心率、血糖等信息的收集,将是未来 5G 通信大规模机器类型通信领域的一个重要场景。为了支持自动人体医疗检测,低复杂度和高电池寿命是传感器设备的两个非常重要的要求,当然也包括可靠性和安全连接的需求。在某些情况下,也可能需要较高的数据速率,例如在由患者内部器官的视频流支持的外科手术期间,当被检测人在医院、家里或在旅途中移动时,需要提供无缝连接的信息服务。在此场景下,传感器不仅可以进行设备间通信,还可以通过中继与网络进行通信,此类电子健康相关的应用将随着 5G 技术的普及不断地进入人们的日常生活并进行大规模应用。

11.4.2　关键技术

新型多址技术:在大规模机器类型通信场景中,传统的多址技术限制了用户数量的海量接入需求,因此在 5G 通信系统中,新型多址技术的研究成为了提升系统接入性能、提高吞吐量的关键。目前,非正交多址接入、多用户共享接入、稀疏码分多址技术、图分多址技术、比特分割技术等新型多址接入技术通过用户之间的非正交形式的多址接入,实现了同一时频资源下的多用户共享接入,能够显著提升相同时频资源下的用户接入数量,提升整体系统的吞吐量,实现无须认证的大规模用户多址接入。在接收端采用串行干扰消除、消息传递算法等方法进行多用户检测与信息解调,具有较高的复杂度,因此在实际应用中,应考虑接收机复杂度与性能的合理折中,优化用户调度与功率分配的方法,以达到最优的系统性能。

非正交多址接入技术(Non-Orthogonal Multiple Access,NOMA)[10]:发送端采用功率复用技术,对不同的用户分配不同的发射功率,接收端以此作为区分用户的依据,非正交多址接入技术示意图如图 11.12 所示。在接收端利用串行干扰消除方式解调，其基本思想是采用逐级消除干扰的策略，依次逐个分离单个用户数据，直至消除所有的多址干扰。

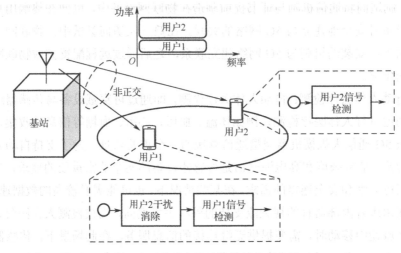

图 11.12 非正交多址接入技术示意图

多用户共享接入技术（Multi-user Shared Access，MUSA）[11]：利用复扩频序列及先进的类串行干扰消除技术，多用户共享接入技术将经过特殊扩频序列扩频后的多个用户的数据叠加发射，在接收端采用先进的类串行干扰消除接收机进行解调，恢复出每个用户的数据，具体如图 11.13 所示。多用户共享接入技术可提升系统性能，尤其是在用户过载因子很高时（如 300%）。

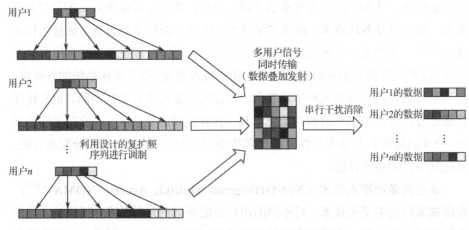

图 11.13 多用户共享接入技术示意图

稀疏码分多址技术（Sparse Code Multiple Access，SCMA）[12]：非正交稀疏码分多址技术是由华为公司所提出的第二个 5G 通信网络全新空口核心技术，引入稀疏编码对照簿，通过实现多个用户在码域的多址接入来实现无线频谱资源利用效率的提升，具体如图 11.14 所示。稀疏码分多址技术系统能提供接近最优的频谱效率，并兼具低复杂度检测算法，支持过载传输，适用于海量连接的应用场景。另外，多用户盲检测算法可以同时对用户状态及携带信息进行检测，因此可以支持"grant-free"这一类型的多址接入。

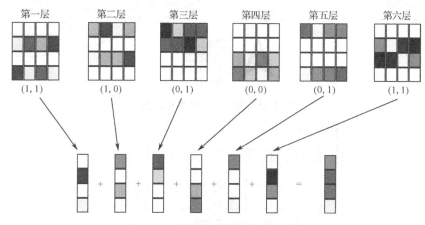

图 11.14　稀疏码分多址技术示意图

图分多址技术（Pattern Division Multiple Access，PDMA）[13]：是大唐公司提出的一种新的非正交多址接入技术。图分多址技术是基于发送端和接收端的联合设计，具体如图 11.15 所示。在发送端，通过空间、功率、扩频码三者单独或联合的使用来区分多个用户信号，同时多个用户共享相同的时、频域资源；在接收端，采用串行干扰消除检测算法或者性能更好的置信传播（Belief Propaganda，BP）检测算法来进行多用户检测。图分多址技术资源映射矩阵的稀疏性为接收端使用置信传播检测算法检测多用户数据提供了有利条件，图分多址技术联合接收端和发送端的设计也为其带来了较好的性能。

比特分割技术（Bit Division Multiplexing，BDM）[14]：是非线性叠加编码技术的一种具体实现及对传统分级调制的扩展，多个用户的下行数据可以共享一个或多个星座符号的比特资源，多个用户的信息直接在比特层次进行复用而不是传统的符号层次复用，具体如图 11.16 所示。

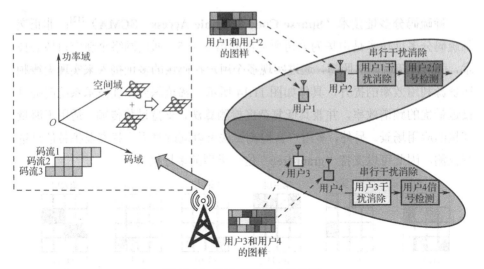

图 11.15　图分多址技术示意图

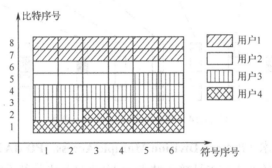

图 11.16　比特分割技术示意图

　　设备间直接通信技术[15]：在大规模机器类型通信场景中，需要实现海量用户的接入，传统的通信组网方式主要是以基站为中心的小区覆盖，无法满足未来海量用户接入的需求。设备间直接通信技术通过通信终端之间的直接通信，能够在小区网络的控制下实现小区用户共享资源，显著提升频谱利用率，同时也可以减轻小区基站的负担，实现海量用户的接入，提高网络基础设施的鲁棒性等。但设备间直接通信技术在提升用户接入与频谱利用率的同时，也会对小区内其他用户的通信产生一定的干扰，因此需要通过发送功率的调节、系统级设计与调节来实现与其他 5G 通信技术的兼容与协调。

　　超密集组网技术[16]：超密集组网技术通过在室内及蜂窝网中的热点地区增加低功率的基站的部署密度，以提升系统容量与网络覆盖，降低时延与能源消耗。超密集组网技术将为未来智能终端大规模部署、数据流量大幅度增长的情景提供解决方案，具体如图 11.17 所示。但与此同时，密集的网络部署也会使网络的拓扑结构更加复杂，引起小区内与小区间的干扰，制约系统容量的进一步增长。同时，密集的基站部署也对用户移动性管理产生了挑战，当用户在高速移动时，需要智能的连接管理技术实现无缝连接的数据服务。并且密集的组网也会显著增加运营与资源投入成本，因此应引入灵活的控制体系与策略，来实现小区参数、资源分配的动态调节。

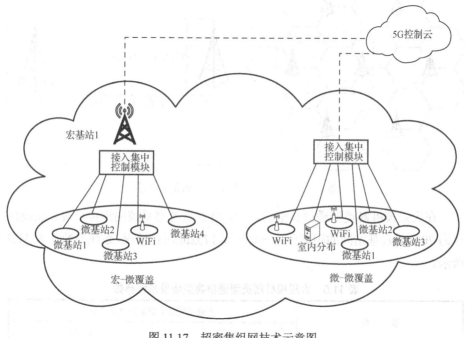

图 11.17　超密集组网技术示意图

5G 超密集组网可以划分为"宏基站+微基站"及"微基站+微基站"两种模式，两种模式通过不同的方式实现干扰与资源的调度。在"宏基站+微基站"部署模式中，宏基站负责低速率、高移动性类业务的传输，微基站主要承载高带宽业务；在"微基站+微基站"部署模式中，簇内多个微基站共享部分资源（包括信号、信道、载波等），同一簇内的微基站通过在彼此相同的资源上进行控制面承载的传输，由微基站组成的密集网络构建一个虚拟宏小区。

11.4.3 典型场景布局

根据《ITU-R M.2412-0 建议书》即《未来国际移动通信 2020 无线接口技术评估指南》，在大规模机器类型通信典型场景布局中，基站按照规则的网格进行布置，遵循具有三个发送/接收点的六边形布局，如图 11.18 所示。

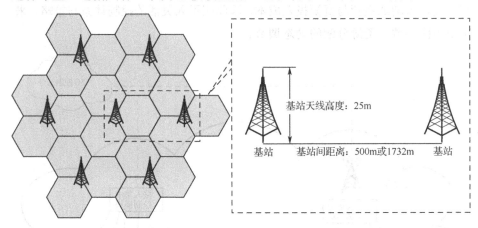

图 11.18　大规模机器类通信场景示意图

在大规模机器类型通信典型场景中，将重点考察系统的连接密度，载波频率为 700MHz，基站间的距离分为 500m 和 1732m 两种情况，系统参数如表 11.5 所示。

表 11.5　大规模机器类型通信典型场景系统参数

参　数	大规模机器类型通信典型场景	
	配置 1	配置 2
载波频率	700MHz	700MHz
基站天线高度	25m	25m
每个发送/接收点的总发射功率	20MHz 带宽下为 49dBm 10MHz 带宽下为 46dBm	20MHz 带宽下为 49dBm 10MHz 带宽下为 46dBm
用户设备功率等级	23dBm	23dBm
高损耗与低损耗建筑类型的百分比	20%高损耗，80%低损耗	20%高损耗，80%低损耗
基站间距离	500m	1732m
每个发送/接收点的天线数量	至多 64Tx/Rx	至多 64Tx/Rx
用户设备天线单元数量	至多 2Tx/Rx	至多 2Tx/Rx

参考文献

[1] ITU-R M.2083. IMT Vision - Framework and overall objectives of the future development of IMT for 2020 and beyond. 2015, 9.

[2] 3GPP TR 22.891. Feasibility study on new services and markets technology enablers, (Release 14), 2016, 9.

[3] China IMT2020(5G) Promotion Group white paper "5G concept", 2015, 2.

[4] Larsson E G, Edfors O, Tufvesson F, et al. Massive MIMO for next generation wireless systems. in IEEE Communications Magazine, 2014, 52(2): 186-195.

[5] Heath R W, González-Prelcic N, Rangan S, et al. An overview of signal processing techniques for millimeter wave MIMO systems. IEEE Journal of Selected Topics in Signal Processing, 2016, 10(3): 436-453.

[6] Sabharwal A, Schniter P, Guo D, et al. In-band full-duplex wireless: challenges and opportunities. IEEE Journal on Selected Areas in Communications, 2014, 32(9): 1637-1652.

[7] Ding Z, Lei X, Karagiannidis G K, et al. A survey on non-orthogonal multiple access for 5G networks: research challenges and future trends. IEEE Journal on Selected Areas in Communications, 2017, 35(10): 2181-2195.

[8] Nunes B A A, Mendonca M, Nguyen X, et al. A survey of software-defined networking: past, present, and future of programmable networks. IEEE Communications Surveys & Tutorials, 2014, 16(3): 1617-1634.

[9] Mijumbi R, Serrat J, Gorricho J, et al. Network function virtualization: state-of-the-art and research challenges. IEEE Communications Surveys & Tutorials, 2015,18(1): 236-262.

[10] Ding Z, Liu Y, Choi J, et al Application of non-orthogonal multiple access in LTE and 5G networks. IEEE Communications Magazine, 2017, 55(2): 185-191.

[11] Yuan Z, Yu G, Li W, et al. Multi-user shared access for Internet of Things. in 2016 IEEE 83rd Vehicular Technology Conference(VTC Spring), Nanjing, 2016: 1-5.

[12] Nikopour H, Baligh H. Sparse code multiple access. IEEE 24th Annual International Symposium on Personal, Indoor, and Mobile Radio Communications(PIMRC), 2013: 332-336.

[13] Chen S, Ren B, Gao Q, et al. Pattern division multiple access—a novel nonorthogonal multiple access for fifth-generation radio networks. IEEE Transactions on Vehicular Technology, 2017, 6(4): 3185-3196.

[14] Jin H, Peng K, Song J. Bit division multiplexing for broadcast channel. IEEE Transactions on Broadcasting, 2013, 59(3): 539-547.

[15] Asadi A, Wang Q, Mancuso V. A survey on Device-to-Device Communication in Cellular Networks. IEEE Communications Surveys & Tutorials, 2014, 16(4): 1801-1819.

[16] Kamel M, Hamouda W, Youssef A. Ultra-dense networks: a survey. IEEE Communications Surveys & Tutorials, 2016, 18(4): 2522-2545.

ZF/MMSE 预编码器 MATLAB 仿真程序

```matlab
% Precoder_ZF_MMSE.m                                          % 单用户 ZF/MMSE 预编码
clear; clc
%%% 参数设置 %%%
N_packet = 5000;                                              % 分组数
N_frame = 20;                                                 % 帧数
b = 4;                                                        % 每符号比特数
NT = 32;                                                      % 发射端天线数
NR = 32;                                                      % 接收端天线数
SNRdB = 0:2:30;                                               % 信噪比
BER = zeros(2,length(SNRdB));                                 % 初始化 BER
L_frame = NT*N_frame*b;
sqt = sqrt(0.5);
for i_SNR = 1:length(SNRdB)
    rng('default');
    neb1 = 0; neb2 = 0;                                       % 初始化错误比特数
    ntb1 = 0; ntb2 = 0;                                       % 初始化总比特数
    for i_frame = 1:N_packet
    %%% 发射机 %%%
    data = randi([0,1],L_frame,1);                           % 生成数据
    symbol = qammod(data,2^b,'gray','InputType','bit', 'UnitAveragePower',true);% 调制
    s = reshape(symbol,NT,N_frame);                          % 原始发射信号
    H = sqt*(randn(NR,NT)+1i*randn(NR,NT));                  % 生成信道
    sigPow = NT;                                              % 信号功率
    noisevar = (10^(-SNRdB(i_SNR)/10))*sigPow;              % 噪声功率
    noisemag = sqrt(noisevar/2);
    Wmmse = H'*inv(H*H'+noisevar*eye(NR));
```

```
        betammse = sqrt(NT/trace(Wmmse*Wmmse'));
        Pmmse = betammse*Wmmse;                    % MMSE 预编码器
        x_mmse = Pmmse*s;                          % 经过 MMSE 预编码的发射信号
        Wzf = H'*inv(H*H');
        betazf = sqrt(NT/trace(Wzf*Wzf'));
        Pzf = betazf*Wzf;                          % ZF 预编码器
        x_zf = Pzf*s;                              % 经过 ZF 预编码的发射信号
        %%% 信道和噪声 %%%
        temp1 = H*x_mmse;
        Rxmmse = temp1 + noisemag*(randn(size(temp1))+1i*randn(size(temp1)));
        temp2 = H*x_zf;
        Rxzf = temp2 + noisemag*(randn(size(temp2))+1i*randn(size(temp2)));
        %%% 接收机 %%%
        yd_mmse = Rxmmse/betammse;                 % 接收信号除以系数 beta（β）
        yd_zf = Rxzf/betazf;
        y_temp1 = reshape(yd_mmse,N_frame*NT,1);
        y_temp2 = reshape(yd_zf,N_frame*NT,1);
        y_mmse = qamdemod(y_temp1,2^b,'gray','OutputType','bit','UnitAveragePower',
true); % 解调
        y_zf = qamdemod(y_temp2,2^b,'gray','OutputType','bit','UnitAveragePower',true);
        neb1 = neb1 + sum(y_mmse~=data);          % 计算误比特数
        neb2 = neb2 + sum(y_zf~=data);
        ntb1 = ntb1 + L_frame;                    % 计算总比特数
        ntb2 = ntb2 + L_frame;
        if mod(i_frame,1000) == 0
            fprintf('SNR = %2d [dB], BER_mmse = %7.3e, BER_zf = %7.3e\n', SNRdB
(i_SNR), neb1/ntb1, neb2/ntb2);
        end
    end
    BER(1,i_SNR) = neb1/ntb1;                     % 计算 BER
    BER(2,i_SNR) = neb2/ntb2;
end
figure
semilogy(SNRdB,BER(1,:),'r-s'); hold on; grid on;
semilogy(SNRdB,BER(2,:),'b-x');
legend('MMSE 预编码器', 'ZF 预编码器');
xlabel('SNR [dB]'), ylabel('BER');
```

ZF/MMSE 多用户信号检测器 MATLAB 仿真程序

```
% Detector_ZF_MMSE_Multi_User_Uplink.m % 多用户 单天线 ZF/MMSE 上行信号检测
clear; clc
%%% 参数设置 %%%
N_packet = 5000;                                        % 分组数
N_frame = 20;                                           % 帧数
b = 4;                                                  % 每符号比特数
K = 16;                                                 % 用户数
M = 16;                                                 % 接收端天线数
SNRdB = 0:2:30;                                         % 信噪比
BER = zeros(2,length(SNRdB));                           % 初始化 BER
L_frame = K*N_frame*b;
sqt = sqrt(0.5);
for i_SNR = 1:length(SNRdB)
    rng('default');
    neb1 = 0; neb2 = 0;                                 % 初始化错误比特数
    ntb1 = 0; ntb2 = 0;                                 % 初始化总比特数
    for i_frame = 1:N_packet
        %%% 发射机 %%%
        data = randi([0,1],L_frame,1);                 % 生成数据
        symbol = qammod(data,2^b,'gray','InputType','bit', 'UnitAveragePower',true); % 调制
        x = reshape(symbol,K,N_frame);                 % 发射信号
        %%% 信道和噪声 %%%
        H = zeros(M,K);
        for i = 1:K
            H(:,i) = sqt*(randn(M,1) + 1i*randn(M,1)); % 生成信道
        end
```

```matlab
        sigPow = K;                                % 信号功率
        noisevar = (10^(-SNRdB(i_SNR)/10))*sigPow; % 噪声功率
        noisemag = sqrt(noisevar/2);
        Rx = H*x + noisemag*(randn(size(H*x)) + 1i*randn(size(H*x)));
        %%% 接收机 %%%
        Wmmse = inv(H'*H + noisevar*eye(K))*H';    % MMSE 多用户信号检测器
        yu_mmse = Wmmse*Rx;                        % 经过处理的接收信号
        y_temp1 = reshape(yu_mmse,N_frame*K,1);
        y_mmse = qamdemod(y_temp1,2^b,'gray','OutputType','bit','UnitAveragePower',
true); % 解调
        Wzf = inv(H'*H)*H';                        % ZF 多用户信号检测器
        yu_zf = Wzf*Rx;
        y_temp2 = reshape(yu_zf,N_frame*K,1);
        y_zf = qamdemod(y_temp2,2^b,'gray','OutputType','bit','UnitAveragePower',true);
        neb1 = neb1 + sum(y_mmse~=data);           % 计算误比特数
        neb2 = neb2 + sum(y_zf~=data);
        ntb1 = ntb1 + L_frame;                     % 计算总比特数
        ntb2 = ntb2 + L_frame;
        if mod(i_frame,1000) == 0
            fprintf('SNR = %2d [dB], BER_mmse = %7.3e, BER_zf = %7.3e\n', SNRdB
(i_SNR), neb1/ntb1, neb2/ntb2);
        end
    end
    BER(1,i_SNR) = neb1/ntb1;
    BER(2,i_SNR) = neb2/ntb2;                       % 计算 BER
end
figure
semilogy(SNRdB,BER(1,:),'r-s'); hold on; grid on
semilogy(SNRdB,BER(2,:),'b-x');
legend('MMSE 多用户信号检测器', 'ZF 多用户信号检测器');
xlabel('SNR[dB]'), ylabel('BER');
```

BD+ZF/MMSE 多用户信号检测器 MATLAB 仿真程序

```matlab
% Detector_BD_ZF_MMSE_Multi_User_Downlink.m
% 多用户 多天线 BD 预编码+ZF/MMSE 下行信号检测
clear; clc
%%%% 参数设置 %%%%
N_packet = 5000;                                          % 分组数
N_frame = 20;                                             % 帧数
b = 4;                                                    % 每符号比特数
NT = 32;                                                  % 发射端天线数
NR = 4;                                                   % 接收端天线数
K = NT/NR;                                                % 用户数
SNRdB = 0:2:30;                                           % 信噪比
BER = zeros(2,length(SNRdB));                             % 初始化 BER
L_frame = NT*N_frame*b;
sqt = sqrt(0.5);
for i_SNR = 1:length(SNRdB)
    rng('default');
    neb1 = 0; neb2 = 0;                                   % 初始化错误比特数
    ntb1 = 0; ntb2 = 0;                                   % 初始化总比特数
    for i_frame = 1:N_packet
        %%%% 发射机 %%%%
        data = randi([0,1],L_frame,1);                   % 生成数据
        symbol = qammod(data,2^b,'gray','InputType','bit', 'UnitAveragePower',true);% 调制
        Tx_sig = reshape(symbol,NT,N_frame);             % 原始发射信号
        H = zeros(NR,NT,K);
        for ii = 1:K
            H(:,:,ii) = sqt*(randn(NR,NT)+1i*randn(NR,NT));           % 生成信道
```

```matlab
    end
    W = zeros(NT,NR,K);
    x = zeros(NT,N_frame);
    H_temp = zeros(NT-NR,NT);
    for ii = 1:K
        H_wave = H;
        H_wave(:,:,ii) = [];
        for iii = 1:K-1
            H_temp((iii-1)*NR+1:iii*NR,:) = H_wave(:,:,iii);
        end
        [U,S,V] = svd(H_temp);                      % SVD 分解
        W(:,:,ii) = V(:,NT-NR+1:NT);                % BD 预编码矩阵
        x = x+W(:,:,ii)*Tx_sig((ii-1)*NR+1:ii*NR,:);% 经过 BD 预编码的发射信号
    end
    %%%% 信道和噪声 %%%%
    sigPow = NT;                                    % 信号功率
    noisevar = (10^(-SNRdB(i_SNR)/10))*sigPow;      % 噪声功率
    noisemag = sqrt(noisevar/2);
    Rx = zeros(NR,N_frame,K);
    for ii = 1:K
        temp = H(:,:,ii)*x;
        Rx(:,:,ii) = temp + noisemag*(randn(size(temp)) + 1i*randn(size(temp)));
    end
    %%%% 接收机 %%%%
    HW = zeros(NR,NR,K);
    Wzf = zeros(NR,NR,K);
    Wmmse = zeros(NR,NR,K);
    yd_zf = [];
    yd_mmse = [];
    for ii = 1:K
        HW(:,:,ii) = H(:,:,ii)*W(:,:,ii);                      % 有效信道
        Wzf(:,:,ii) = inv(HW(:,:,ii)'*HW(:,:,ii))*HW(:,:,ii)';% ZF 多用户信号检测器
        yd_zf = [yd_zf;Wzf(:,:,ii)*Rx(:,:,ii)];
        Wmmse(:,:,ii) = inv(HW(:,:,ii)'*HW(:,:,ii) + noisevar*eye(NR))*HW(:,:,ii)';
% MMSE 信号检测器
        yd_mmse = [yd_mmse;Wmmse(:,:,ii)*Rx(:,:,ii)];
    end
    y_temp1 = reshape(yd_mmse,N_frame*NT,1);
```

```
            y_temp2 = reshape(yd_zf,N_frame*NT,1);
            y_mmse = qamdemod(y_temp1,2^b,'gray','OutputType','bit','UnitAveragePower',
true);
            y_zf = qamdemod(y_temp2,2^b,'gray','OutputType','bit','UnitAveragePower',true);
%解调
            neb1 = neb1 + sum(y_mmse~=data);          % 计算误比特数
            neb2 = neb2 + sum(y_zf~=data);
            ntb1 = ntb1 + L_frame;                    % 计算总比特数
            ntb2 = ntb2 + L_frame;
            if mod(i_frame,1000) == 0
                fprintf('SNR = %2d [dB], BER_mmse = %7.3e, BER_zf = %7.3e\n',
SNRdB(i_SNR), neb1/ntb1, neb2/ntb2);
            end
        end
        BER(1,i_SNR) = neb1/ntb1;                     % 计算 BER
        BER(2,i_SNR) = neb2/ntb2;
    end
    figure
    semilogy(SNRdB,BER(1,:),'r-s'); hold on; grid on
    semilogy(SNRdB,BER(2,:),'b-x');
    legend('块对角化+MMSE 多用户信号检测器', '块对角化+ZF 多用户信号检测器');
    xlabel('SNR[dB]'), ylabel('BER');
```

符号说明

符　号	说　明	符　号	说　明
$\boldsymbol{a}$	列向量	$\otimes$	Kronecker 积运算符
$\boldsymbol{A}$	矩阵	$\odot$	Khatri-Rao 积运算符
$(\cdot)^*$	共轭运算符	$\mathrm{diag}(\boldsymbol{a})$	对向量 $\boldsymbol{a}$ 对角化
$(\cdot)^{\mathrm{T}}$	转置运算符	$\mathrm{Bdiag}(\boldsymbol{A})$	对矩阵 $\boldsymbol{A}$ 块对角化
$(\cdot)^{\mathrm{H}}$	共轭转置运算符	$\mathrm{vec}(\boldsymbol{A})$	对矩阵 $\boldsymbol{A}$（按列）向量化
$(\cdot)^{-1}$	逆运算符	$\mathrm{mat}(\boldsymbol{a})$	对向量 $\boldsymbol{a}$（按列）矩阵化
$(\cdot)^{\dagger}$	Moore-Penrose 逆运算符	$\boldsymbol{0}_n$	$n\times 1$ 维零向量
$\lceil\cdot\rceil$	向正无穷方向取整	$\boldsymbol{I}_n$	$n\times n$ 维单位矩阵
$\lfloor\cdot\rfloor$	向负无穷方向取整	$\boldsymbol{0}_{m\times n}$	$m\times n$ 维零矩阵
$(\cdot)^+$	对于一个标量 a 有 $(a)^+ = a,\ a>0$; $(a)^+ = 0,\ a\leqslant 0$	$\mathfrak{Re}\{\cdot\}$	取实部运算符
$\mathbb{E}(\cdot)$	取期望运算符	$\mathfrak{Im}\{\cdot\}$	取虚部运算符
$\det(\cdot)$	取行列式运算符	$[\boldsymbol{A}]_{m,n}$	矩阵 $\boldsymbol{A}$ 中第 m 行与第 n 列的元素
$\mathrm{Tr}(\boldsymbol{A})$	求矩阵 $\boldsymbol{A}$ 的迹	$\boldsymbol{A}_{\{a:b,\,c:d\}}$	取矩阵 $\boldsymbol{A}$ 中第 $a\sim b$ 行与第 $c\sim d$ 列之间的元素
$\max(a,b)$	取 a 和 b 中的最大值	$\boldsymbol{A}_{\{:,\,c:d\}}$	取矩阵 $\boldsymbol{A}$ 中所有行与第 $c\sim d$ 列之间的元素
$\min(a,b)$	取 a 和 b 中的最小值	$\boldsymbol{A}_{\{a:b,\,:\}}$	取矩阵 $\boldsymbol{A}$ 中第 $a\sim b$ 行与所有列之间的元素
$\|\boldsymbol{a}\|_0$	取向量 $\boldsymbol{a}$ 的 l_0 范数	$\boldsymbol{A}_{\{\mathcal{A},a\}}$	取矩阵 $\boldsymbol{A}$ 中集合 $\mathcal{A}$ 对应的行与第 a 列的元素
$\|\boldsymbol{a}\|_1$	取向量 $\boldsymbol{a}$ 的 l_1 范数	$\boldsymbol{a}_{\{\mathcal{A}\}}$	取向量 $\boldsymbol{a}$ 中集合 $\mathcal{A}$ 对应的元素
$\|\boldsymbol{a}\|_2$	取向量 $\boldsymbol{a}$ 的 l_2 范数	$\angle[\boldsymbol{A}]$	取矩阵 $\boldsymbol{A}$ 中各元素的相位值所组成的矩阵
$\|\boldsymbol{A}\|_{\mathrm{F}}$	取矩阵 $\boldsymbol{A}$ 的 Frobenius 范数	$\lambda_i(\boldsymbol{A})$	求矩阵 $\boldsymbol{A}$ 的第 i 个最大奇异值
$|\mathcal{A}|_{\mathrm{c}}$	集合 $\mathcal{A}$ 的基数（元素个数）	$\mathrm{mod}(\mathcal{A},N)$	对集合 $\mathcal{A}$ 中元素取模 N 运算
$|a|$	标量 a 的模值		